高等学校机械基础系列课程

金 工 实 习

主　编　黄如林
副主编　何红媛　张　琦
编　者　汪　群　俞　哲　薛国祥　浦晨晔　刘敬春　张　献
　　　　刘书明　刘旭辉　张念龙　荣利丰　陈建东
主　审　张远明

东南大学出版社
SOUTHEAST UNIVERSITY PRESS
·南京·

内 容 摘 要

本书是根据教育部高等学校机械基础课程教学指导分委员会 2011 年 7 月制定的机械制造实习课程教学基本要求,结合各校金工实习(工程训练)的实际情况,在江苏省高校金工教学研究会编写《工程材料及机械制造基础》系列教材之二《金工实习》的基础上修订改编的。

全书共分十一章:机械制造工程基本知识,钢的热处理和表面处理,铸造,锻压,焊接,车削,刨削,铣削,磨削及其他加工,钳工,特种加工,塑料成型和数控加工。本书附有《金工实习报告》,学生实习完一个工种,就完成该工种的实习报告并交给指导老师。

本书是高等工科院校机械类专业金工实习的基本教材,也可供近机类、非机类、管理类等专业使用,此外,还可供中专、职校、技校金工实习和教学人员选用和参考。

图书在版编目(CIP)数据

金工实习 / 黄如林主编. —南京:东南大学出版

社,2016.8(2020.12 重印)

高等学校机械基础系列课程 / 张远明主编

ISBN 978 - 7 - 5641 - 6461 - 4

Ⅰ.①金… Ⅱ.①黄… Ⅲ.①金属加工—实习—高

等学校—教材 Ⅳ.①TG - 45

中国版本图书馆 CIP 数据核字(2016)第 086705 号

金工实习

出版发行	东南大学出版社	
社　　址	南京市四牌楼 2 号　邮编　210096	
出 版 人	江建中	
责任编辑	施　恩	
网　　址	http://www.seupress.com	
电子邮箱	press@seupress.com	
经　　销	全国各地新华书店	
印　　刷	南京京新印刷有限公司	
版　　次	2016 年 8 月第 1 版　2020 年 12 月第 4 次印刷	
开　　本	787mm × 1092mm　1/16	
印　　张	17.25	
字　　数	428 千字	
书　　号	ISBN 978 - 7 - 5641 - 6461 - 4	
定　　价	40.00 元	

本社图书若有印装质量问题,请直接与营销部联系。电话(传真):025-83791830

前　言

本书是根据教育部高等学校机械基础课程教学指导分委员会2011年7月制定的机械制造实习课程教学基本要求编写的。机械制造实习是工程实践教学领域于2004年获得的首门国家级精品课程的名字。工程训练、工程实训、金工实习等都是工程实践教学领域应用较多的课程名称。本书沿用各校多年的习惯仍然取名为金工实习。

现在的工程实践教学，虽然还可以称之为金工实习，但是，它的教学理念、基础设施、教学体系、教学方法、教学对象、教学管理等方面都与传统的金工实习有了相当大的变化。金工实习教材要适应这种变化，也不得不作相应的修改。由于常规设备及工艺具有可训练性强、设备造价低等特色，绝大多数学校仍然精选、保留了常用的设备和工艺方法，所以，我们在本书中保留了铸造、锻压、焊接、热处理、车削、铣、刨、磨、钳工等传统的金工实习内容；基于大工程背景的先进制造设备(数控车床、数控铣床、加工中心、数控线切割机床等)和制造方法(特种加工、快速原型制造、表面处理等)已大规模涌入金工实习，本书专门编写了数控加工的内容。对表面处理、特种加工、非金属材料成型等内容也作了简要介绍。在数控加工这一章中，详细讲解了数控编程原理、数控车削和数控铣削的程序编制等内容。考虑到数控系统比较多，每一个数控系统又有多个版本，各校使用的系统也不尽相同，所以，根据大多数学校金工实习的具体情况，本书仅涉及了SIMENS 802S/C系统常用指令、FANUC Oi-T系统常用G指令和华中世纪星HNC-21/22T数控车系统的G代码。因为各校的实习指导老师会根据各校配备的设备进行现场教学，所以没有介绍数控车床和数控铣床的具体操作。为了压缩篇幅，对加工中心只作了简单介绍，也没有列举数控车削和数控铣削的加工实例。各校的实习指导老师会根据具体设备情况提供编程实例，专门讲解设备的操作方法与步骤及注意事项，并讲解数控车削和数控铣削中的工艺处理，布置实训题目。

考虑到金工实习教学方法已经由师傅带徒弟式的训练发展到渗透启发式并与现代教育技术密切结合的训练，由机械制造工艺方法的简单训练逐步发展到与创新思维能力培养紧密结合的综合性训练，本书在书后附加了《金工实习报告》。参加实习的学生，要完成《金工实习报告》,就需要在实习过程中仔细阅读教材,在实习指导教师的指导下完成相关的实验。实践证明:在金工实习过程中进行金工实验,既丰富了金工实习的内容和形式,又加深了学生的感性认识,还提高了学生的时间利用率,且可以减少重复投资,并为后续的课堂教学打下更好的基础。学生每进行一个工种的实习,就完成相应的实习报告并撕下来交给指导老师批改,最后装订成册,从而节省了另外编印或者购置《金工实习报告》的资源和费用。

在编写本书的过程中,我们得到了出版社有关工作人员的大力支持和帮助,并参考和引用了其他已出版教材中的部分内容和插图,所用参考文献均已列于书后,在此,对有关出版社和作者表示衷心的感谢。向帮助过我们的单位和人员表示诚挚的谢意。

本书由江南大学黄如林、张琦、汪群、俞哲、薛国祥、浦晨晔、刘敬春、张献、刘书明、刘旭辉、张念龙、荣利丰、陈建东和东南大学何红媛共同编写,并由黄如林任主编,何红媛、张琦任副主编。

东南大学张远明教授审阅了本书的全部书稿,并提出了不少宝贵意见,使本书增色许多。编者向张教授真诚致谢!

由于编者水平所限,书中难免有疏漏或不妥之处,恳请广大读者批评指正。

编 者

目　录

0　绪　论 ……………………………………………………………… 1

0.1　概述 ………………………………………………………………… 1

0.2　金工实习教学的基本要求 ………………………………………… 1

　0.2.1　铸造 ……………………………………………………………… 1

　0.2.2　锻压 ……………………………………………………………… 1

　0.2.3　焊接 ……………………………………………………………… 2

　0.2.4　热处理及表面处理 ……………………………………………… 2

　0.2.5　非金属材料成形 ………………………………………………… 2

　0.2.6　机械加工与特种加工 …………………………………………… 2

　0.2.7　钳工 ……………………………………………………………… 3

0.3　金工实习守则 ……………………………………………………… 3

1　机械制造工程基本知识 …………………………………………… 4

1.1　概述 ………………………………………………………………… 4

1.2　机械产品的质量 …………………………………………………… 5

　1.2.1　零件的加工质量 ………………………………………………… 5

　1.2.2　装配质量 ………………………………………………………… 7

　1.2.3　质量检测的方法 ………………………………………………… 8

1.3　产品加工工艺 ……………………………………………………… 9

　1.3.1　产品的生产过程 ………………………………………………… 9

　1.3.2　产品的加工方法 ………………………………………………… 10

1.4　常用量具 …………………………………………………………… 10

　1.4.1　量具的种类 ……………………………………………………… 10

　1.4.2　量具的保养 ……………………………………………………… 16

1.5　基准、定位、夹具 ………………………………………………… 16

　1.5.1　基准 ……………………………………………………………… 16

　1.5.2　工件的定位 ……………………………………………………… 17

　1.5.3　夹具 ……………………………………………………………… 18

1.6　工程材料 …………………………………………………………… 19

　1.6.1　金属材料的性能 ………………………………………………… 19

　1.6.2　常用工程材料简介 ……………………………………………… 20

2 钢的热处理和表面处理 21

  2.1 钢的热处理 21

    2.1.1 普通热处理 21

    2.1.2 表面热处理 23

    2.1.3 表面化学热处理 23

  2.2 表面处理技术 24

    2.2.1 概　述 24

    2.2.2 表面形变强化 24

    2.2.3 表面覆层强化 26

3 铸　造 33

  3.1 概述 33

  3.2 铸造方法 33

    3.2.1 砂型铸造 33

    3.2.2 特种铸造 45

    3.2.3 各种铸造方法的比较 49

  3.3 熔炼、浇注与清理 51

    3.3.1 熔炼 51

    3.3.2 浇注 53

    3.3.3 铸件的落砂清理 53

  3.4 铸件的质量检验与缺陷分析 54

    3.4.1 铸件的质量检验 54

    3.4.2 铸件的缺陷分析 54

  3.5 自动化造型生产线 56

4 锻　压 58

  4.1 概述 58

  4.2 锻压方法 58

    4.2.1 自由锻 58

    4.2.2 模锻 67

    4.2.3 板料冲压 70

    4.2.4 特种锻压 75

  4.3 锻压模具 79

    4.3.1 锻模 79

    4.3.2 冲模 80

  4.4 锻件的质量检验与缺陷分析 81

    4.4.1 锻件的质量检验 81

4.4.2　锻件的缺陷分析 ……………………………………………… 81

4.5　锻压生产中的节能与环境保护 ……………………………………… 83

4.5.1　锻造加热炉的余热利用和节能方法 ………………………… 83

4.5.2　环境保护 ……………………………………………………… 84

5　焊　接 ……………………………………………………………… 85

5.1　概述 ………………………………………………………………… 85

5.2　常用焊接方法 ……………………………………………………… 85

5.2.1　手工电弧焊 …………………………………………………… 85

5.2.2　气焊与气割 …………………………………………………… 90

5.3　其他焊接方法与焊接新工艺简介 …………………………………… 93

5.3.1　其他焊接方法 ………………………………………………… 93

5.3.2　焊接新工艺简介 ……………………………………………… 97

5.4　焊件的质量检验与缺陷分析 ………………………………………… 98

5.4.1　焊件的质量检验 ……………………………………………… 98

5.4.2　焊件的缺陷分析 ……………………………………………… 99

6　车　削 ……………………………………………………………… 100

6.1　概述 ………………………………………………………………… 100

6.2　车　床 ……………………………………………………………… 101

6.2.1　车床的型号 …………………………………………………… 101

6.2.2　卧式车床的组成 ……………………………………………… 101

6.2.3　C6132 车床的传动系统 ……………………………………… 103

6.2.4　其他车床 ……………………………………………………… 104

6.3　车削基础 …………………………………………………………… 104

6.3.1　切削用量 ……………………………………………………… 104

6.3.2　车刀及其安装 ………………………………………………… 105

6.3.3　工件的装夹 …………………………………………………… 109

6.4　车削的基本工作 …………………………………………………… 113

6.4.1　基本车削加工 ………………………………………………… 113

6.4.2　孔加工 ………………………………………………………… 119

6.4.3　螺纹加工 ……………………………………………………… 121

6.4.4　成形面的加工 ………………………………………………… 123

6.4.5　车床的其他加工 ……………………………………………… 125

6.5　车削的质量检验 …………………………………………………… 127

7　刨削、铣削、磨削及其他加工 …………………………………… 129

7.1　概　述 ……………………………………………………………… 129

7.2 刨削加工 ·· 129
　7.2.1 刨床和插床 ··· 129
　7.2.2 刨刀及其装夹 ··· 130
　7.2.3 工件的装夹 ··· 131
7.3 铣削加工 ·· 132
　7.3.1 铣床及其附件 ··· 133
　7.3.2 铣刀的装夹 ··· 137
　7.3.3 工件的装夹 ··· 138
　7.3.4 铣削加工的基本工作 ··· 140
7.4 磨削加工 ·· 142
　7.4.1 磨床 ··· 142
　7.4.2 砂轮 ··· 144
　7.4.3 磨削加工的基本工作 ··· 146
　7.4.4 精密磨料加工 ··· 148
　7.4.5 超精研 ··· 150
7.5 齿轮齿形加工 ··· 150
　7.5.1 铣齿、滚齿、插齿 ··· 151
　7.5.2 齿轮的精加工 ··· 152

8 钳 工 ·· 154

8.1 概 述 ··· 154
8.2 基本操作方法 ··· 154
　8.2.1 划线 ··· 154
　8.2.2 锯削 ··· 156
　8.2.3 锉削 ··· 160
　8.2.4 孔及螺纹的加工 ··· 163
　8.2.5 攻螺纹与套螺纹 ··· 167
8.3 机械的装配 ··· 169
　8.3.1 基本元件的装配 ··· 170
　8.3.2 组件的装配 ··· 173
　8.3.3 对装配工作的要求 ··· 174
8.4 装配自动化 ··· 175

9 特 种 加 工 ·· 176

9.1 特种加工的概念 ·· 176
9.2 电火花成形加工 ·· 177
　9.2.1 电火花成形加工的基本原理 ································· 177
　9.2.2 电火花成形加工必须具备的条件 ·························· 178

9.2.3　电火花成形加工的特点 ································· 178
9.2.4　影响电火花加工精度的主要因素 ················· 178
9.2.5　电火花加工的应用 ································· 178
9.2.6　电火花加工的典型机床 ······················· 179
9.3　电火花线切割加工 ······························· 180
9.3.1　电火花线切割加工的原理 ····················· 180
9.3.2　线切割加工的主要特点 ······················· 180
9.3.3　影响电火花线切割加工的主要因素 ············· 180
9.3.4　线切割加工的应用范围 ······················· 181
9.3.5　线切割加工机床 ······························· 181
9.4　电化学加工 ····································· 182
9.4.1　电解加工和电解磨削 ························· 182
9.4.2　电铸加工 ··································· 183
9.5　超声波加工 ····································· 184
9.6　激光加工 ······································· 184
9.6.1　激光加工原理 ······························· 184
9.6.2　激光加工的特点 ····························· 185
9.6.3　激光加工的应用 ····························· 185
9.7　增材制造技术(3D打印) ························· 186
9.7.1　概述 ······································· 186
9.7.2　几种典型的增材制造技术 ····················· 186
9.7.3　增材制造技术的特点 ························· 189

10　塑料成型 ··· 191
10.1　概述 ··· 191
10.2　塑料常用成型方法 ······························· 191
10.2.1　压制成型 ··································· 191
10.2.2　挤出成型 ··································· 192
10.2.3　注射成型 ··································· 192
10.2.4　压延成型 ··································· 193
10.3　塑料的注射与压延成型设备 ······················· 193
10.3.1　注射设备 ··································· 193
10.3.2　压延设备 ··································· 194
10.4　塑料成型的其他方法和后加工 ····················· 195
10.4.1　塑料成型的其他方法 ························· 195
10.4.2　塑料的后加工 ······························· 196
10.4.3　塑料的回收利用 ····························· 196

11　数控加工 ·· 198

　11.1　数控编程基础 ··· 198

　　11.1.1　数控编程概述 ·· 198

　　11.1.2　常用指令的编程要点 ······································ 202

　11.2　数控车削加工编程 ·· 211

　　11.2.1　数控车削编程概述 ·· 211

　　11.2.2　车削加工的编程要点 ······································ 215

　　11.2.3　数控车削编程典型实例 ···································· 220

　11.3　数控铣削加工编程 ·· 224

　　11.3.1　数控铣削编程概述 ·· 224

　　11.3.2　常用指令的编程要点 ······································ 227

　　11.3.3　铣削编程综合实例 ·· 235

　11.4　加工中心 ·· 239

　　11.4.1　加工中心的特点 ·· 239

　　11.4.2　加工中心的分类 ·· 239

　　11.4.3　加工中心的主要加工对象 ································ 240

　　11.4.4　加工中心的自动换刀装置 ································ 241

　　11.4.5　加工中心的编程 ·· 243

　　11.4.6　加工中心的基本操作 ······································ 244

参考文献 ··· 247

金工实习报告 ··· 249

0 绪 论

0.1 概述

金工实习是一门实践性的技术基础课,是机械类各专业学习机械制造的基本工艺和基本方法,完成工程基本训练,培养工程素质和创新精神的重要必修课。

金工实习课程的任务:了解机械制造的一般工艺过程和基本知识。熟悉机械零件的常用加工方法、所用主要设备的工作原理和典型机构、工夹量具以及安全操作技术,初步建立现代制造工程的概念。对简单零件具有进行工艺分析和选择加工方法的能力。在主要工种上应具备独立完成简单零件加工的实践能力。

金工实习课程的教学目标:学习工艺知识,增强工程实践能力,提高综合素质(包括工程素养),培养创新精神和创新能力。初步建立起责任、安全、质量、环保、团队、成本、管理、市场、创新等工程意识。

0.2 金工实习教学的基本要求

0.2.1 铸造

1)基本知识

① 熟悉铸造生产工艺过程、特点和应用。

② 了解型砂、芯砂、造型、造芯、合型、熔炼、落砂、清理及常见铸造缺陷。熟悉铸件分型面的选择。掌握手工两箱造型(整模、分模、挖砂、活块等)的特点和应用。了解三箱造型及刮板造型的特点和应用。了解机械造型的特点和应用。

③ 了解常用特种铸造方法(例如消失模铸造等工艺)的原理、特点和应用。

④ 了解铸造生产安全技术、环境保护,并能进行简单经济分析。

2)基本技能

掌握手工两箱造型的操作技能,具有对铸件进行初步工艺分析的能力。

0.2.2 锻压

1)基本知识

① 熟悉锻压生产工艺过程、特点和应用。

② 了解坯料的加热、碳素钢的锻造温度范围和自由锻设备。掌握自由锻基本工序的特点。了解轴类和盘套类锻件自由锻的工艺过程。了解锻件的冷却及常见锻造缺陷。

③ 初步了解模锻的特点和锻模的结构。

④ 了解普通冲床、冲模和常见冲压缺陷。熟悉冲压基本工序。了解数控冲床的工作原理、特点和应用。

⑤ 了解锻压生产安全技术、环境保护,并能进行简单经济分析。

2）基本技能

初步掌握自由锻和板料冲压的操作技能,具有对自由锻件和冲压件进行初步工艺分析的能力。

0.2.3 焊接

1）基本知识

① 熟悉焊接生产工艺过程、特点和应用。

② 了解焊条电弧焊机的种类和主要技术参数、电焊条、焊接接头形式、坡口形式及不同空间位置的焊接特点。了解焊接工艺参数及其对焊接质量的影响。了解常见的焊接缺陷。了解典型焊接结构的生产工艺过程。

③ 了解气焊设备、气焊火焰、焊丝及焊剂的作用。

④ 了解其他常用焊接方法(埋弧焊、气体保护焊、电阻焊、钎焊等)的特点和应用。

⑤ 熟悉氧气切割原理、切割过程和金属气割条件。了解等离子弧切割或激光切割的原理、特点和应用。

⑥ 了解焊接安全技术、环境保护,并能进行简单经济分析。

2）基本技能

能正确选择焊接电流及调整气焊火焰。初步掌握焊条电弧焊、气焊的平焊操作技能。

0.2.4 热处理及表面处理

① 了解钢的热处理原理、作用及常用热处理方法和设备。

② 了解表面处理概念、工艺与方法,例如激光表面处理等技术。

0.2.5 非金属材料成形

① 了解塑料、橡胶等材料的成形工艺及其模具结构。

② 了解陶瓷材料成形工艺。

③ 了解非金属材料的应用。

0.2.6 机械加工与特种加工

1）基本知识

① 了解金属切削加工的基本知识。

② 了解车床的型号。熟悉卧式车床的组成、运动、传动系统及用途。

③ 熟悉常用车刀的组成和结构、车刀的主要角度及其作用。了解对刀具材料性能的要求,了解常用和超硬刀具材料的性能、特点和应用。

④ 了解轴类、盘套类零件的装夹方法的特点及常用附件的结构和用途。

⑤ 掌握车外圆、车端面、钻孔和车孔的方法。

⑥ 掌握车槽、车断及锥面。了解成形面、螺纹的车削方法。

⑦ 了解常用铣床、刨床和磨床的组成、运动和用途。了解其常用刀具和附件的结构、用途及简单分度的方法。

⑧ 熟悉铣削、磨削的加工方法。了解刨削和常用齿形的加工方法。

⑨ 了解常用特种加工加工方法的原理、方法、特点和应用。掌握电火花线切割的基本原理。

⑩ 了解数控车床、数控铣床、加工中心的组成、加工特点和应用。

⑪ 了解切削加工常用的方法所能达到的尺寸公差等级、表面粗糙度 R_a 值的范围及其测量方法。

⑫ 了解机械加工安全技术、环境保护,并能进行简单经济分析。

2）基本技能

① 掌握卧式车床的操作技能,能按零件的加工要求正确使用刀、夹、量具,独立完成简单零件的车削加工。

② 熟悉铣床的基本操作方法,了解磨床的基本操作方法。

③ 能进行数控类机床,如数控切割机床、数控车床、数控铣床等的编程和操作,了解加工中心的编程和操作。

④ 具有对简单的工件进行初步工艺分析的能力。

0.2.7 钳工

1）基本知识

① 熟悉钳工工作在机械制造及维修中的作用。

② 掌握划线、锯削、挫削、钻孔、攻螺纹和套螺纹的方法和应用。

③ 了解刮削的方法和应用。

④ 了解钻床的组成、运动和用途。了解扩孔、铰孔和锪孔的方法。

⑤ 了解机械部件装配的基本知识。

⑥ 了解自动化装配的概念。

2）基本技能

① 掌握钳工常用工具、量具的使用方法;能独立完成钳工作业件。

② 具有装拆简单部件的技能。

在金工实习过程中,还要求安排课内外结合的综合工艺训练或设计与制作结合的创新训练。

0.3 金工实习守则

① 实习时按规定穿戴好劳动防护用品,不穿裙子,不穿拖鞋、凉鞋、高跟鞋等进厂。

② 遵守劳动纪律,不串岗、不迟到、不早退、不做与实习无关的事情,有事先请假。

③ 实习应做到专心听讲,做好笔记;仔细观察,勤于思考;认真操作,不怕脏、不怕苦、不怕累;按时完成并上交实习报告。

④ 爱护国家财产,注意节约水、电、油和各种原材料。

⑤ 尊重老师和师傅,搞好师生关系;加强团结与合作,搞好同学之间的关系。

⑥ 严格遵守各实习工种的安全技术,做到文明实习,保持良好的卫生风貌。

1 机械制造工程基本知识

1.1 概述

机械制造工业是国民经济的支柱产业,它担负着向社会各行业提供各种机械装备的任务。机械制造工业所提供装备的水平对国民经济各部门的技术进步、质量水平和经济效益有着直接的影响。

设计的机械产品必须经过制造,方可成为现实。从原材料(或半成品)到机械产品的全过程称为生产过程。制造过程是生产过程的最主要部分。图1-1-1为机械制造企业的运作过程,大致可分为生产决策、经营决策、制造加工三个主要层次。在市场经济条件下,企业生产的目的是向市场提供合格产品的同时获取相应的经济效益。企业在运作过程中主要解决两个问题:一是根据市场及其他条件决定制造什么产品(生产决策)并取得销售订单(经营决策);二是从技术和管理两方面进行生产组织,制造出合格的产品。产品的质量是企业生存与发展的根本保证,机械产品的质量是由机械制造生产过程决定的。

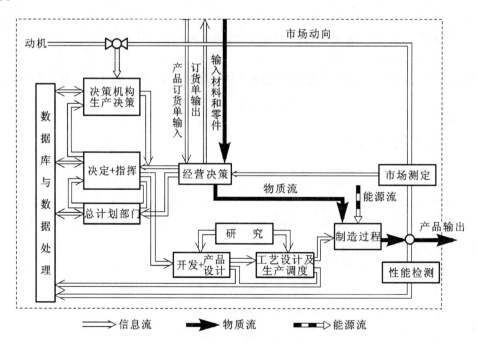

图1-1-1 企业生产运作流程

1.2 机械产品的质量

机械产品是由若干机械零件装配而成的,机器的使用性能和寿命取决于零件的制造质量和装配质量。

1.2.1 零件的加工质量

零件的质量主要是指零件的材质、力学性能和加工质量等。零件的材质和力学性能在下一章中将有叙述。零件的加工质量是指零件的加工精度和表面质量。加工精度是指加工后零件的尺寸、形状和表面间相互位置等几何参数与理想几何参数相符合的程度。相符合的程度越大,零件的加工精度越高。实际几何参数对理想几何参数的偏离称为加工误差。很显然,加工误差越小,加工精度越高。零件的几何参数加工得绝对准确是不可能的,也是没有必要的。在保证零件使用要求的前提下,对加工误差规定一个允许的范围,称为公差。零件的公差越小,对加工精度的要求就越高,零件的加工就越困难。零件的精度包括尺寸精度、形状精度和位置精度;零件的表面质量是指零件的表面粗糙度、表面波度、表面层冷变形强化程度、表面残余应力的性质和大小以及表面层金相组织等。零件的加工质量对零件的使用有很大影响,其中我们考虑最多的是加工精度和表面粗糙度。

1)尺寸精度

尺寸精度是指加工表面本身的尺寸(如圆柱面的直径)或几何要素之间的尺寸(如两平行平面间的距离)的精确程度,即实际尺寸与理想尺寸的符合程度。尺寸精度要求的高低是用尺寸公差体现的。"公差与配合"国家标准中将确定尺寸精度的标准公差分为20个等级,分别用IT01、IT0、IT1、IT2、…、IT18表示。从前向后,精度逐渐降低。IT01公差值最小,精度最高。IT18公差值最大,精度最低。相同的尺寸,精度越高,对应的公差值越小。相同的公差等级,尺寸越小,对应的公差值越小。零件设计时常选用的尺寸公差等级为IT6～IT11。IT12～IT18为未注公差尺寸的公差等级(常称为自由公差)。

考虑到零件加工的难易程度,设计者不宜将零件的尺寸精度标准定得过高,只要满足零件的使用要求即可。表1-2-1为公差等级选用举例。

表1-2-1 公差等级选用

应用场合		公差等级(IT)	应用举例与说明
量块		01、0、1	相当于量规1～4级
量规	高精度量规	1、2、3、4	用于检验介于IT5与IT6级之间工件的量规的尺寸公差
	低精度量规	5、6、7	
配合尺寸	个别特别重要的精密配合	0、1	少数精密仪器
	特别重要的精密配合 孔	3、4、5	精密机床的主轴颈、主轴箱的孔与轴承的配合
	特别重要的精密配合 轴	2、3、4	
	精密配合 孔	6、7、8	机床传动轴与轴承,轴与齿轮、皮带轮,夹具上钻套与钻模板的配合等。最常用配合为孔IT7、轴IT6
	精密配合 轴	5、6、7	

应用场合		公差等级(IT)	应用举例与说明
配合尺寸	中等精度配合 孔	9、10	速度不高的轴与轴承、键与键槽宽度的配合等
	中等精度配合 轴	8、9、10	
	低精度配合	11、12、13	铆钉与孔的配合
非配合尺寸、未注公差尺寸		12 ~ 18	包括冲压件、铸件公差等
原材料公差		8 ~ 13	

2）形状精度和位置精度

形状精度是指零件上的几何要素线、面的实际形状相对于理想形状的准确程度。位置精度是指零件上的几何要素点、线、面的实际位置相对于理想位置的准确程度。形状和位置精度用形状公差和位置公差（简称形位公差）来表示。"形位公差"国家标准中规定的控制零件形位误差的项目及符号如表 1-2-2 所示。

表 1-2-2　形位公差项目及符号

分　类	项　目	符　号	分　类	项　目	符　号
形状公差	直线度	——	位置公差	平行度	//
	平面度	▱		垂直度	⊥
	圆　度	○		倾斜度	∠
	圆柱度	⌀		同轴度	◎
	线轮廓度	⌒		对称度	=
	面轮廓度	◠		位置度	⊕
				圆跳动	↗
				全跳动	↗↗

对于一般机床加工能够保证的形位公差要求，图样上不必标出，也不作检查。对形位公差要求高的零件，应在图样上标注。形位公差等级分 1 ~ 12 级（圆度和圆柱度分为 0 ~ 12级）。同尺寸公差一样，等级数值越大，公差值越大。

3）表面粗糙度

零件的表面总是存在一定程度的凹凸不平，即使是看起来光滑的表面，经放大后观察，也会发现凹凸不平的波峰波谷。零件表面的这种微观不平度称为表面粗糙度。表面粗糙度是在毛坯制造或去除金属加工过程中形成的。表面粗糙度对零件表面的结合性能、密封、摩擦、磨损等有很大影响。

国家标准规定了表面粗糙度的评定参数和评定参数的允许数值。最常用的就是轮廓算术平均偏差 R_a 和不平度平均高度 R_z，单位为 μm。一般零件的工作表面粗糙度 R_a 值在 0.4 ~ 3.2 μm 范围内选择。非工作表面的粗糙度 R_a 值可以选得比 3.2 μm 大一些，而一些精度要求高的重要工作表面粗糙度 R_a 值则比 0.4 μm 小得多。一般说来，零件的精度要求越高，表面粗糙度值要求越小，配合表面的粗糙度值比非配合表面小，有相对运动的表面比无相对运动的表面粗糙度值小，接触压力大的运动表面比接触压力小的运动表面粗糙度值小。而对于一些装饰性的表面则表面粗糙度值要求很小，但精度要求却不高。

与尺寸公差一样，表面粗糙度值越小，零件表面的加工就越困难，加工成本越高。

1.2.2 装配质量

任何机器都是由若干零件、组件和部件组成的。根据规定的技术要求，将零件结合成组件和部件，并进一步将零件、组件和部件结合成机器的过程称为装配。装配是机械制造过程的最后一个阶段。合格的零件通过合理的装配和调试，就可以获得良好的装配质量，从而能保证机器进行正常的运转。

装配精度是衡量装配质量的指标。主要有以下几项：

1）零、部件间的尺寸精度

其中包括配合精度和距离精度。配合精度是指配合面间达到规定的间隙或过盈的要求。距离精度是指零、部件间的轴向距离、轴线间的距离等。

2）零、部件间的位置精度

其中包括零、部件的平行度、垂直度、同轴度和各种跳动等。

3）零、部件间的相对运动精度

指有相对运动的零、部件间在运动方向和运动位置上的精度。如车床车螺纹时刀架与主轴的相对移动精度。

4）接触精度

接触精度是指两配合表面、接触表面和连接表面间达到规定的接触面积大小与接触点分布情况。如相互啮合的齿轮、相互接触的导轨面之间均有接触精度要求。

一个机械产品推向市场，需要经过设计、加工、装配、调试等环节。产品的质量与这些环节紧密相关，最终体现在产品的使用性能上，如图 1-2-1 所示。企业应从各方面来保证产品的质量。

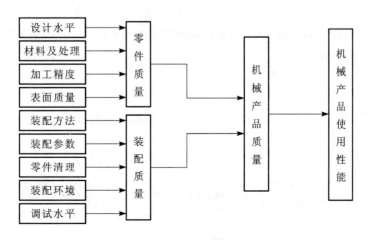

图 1-2-1 产品质量因果图

1.2.3 质量检测的方法

机械加工不仅要利用各种加工方法使零件达到一定的质量要求,而且要通过相应的手段来检测。检测应自始至终伴随着每一道加工工序。同一种要求可以通过一种或几种方法来检测。质量检测的方法涉及的范围和内容很多,这里做一简介。

1)金属材料的检测方法

金属材料应对其外观、尺寸、理化三个方面进行检测。外观采用目测的方法。尺寸使用样板、直尺、卡尺、钢卷尺、千分尺等量具进行检测。理化检测项目较多,下面分类叙述。

(1)化学成分分析

依据来料保证单中指定的标准规定化学成分,由专职理化人员对材料的化学成分进行定性或定量的分析。入厂材料常用的化学成分分析方法有:化学分析法、光谱分析法、火花鉴别法。

(2)金相分析

这是鉴别金属和合金的组织结构的方法,通常有宏观检验和微观检验两种。

① 宏观检验即低倍检验 这是用目视或在低倍放大镜(不大于10倍的放大镜)下检查金属材料表面或断面以确定其宏观组织的方法。常用的宏观检验法有:硫印试验、断口检验、酸蚀试验和裂纹试验。

② 显微检验即高倍检验 这是在光学显微镜下观察、辨认和分析金属的微观组织的金相检验方法。显微分析法可测定晶粒的形状和尺寸,鉴别金属的组织结构,显现金属内部的各种缺陷,如夹杂物、微小裂纹和组织不均匀及气孔、脱碳等。

(3)力学性能试验

力学性能试验有硬度试验、拉力试验、冲击试验、疲劳试验、高温蠕变及其他试验等。力学性能试验及以下介绍的各种试验均在专用试验设备上进行。

(4)工艺性能试验

工艺性能试验有弯曲、反复弯曲、扭转、缠绕、顶锻、扩口、卷边以及淬透性试验和焊接性试验等。

(5)物理性能试验

物理性能试验有电阻系数测定、磁学性能测定等。

(6)化学性能试验

化学性能试验有晶间腐蚀倾向试验等。

(7)无损探伤

无损探伤是不损坏原有材料,检查其表面和内部缺陷的方法。

2)尺寸的检测方法

尺寸在1 000 mm以下,公差值大于0.009~3.2 mm,有配合要求的工件(原则上也适用于无配合要求的工件)使用普通计量器具(千分尺、卡尺和百分表等)检测。常用量具的介绍见1.3节。特殊情况可使用测距仪、激光干涉仪、经纬仪、钢卷尺等测量。

3)表面粗糙度的检测方法

表面粗糙度的检测方法有样板比较法、显微镜比较法、电动轮廓仪测量法、光切显微镜测量法、干涉显微镜测量法、激光测微仪测量法等。在生产现场常用的是样板比较法。它是以表面粗糙度比较样块工作面上的粗糙度为标准,用视觉法和触觉法与被检表面进行比较,来判定被检表面是否符合规定。

4）形位误差的检测方法

根据形位公差要求的不同,形位误差的检测方法各不相同。

下面以一种检测圆跳动的方法为例来说明形位误差的检测。

检测原则:使被测实际要素绕基准轴线作无轴向移动回转一周时,由位置固定的指示器在给定方向上测得的最大与最小读数之差。

检测设备:一对同轴顶尖、带指示器的测量架。

检测方法:如图1-2-2,将被测零件安装在两顶尖之间。在被测零件回转一周过程中,指示器读数最大差值即为单个测量平面上的径向跳动。

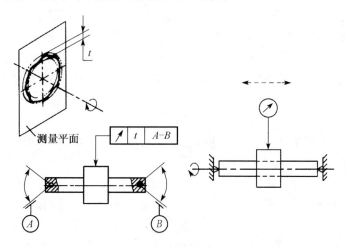

图1-2-2　圆跳动的检测方法

按上述方法,测量若干个截面,取各个截面上测得跳动量中的最大值,作为该零件的径向跳动。

1.3　产品加工工艺

在制造过程中,人们根据机械产品的结构、质量要求和具体生产条件,选择适当的加工方法,组织产品的生产。

1.3.1　产品的生产过程

机械产品的生产过程,是产品从原材料转变为成品的全过程。主要过程如图1-3-1所示。

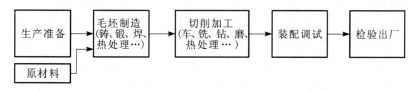

图1-3-1　产品的生产过程

产品的各个零部件的生产不一定完全在一个企业内完成,可以分散在多个企业进行生产协作。如螺钉螺母、轴承的加工常常由专业生产厂家完成。

1.3.2 产品的加工方法

机械产品的加工根据各阶段所达到的质量要求不同可分为毛坯生产和切削加工两个主要阶段。热处理工艺穿插在其间进行。

1) 毛坯生产

毛坯成形加工的主要方法有铸造、锻压和焊接。

① 铸造 熔炼金属,制造铸型,并将熔融金属浇入(或压入、吸入)铸型,凝固后获得具有一定形状、尺寸和性能的铸件的成形方法。如柴油机机体、车床床身等。

② 锻压 对坯料施加外力使其产生塑性变形,改变尺寸、形状及改善性能,用以制造机械零件、工件或毛坯的成形方法。如航空发动机的曲轴、连杆等都是锻造成形的。

③ 焊接 通过加热或加压,或两者并用,并且用或不用填充材料,使焊件达到原子结合的一种加工方法。一般用于大型框架结构或一些复杂结构,如轧钢机机架、坦克的车身等。

铸造、锻压、焊接往往是在材料的再结晶温度以上进行的加工,所以也称这些加工方法为热加工。

2) 切削加工

切削加工用来提高零件的精度和降低表面粗糙度,以达到零件的设计要求。主要的加工方法有车削、铣削、刨削、钻削、镗削、磨削等。

车削加工是应用最为广泛的切削加工之一,主要用于加工回转体零件的外圆、端面、内孔,如轴类零件、盘套类零件的加工。铣削加工也是一种应用广泛的加工形式,主要用来加工零件上的平面、沟槽等。钻削和镗削主要用于加工工件上的孔。钻削用于小孔的加工;镗削用于大孔的加工,尤其适用于箱体上轴承孔孔系的加工。刨削主要用来加工平面,由于加工效率低,一般用于单件小批量生产。

磨削通常作为精密加工,经过磨削的零件表面粗糙度数值小,精度高。因此,磨削常作为重要零件上主要表面的终加工。

1.4 常用量具

量具是用来测量零件线性尺寸、角度以及检测零件形位误差的工具。为保证被加工零件的各项技术参数符合设计要求,在加工前后和加工过程中,都必须用量具进行检测。选择使用量具时,应当适合于被检测量的性质,适合于被检测零件的形状、测量范围。通常选择的量具的读数精度应小于被测量公差的 0.15 倍。

量具的种类很多,这里仅介绍常用的几种。

1.4.1 量具的种类

1) 游标卡尺

游标卡尺是一种比较精密的量具,如图 1-4-1。其结构简单,可以直接量出工件的内径、外径、长度和深度等。游标卡尺按测量精度可分为 0.10 mm、0.05 mm、0.02 mm 三个量级。按测量尺寸范围有 0 ~ 125 mm、0 ~ 150 mm、0 ~ 200 mm、0 ~ 300 mm 等多种规格。使用时根据零件精度要求及零件尺寸大小进行选择。

游标卡尺由主尺和副尺(游标)两部分组成。图示的游标卡尺,主尺上每小格为 1 mm,当两卡爪贴合(主尺与游标的零线重合)时,游标上的 50 格正好等于主尺上的 49 mm。游标上每格长度为49 ÷ 50 = 0.98 mm。主尺与游标每格相差 0.02 mm。

如图 1-4-1 所示,测量读数时,先由游标以左的主尺上读出最大的整毫米数,然后在游标上读出零线到与主尺刻度线对齐的刻度线之间的格数,将格数与 0.02 相乘得到小数,将主尺上读出的整数与游标上得到的小数相加就得到测量的尺寸。

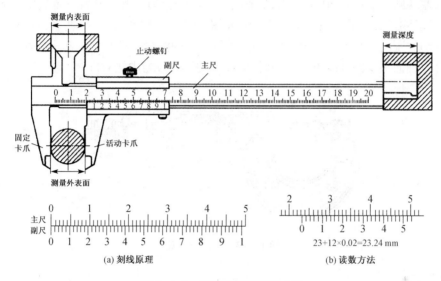

图 1-4-1 游标卡尺及读数方法

游标卡尺使用注意事项:

① 检查零线　使用前应先擦净卡尺,合拢卡爪,检查主尺和游标的零线是否对齐。如不对齐,应送计量部门检修。

② 放正卡尺　测量内外圆时,卡尺应垂直于工件轴线,两卡爪应处于直径处。

③ 用力适当　当卡爪与工件被测量面接触时,用力不能过大,否则会使卡爪变形,加速卡爪的磨损,使测量精度下降。

④ 读数时视线要对准所读刻数并垂直尺面,否则读数不准。

⑤ 防止松动　未读出读数之前游标卡尺离开工件表面,必须先将止动螺钉拧紧。

⑥ 不得用游标卡尺测量毛坯表面和正在运动的工件。

图 1-4-2 是专门用于测量深度和高度

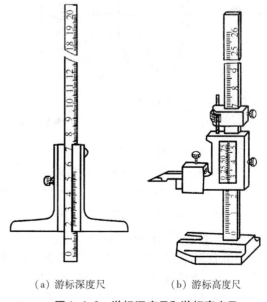

图 1-4-2 游标深度尺和游标高度尺

的游标尺。高度游标尺除用来测量高度外,也可用于精密划线。

2)百分尺(又称螺旋测微器、分厘卡)

百分尺是用微分套筒读数的示值为 0.01 mm 的测量工具。百分尺的测量精度比游标卡尺高,习惯上称之为千分尺。按照用途可分为外径百分尺、内径百分尺和深度百分尺几种。外径百分尺按其测量范围有 0～25 mm、25～50 mm、50～75 mm 等各种规格。

图 1-4-3 是测量范围为 0～25 mm 的外径百分尺。弓形架在左端有固定砧座,右端的固定套筒在轴线方向刻有一条中线(基准线),上下两排刻线互相错开 0.5 mm,形成主尺。微分套筒左端圆周上均布 50 条刻线,形成副尺。微分套筒和螺杆连在一起,当微分套筒转动一周,带动测量螺杆沿轴向移动 0.5 mm,如图 1-4-4。因此,微分套筒转过一格,测量螺杆轴向移动的距离为 0.5÷50＝0.01 mm。当百分尺的测量螺杆与固定砧座接触时,微分套筒的边缘与轴向刻度的零线重合。同时,圆周上的零线应与中线对准。

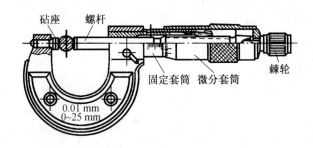

图 1-4-3　外径百分尺

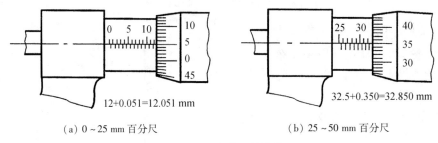

12+0.051=12.051 mm

(a) 0～25 mm 百分尺

32.5+0.350=32.850 mm

(b) 25～50 mm 百分尺

图 1-4-4　百分尺的读数

(1)百分尺的读数方法

① 读出距离微分套筒边缘最近的轴向刻度数(应为 0.5 mm 的整数倍);

② 读出与轴向刻度中线重合的微分套筒周向刻度数值(刻度格数(有估读)×0.01 mm);

③ 将两部分读数相加即为测量尺寸。

(2)百分尺使用注意事项

① 校对零点将砧座与螺杆擦拭干净,使它们相接触,看微分套筒圆周刻度零线与中线是否对准,如没有,将百分尺送计量部门检修。

② 测量时,左手握住弓架,用右手旋转微分套筒,当测量螺杆快接近工件时,必须使用右端棘轮(此时严禁使用微分套筒,以防用力过度测量不准或破坏百分尺)以较慢的速度与

工件接触。当棘轮发出"嘎嘎"的打滑声时,表示压力合适,应停止旋转。

③ 从百分尺上读取尺寸,可在工件未取下前进行,读完后松开百分尺,亦可先将百分尺锁紧,取下工件后再读数。

④ 被测尺寸的方向必须与螺杆方向一致。

⑤ 不得用百分尺测量毛坯表面和运动中的工件。

3) 百分表

百分表的刻度值为 0.01 mm,是一种精度较高的比较测量工具。它只能读出相对的数值,不能测出绝对数值。主要用来检验零件的形状误差和位置误差,也常用于工件装夹时精密找正。

百分表的结构如图 1-4-5 所示,当测量头向上或向下移动 1 mm 时,通过测量杆上的齿条和几个齿轮带动大指针转一周,小指针转一格。刻度盘在圆周上有 100 等分的刻度线,其每格的读数值为 0.01 mm;小指针每格读数值为 1 mm。测量时大、小指针所示读数变化值之和即为尺寸变化量。小指针处的刻度范围就是百分表的测量范围。刻度盘可以转动,供测量时调整大指针对零位刻线之用。

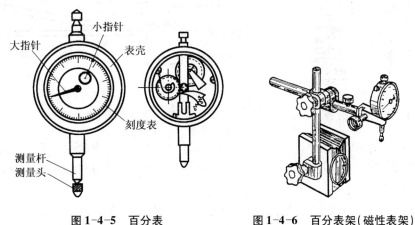

图 1-4-5　百分表　　　　　　　图 1-4-6　百分表架(磁性表架)

百分表使用时应装在专用的百分表架上,如图 1-4-6 所示。

百分表使用注意事项:

① 使用前,应检查测量杆的灵活性。具体做法是:轻轻推动测量杆,看其能否在套筒内灵活移动。每次松开手后,指针应回到原来的刻度位置。

② 测量时,百分表的测量杆要与被测表面垂直,否则将使测量杆移动不灵活,测量结果不准确。

③ 百分表用完后,应擦拭干净,放入盒内,并使测量杆处于自由状态,防止表内弹簧过早失效。

4) 内径百分表

内径百分表(图 1-4-7)是百分表的一种,用来测量孔径及其形状精度,测量精度为0.01 mm。内径百分表配有成套的可换测量插头及附件,供测量不同孔径时选用。测量范围有 6～10 mm、10～18 mm、18～35 mm 等多种。测量时百分表接管应与被测孔的轴线重合,以保证可换插头与孔壁垂直,最终保证测量精度。

5）万能角度尺

万能角度尺是用来测量零件角度的。万能角度尺采用游标读数,可测任意角度,如图1-4-8。扇形板带动游标可以沿主尺移动。角尺可用卡块紧固在扇形板上。可移动的直尺又可用卡块固定在角尺上。基尺与主尺连成一体。

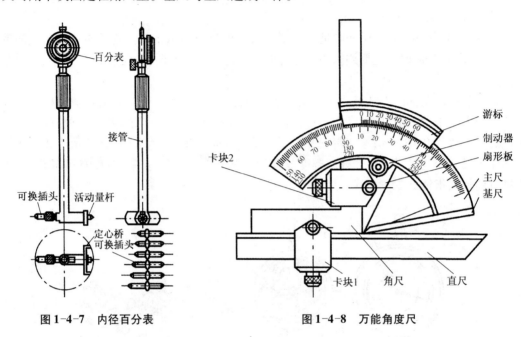

图 1-4-7　内径百分表　　　　　　　　　图 1-4-8　万能角度尺

万能角度尺的刻线原理与读数方法和游标卡尺相同。主尺上每格一度,主尺上的29°与游标的30格相对应。游标每格为 $29 \div 30 = 58'$。主尺与游标每格相差 $2'$,也就是说,万能角度尺的读数精度为 $2'$。

测量时应先校对万能角度尺的零位。其零位是当角尺与直尺均装上,且角尺的底边及基尺均与直尺无间隙接触时,主尺与游标的"0"线对齐。校零后的万能角度尺可根据工件所测角度的大致范围组合基尺、角尺、直尺的相互位置,可测量 $0° \sim 320°$ 范围的任意角度,如图1-4-9所示。

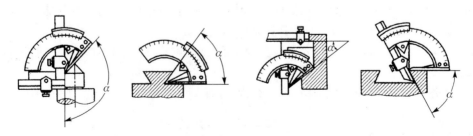

图 1-4-9　万能角度尺应用实例

6）塞尺

塞尺(又称厚薄尺)是用其厚度来测量间隙大小的薄片量尺,如图1-4-10。它是一组厚度不等的薄钢片。钢片的厚度为 0.03 ~ 0.3 mm,印在每片钢片上。使用时根据被测间隙的大小选择厚度接近的钢片(可以用几片组合)插入被测间隙。能塞入钢片的最大厚度即为被测间隙值。

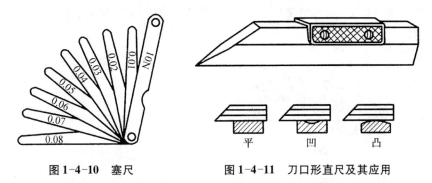

图 1-4-10　塞尺　　　　图 1-4-11　刀口形直尺及其应用

平　　凹　　凸

使用塞尺时必须先擦净尺面和工件,组合成某一厚度时选用的片数越少越好。另外,塞尺插入间隙不能用力太大,以免折弯尺片。

7) 刀口形直尺

刀口形直尺(简称刀口尺)是用光隙法检验直线度或平面度的量尺,图 1-4-11 为刀口形直尺及其应用。如果工件的表面不平,则刀口形直尺与工件表面间有间隙存在。根据光隙可以判断误差状况,也可用塞尺检验缝隙的大小。

8) 直角尺

直角尺的两边呈准确 90°,是用来检查工件垂直度的非刻线量尺。使用时将其一边与工件的基准面贴合,然后使其另一边与工件的另一表面接触。根据光隙可以判断误差状况,也可用塞尺测量其缝隙大小,如图 1-4-12。直角尺也可以用来保证划线垂直度。

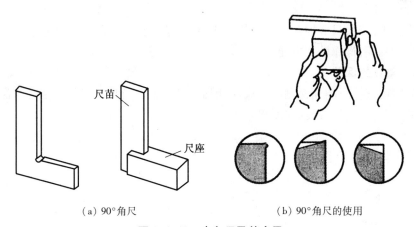

尺苗

尺座

(a) 90°角尺　　　　　　　(b) 90°角尺的使用

图 1-4-12　直角尺及其应用

9) 塞规与卡规

塞规与卡规是用于成批大量生产的一种定尺寸专用量具,通称为量规,如图 1-4-13。

塞规是用来测量孔径或槽宽的。它的两端分别称为"过规"和"不过规"。过规的长度较长,直径等于工件的下限尺寸(最小孔径或最小槽宽)。不过规的长度较短,直径等于工件的上限尺寸。用塞规检验工件时,当过规能进入孔(或槽)时,说明孔径(槽宽)大于最小极限尺寸;当不过规不能进入孔(或槽)时,说明孔径(或槽宽)小于最大极限尺寸。工件的尺寸只有当过规进得去,而不过规进不去时,才说明工件的实际尺寸在公差范围之内,是合格的。否则,工件尺寸不合格。

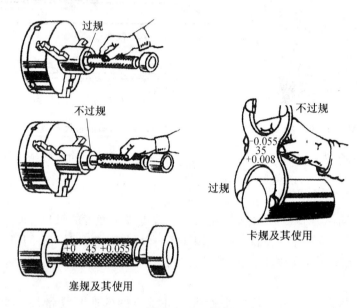

图 1-4-13　量规

卡规是用来检验轴径或厚度的。和塞规相似,也有过规和不过规两端,使用的方法亦和塞规相同。与塞规不同的是:卡规的过规尺寸等于工件的最大极限尺寸,而不过规的尺寸等于工件的最小极限尺寸。

量规检验工件时,只能检验工件合格与否,但不能测出工件的具体尺寸。量规在使用时省去了读数的麻烦,操作极为方便。

1.4.2　量具的保养

量具的精度直接影响到检测的可靠性,因此,必须加强量具的保养。量具的保养重点在于避免量具的破损、变形、锈蚀和磨损。

1.5　基准、定位、夹具

1.5.1　基准

1) 基准的概念

机械零件可以看作一个空间的几何体,是由若干点、线、面的几何要素所组成。零件在设计、制造的过程中必须指定一些点、线、面用来确定其他点、线、面的位置,这些作为依据的几何要素称为基准。基准可以是在零件上具体表现出来的点、线、面,也可以是实际存在,但又无法具体表现出来的几何要素,如零件上的对称平面、孔或轴的中心线等。

2）基准的分类

按照作用的不同，基准分为设计基准和工艺基准两类。设计基准是零件设计图纸上所用的基准。工艺基准是在零件加工、机器装配等工艺过程中所用的基准。工艺基准又分为工序基准、定位基准、测量基准和装配基准。其中定位基准用具体的定位表面体现，并与夹具保持正确接触，保证工件在机床上的正确位置，最终加工出位置正确的工件表面。

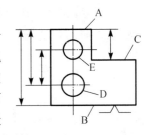

图 1-5-1　机体的基准

图 1-5-1 所示的机体零件，顶面 A 是表面 B、C 和孔 D 轴线的设计基准；孔 D 的轴线是孔 E 的轴线的设计基准；而表面 B 是表面 A、C、孔 D 及孔 E 加工时的定位基准。定位基准常用符号"＿＿／＼＿＿"来表示。

1.5.2　工件的定位

1）工件的装夹

工件要进行切削加工，首先要将工件装夹在机床上，保持与刀具之间正确的相对运动关系。工件在机床上的装夹分定位和夹紧两个过程。定位就是使工件在机床上具有正确的位置。工件定位后必须夹紧，以保证工件在重力、切削力、离心惯性力等力的作用下保持原有的正确位置。工件的装夹必须先定位后夹紧。

工件的装夹通常有以下三种方法：

（1）直接找正装夹

直接找正是指利用百分表、划针等在机床上直接找正工件，使其获得正确位置的定位方法，如图 1-5-2（a）。这种方法的定位精度和操作效率取决于所使用工具及操作者的技术水平。一般说来，此法比较费时，多用于单件、小批生产或要求位置精度特别高的工件。

（2）划线找正装夹

划线找正是在机床上用划针按毛坯或半成品上待加工处的划线找正工件，获得正确位置的方法，如图 1-5-2（b）。这种找正装夹方式受划线精度和找正精度的限制，定位精度不高。主要用于批量较小、毛坯精度较低及大型零件等不便使用夹具的粗加工。

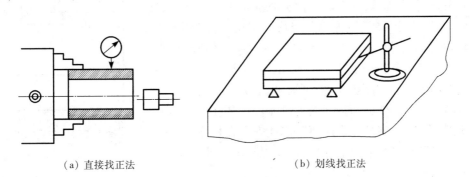

（a）直接找正法　　　　　　　　　　（b）划线找正法

图 1-5-2　工件的找正装夹

（3）在夹具中装夹

夹具装夹是利用夹具使工件获得正确的位置并夹紧。夹具是按工件专门设计制造的,装夹时定位准确可靠,无需找正,装夹效率高,精度较高,广泛用于成批生产和大量生产。

2）工件的定位

一个刚体在空间具有六个自由度,如图1-5-3。这些自由度分别是沿三个坐标轴的平移和绕三个坐标轴的旋转。工件的定位就是对工件的某几个自由度或全部加以限制(消除)。工件在夹具中的定位实际上就是使工件上体现定位基准的定位表面与夹具上的定位元件保持紧密接触。这样就限制了工件应该被限制的自由度,在夹具及机床上具有正确的位置,也就能够加工出位置正确的工件表面。

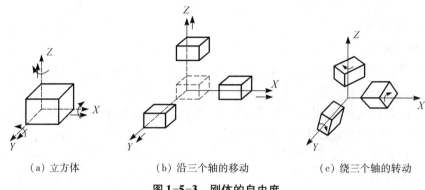

（a）立方体   （b）沿三个轴的移动   （c）绕三个轴的转动

图1-5-3   刚体的自由度

1.5.3   夹具

机床上用来装夹工件的夹具可分为两类,一类是通用夹具,一类是专用夹具。

通用夹具使用范围较广,能够装夹多种尺寸的工件。但通用夹具一般只能装夹形状简单的工件,并且工作效率较低。通用夹具一般作为机床附件来使用,常见的有三爪定心卡盘、四爪单动卡盘、平口钳等。

专用夹具是为某种工件的某一工序专门设计和制造的,使用起来方便、准确、效率高。专用夹具通常由定位元件、导向元件、夹紧元件、夹具体等部分组成。定位元件起定位作用,常用的有支承钉、支承板、定位销等;导向元件起引导刀具的作用,有钻套、镗模套等;夹紧元件起夹紧作用,保证定位不被破坏,常见的有螺纹压板机构、气动夹紧机构、液压夹紧机构等。定位元件、导向元件、夹紧元件都装在夹具体上,一起构成了夹具。夹具最终还要正确地安装在机床上,这样就保证了工件在机床上的正确位置,使刀具与工件之间保持正确的运动关系,如图1-5-4。

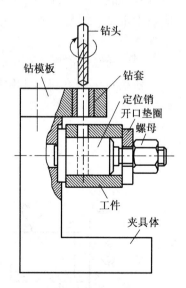

图1-5-4   夹具的组成

1.6 工程材料

工程材料是指工程上使用的材料。按材料的化学成分,工程材料一般分为金属材料和非金属材料两大类。

1.6.1 金属材料的性能

金属材料的性能分为使用性能和工艺性能。使用性能是指机械零件在使用条件下,金属材料表现出来的性质。它包括物理、化学、力学性能等。金属材料使用性能的好坏,决定了机械零件的使用范围和寿命。工艺性能是指金属材料在加工过程中表现出的难易程度。它的好坏决定了金属材料在加工过程中成形的适应能力。

1)物理、化学性能

金属材料的物理、化学性能主要有密度、熔点、导电性、导热性、热膨胀性、耐热性、耐蚀性等。根据机械零件用途的不同,对材料的物理、化学性能要求亦有不同。例如飞机上的一些零件要选用密度小的材料,如铝合金等。金属材料的物理、化学性能对制造工艺也有影响。例如凡是导热性差的材料,进行切削加工时刀具的温升就快,刀具易磨损;膨胀系数大会影响金属热加工后工件的变形与开裂,在进行锻压或热处理时,加热速度应慢些.以免产生裂纹。

2)力学性能

金属材料受到外力作用时所表现出来的特性称为力学性能。金属的力学性能主要有强度、塑性、硬度和冲击韧度等。材料的力学性能是选材、零件设计的重要依据。

强度是指材料在外力作用下抵抗变形和断裂的能力。

塑性是指材料在外力作用下产生永久变形而不被破坏的能力。

硬度是指材料抵抗其他更硬物体压入其表面的能力。

冲击韧性是材料在冲击载荷作用下抵抗断裂的能力。

3)工艺性能

材料的工艺性能主要包含以下几个内容:

(1)铸造性能

主要包括流动性和收缩性。前者是指熔融金属的流动能力;后者是指浇注后的熔融金属冷至室温时伴随的体积和尺寸的减小。

(2)锻造性能

主要指金属进行锻造时,其塑性的好坏和变形抗力的大小。塑性高、变形抗力小,其锻造性能好。

(3)焊接性能

主要指在一定焊接工艺条件下,获得优质焊接接头的难易程度。它受到材料本身的特性和工艺条件的影响。

(4)切削加工性能

工件材料被切削加工去掉的难易程度称为材料的切削加工性能。材料切削性能的好坏与材料的物理、力学性能有关,也与切削加工的条件有关。

1.6.2 常用工程材料简介

1）常用工程材料分类

常用的工程材料主要分为以下类型：

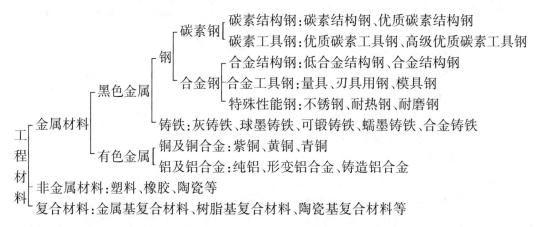

2）常用金属材料简介

碳钢和铸铁都是以铁和碳为主的二元合金。工业上将碳的质量分数 w_C（即含碳量）小于 2.11% 的铁碳合金称为钢。w_C 大于 2.11%，并含较多的硅、锰元素及硫、磷等杂质的铁碳合金称为铸铁。w_C 大于 6.69% 的铁碳合金脆性极大，没有使用价值。合金钢是为了改善钢的性能而有意识地加入一些合金元素的钢。常用金属材料的牌号、意义及用途如表 1-6-1。

表 1-6-1　常用金属材料的牌号、意义及用途

牌号	意　义	用　途
Q235A	屈服点为 235 MPa、质量为 A 级的碳素结构钢	螺栓、连杆、法兰盘、键等
45	w_C 为 0.45% 的优质碳素结构钢	锻压件、轴类件、齿轮类等
TH200	抗拉强度 $\sigma_b \geqslant 200$ MPa 的灰铸铁	底座、带轮、主轴箱等
T1OA	w_C 为 1.0% 的高级优质碳素工具钢	丝锥、钻头等
W18Cr4V	w_W 为 18%、w_{Cr} 为 4%、$w_V < 1.5\%$ 的高速钢	高速切削刀具

3）钢材的涂色标记法

生产中为了表明金属材料的牌号、规格等，在材料上需要做一定的标记，常用的标记方法有涂色、打印、挂牌等。金属材料的涂色标志是以表示钢种、钢号的颜色，涂在材料一端的端面或端部，盘条则涂在卷的外侧。所涂油漆的颜色和要求应严格按国家标准执行。如普通碳素钢中的 Q235A 钢为红色，优质碳素结构钢中的 20 钢为棕色＋绿色，45 钢为白色＋棕色，合金结构钢中的 20CrMnTi 为黄色＋黑色，40Cr 钢为绿色＋黄色，模具钢 5CrMnMo 为紫色＋白色，轴承钢 GCr15 为蓝色一条，不锈钢 1Cr18Ni9Ti 为绿色＋蓝色，高速钢 W18Cr4V 为棕色一条＋蓝色一条。

2 钢的热处理和表面处理

2.1 钢的热处理

钢的热处理是将钢在固态下通过加热、保温、冷却的方法,使钢的组织结构发生变化,从而获得所需性能的工艺方法。热处理工艺可用"温度-时间"为坐标的曲线图表示,如图 2-1-1 所示。

在机械制造中,热处理具有很重要的地位。例如,钻头、锯条、冲模,必须有高的硬度和耐磨性方能保持锋利,达到加工金属的目的。因此,除了选用合适的材料外,还必须进行热处理,才能达到上述要求。此外,热处理还可改善坯料的工艺性能,如改善材料的切削加工

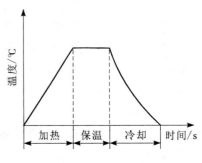

图 2-1-1　热处理工艺曲线

性,使切削省力,刀具磨损小,且工件表面质量高。热处理工艺方法很多,一般可分为普通热处理、表面热处理和化学热处理等。

2.1.1 普通热处理

1)常用的普通热处理方法

(1)退火

退火是将钢加热到适当温度,保温一段时间后随炉冷却的热处理工艺。常用的退火方法有消除中碳钢铸件等缺陷的完全退火、改善高碳钢(如刀具、量具、模具等)切削加工性能的球化退火和去除大型铸、锻件应力的去应力退火等。

(2)正火

正火是将钢加热到适当温度,保温一定的时间后在空气中冷却的热处理工艺。

钢正火的目的是细化组织,消除组织缺陷和内应力。

正火的冷却速度较快,得到的组织较细,强度和硬度也较高。常用正火做预备热处理,有时也用正火做最终热处理。

(3)淬火和回火

① 淬火　淬火是将工件加热至临界温度以上某一个温度,保温一定时间,然后以较快速度冷却的热处理工艺。淬火的目的是提高钢的强度和硬度,增加耐磨性,并在回火后获得高强度和一定韧性相配合的性能。

淬火操作的关键是控制冷却速度。淬火时的冷却介质称为淬火剂。常用的淬火剂有油、水、盐水,冷却能力依次增强。

② 回火　钢件淬硬后,再加热到某一较低的温度,保温一定时间,然后冷却至室温的热处理方法称为回火。

回火操作的关键是控制加热温度。钢回火后的性能取决于回火加热温度。根据加热温度的不同,回火分为低温回火、中温回火和高温回火三种。

低温回火 淬火钢件在 150 ℃ ~250 ℃ 的回火称为低温回火。低温回火可降低钢的内应力和脆性,保持淬火钢的高硬度和高耐磨性。各种工、模具淬火后,常进行低温回火。

中温回火 淬火钢件在 300 ℃ ~450 ℃ 的回火称为中温回火。中温回火能消除钢中的大部分内应力,使之具有一定的韧性和高弹性,硬度可达 35 ~ 45 HRC。各种弹簧常进行中温回火。

高温回火 淬火钢件在 500 ℃ ~650 ℃ 的回火称高温回火。习惯上常将淬火及高温回火的复合热处理工艺称为调质。钢经调质后具有强度、硬度、塑性、韧性都较好的综合力学性能。回火后硬度一般为 200 ~300 HBS。各种重要零件如连杆螺栓、齿轮及轴类等常进行调质处理。

2)常用的热处理设备

热处理的加热是在专门的加热炉内进行的。加热炉一般有箱式电阻炉、井式电阻炉、盐浴炉等。

(1)箱式电阻炉

箱式电阻炉根据使用温度不同分为高温、中温、低温箱式电阻炉等。箱式电阻炉适用于中、小型零件的整体热处理及固体渗碳处理。图 2-1-2 是中温箱式电阻炉的结构。

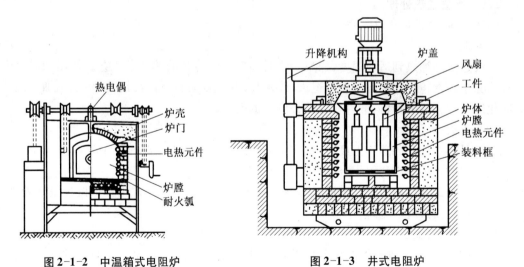

图 2-1-2 中温箱式电阻炉　　　　图 2-1-3 井式电阻炉

(2)井式电阻炉

井式电阻炉适用于长轴工件的垂直悬挂加热,可以减少弯曲变形。因炉口向上,可用吊车起吊工件,故能大大减轻劳动强度,应用较广,见图 2-1-3。

(3)盐浴炉

采用液态的熔盐作为加热介质的热处理设备,称为盐浴炉,见图 2-1-4。

盐浴炉结构简单,制造容易,加热速度快而均匀,工件氧化、脱碳少,便于细长工件悬挂加热或局部加热,可减少变形,多用于小型零件及工、模具的淬火、正火等加热。

除了加热炉外,热处理设备还有控温仪表(热电偶、温控仪表等)、冷却设备(水槽、油槽、浴炉、缓冷坑等)和质检设备(硬度计、金相显微镜、量具、无损检测或探伤设备等)。

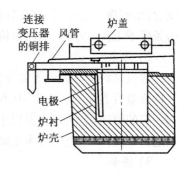

图 2-1-4　插入式电极盐浴炉

2.1.2　表面热处理

表面热处理是指仅对工件表面进行热处理以改变其组织和性能的热处理工艺。表面热处理只对一定深度的表层进行强化,而心部基本上保持处理前的组织和性能,因而可获得高强度、高耐磨性和高韧性三者比较满意的结合。同时由于表面热处理是局部加热,所以能显著减少淬火变形,降低能耗。

1)感应加热表面热处理(高频淬火)

利用感应电流通过工件所产生的热效应,使工件表面加热并进行快速冷却的淬火工艺称为感应加热表面热处理。它适用于大批量生产,目前应用较广,但设备复杂,见图 2-1-5。

2)火焰加热表面热处理

应用氧-乙炔或其他燃气火焰对零件表面进行加热,随之淬火冷却的工艺称为火焰加热淬火。这种方法设备简单,成本低,但生产率低,质量较难控制,因此只适用于单件、小批量生产或大型零件如大型齿轮、轴等的表面淬火。

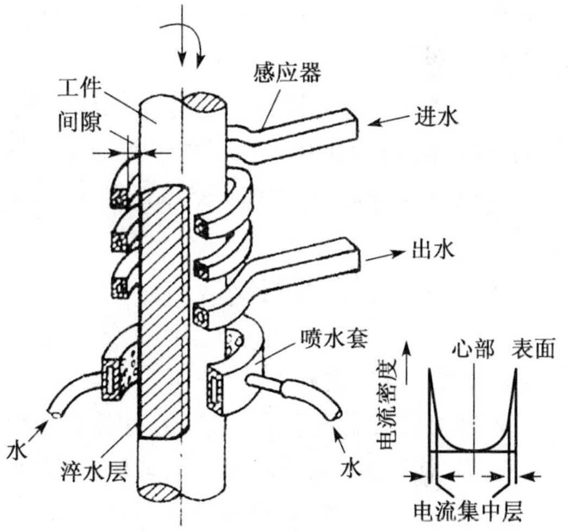

图 2-1-5　高频淬火

3)激光加热表面淬火

激光加热表面淬火是一种新型的高能量密度的强化方法。它利用激光束扫描工件表面,使工件表面迅速加热到钢的临界点以上,当激光束离开工件表面时,由于基体金属的大量吸热而使表面迅速冷却,因此无需冷却介质。激光加热表面淬火可以使拐角、沟槽、盲孔底部、深孔内壁等一般热处理工艺难以解决的强化问题得到解决。

2.1.3　表面化学热处理

化学热处理是将工件置于特定的介质中加热和保温,使一种或几种元素的原子渗入工件表面,以改变表层的化学成分和组织,从而获得所需性能的热处理工艺。常用的化学热处理有渗碳、渗氮、渗硼、渗铝、渗铬及几种元素共渗(如硼、氮共渗等)。

1)渗碳

渗碳是将钢件放在渗碳介质中加热并保温,使钢件表层的含碳量增加,而获得一定的碳浓度梯度的化学热处理工艺。渗碳适用于低碳钢和低碳合金结构钢,如 20 钢、20Cr、20CrMnTi 等。渗碳后获得 0.5~2 mm 的高碳表层,再经淬火、低温回火,使表面具有高硬度、高耐磨性,而心部具有良好的塑性和韧度,使零件既耐磨,又抗冲击。渗碳用于在摩擦冲击条件下工作的零件,如汽车齿轮、活塞销等。

2)渗氮

渗氮是将工件放在渗氮介质中加热、保温,使氮原子渗入工件表层的化学热处理工艺。零件渗氮后表面形成 0.1~0.6 mm 的氮化层,不需淬火就具有高的硬度、耐磨性、抗疲劳性和一定的耐蚀性,而且变形很小。但渗氮处理的时间长、成本高,目前主要用于 38CrMoAlA 制造精密丝杠、高精度机床主轴等精密零件。

3)渗铝

渗铝是向工件表面渗入铝原子的化学热处理工艺。渗铝件具有良好的高温抗氧化能力,主要适用于石油、化工、冶金等方面的管道和容器。

4)渗铬

渗铬是向工件表面渗入铬原子的化学热处理工艺。渗铬零件具有耐蚀、抗氧化、耐磨和较好的抗疲劳性能,并兼有渗碳、渗氮和渗铝的优点。

5)渗硼

渗硼是向工件表面渗入硼原子的化学热处理工艺。渗硼零件具有高硬度、高耐磨性和好的热硬性(可达 800 ℃),并在盐酸、硫酸和碱的介质中具有抗蚀性,主要应用在泥浆泵衬套、挤压螺杆、冷冲模及排污阀等方面,能显著提高零件的使用寿命。

2.2 表面处理技术

2.2.1 概 述

各种机械设备与仪器仪表,在使用过程中或因受到气、水及某些化学介质的腐蚀,或因相对磨损,或因疲劳而产生断裂,或因温度过高而发生氧化,这些因素都会使机件表面首先发生破坏或失效。研究和发展机电产品的表面保护和表面强化技术,对提高零件的使用寿命和可靠性,对改善机械设备的性能、质量,增强产品的竞争能力,对推动高科技和新技术的发展,对于节约材料、节约能源等都具有重要意义。

金属材料表面强化技术类别很多,除了前面介绍的表面热处理和表面化学热处理外还有:

表面形变强化,如:喷丸、滚压、内孔挤压等。

表面覆层强化,如:电镀、热喷涂、化学转化膜等。

2.2.2 表面形变强化

表面形变强化是提高金属材料疲劳强度的重要工艺措施之一。常用的金属材料表面形变强化方法主要有喷丸、外圆滚压、内孔滚压和挤压。而金属表面喷丸强化是其中最有代表性的技术。

1)喷丸强化

喷丸强化是当今国内、外广泛应用的一种表面强化方法,即利用高速弹丸强烈冲击工件表面,使之产生形变硬化层并引起残余压应力,这样可以显著地提高耐疲劳性能。

喷丸强化用的设备有两类。一类为机械离心式喷丸机,适用于要求喷丸强度高、品种少、批量大、形状简单、尺寸较大的工件。另一类是压缩空气式的气动喷丸机,适用于要求喷丸强度低、品种多、批量小、形状复杂、尺寸较小的工件。

喷丸强化用的弹丸,必须是圆球形,切忌有棱角,以免损伤工件。常用的有三种:

① 铸铁弹丸　铸铁弹丸含碳量在 2.75% ~ 3.60%,硬度约为 58 ~ 65 HRC,往往对其采用退火处理以提高韧度,使硬度降至 30 ~ 57 HRC,尺寸为 $d = 0.2 ~ 1.5$ mm。使用中,铸铁弹丸易破碎,损耗较大,要及时将破碎弹丸分离排除,否则将会影响工件的喷丸强化质量。由于铸铁弹丸的价格低廉,故获得广泛应用。

② 钢弹丸　一般用含碳量为 0.7% 的弹簧钢丝(或不锈钢丝),切制成段,经磨圆加工制成,直径为 $d = 0.4 ~ 1.2$ mm,硬度为 45 ~ 50 HRC。

③ 玻璃弹丸　其应用是在近十几年发展起来的,玻璃弹丸的直径在 $d = 0.05 ~ 0.40$ mm 范围,硬度为 46 ~ 50 HRC。

一般说来,黑色金属制件可以用铸铁丸、钢丸和玻璃丸。有色金属和不锈钢制件则须采用不锈钢丸或玻璃丸。

喷丸强化被大量用来改善碳钢、合金钢、不锈钢及耐热钢的室温和中温的疲劳性能。各种材料的弹簧经喷丸处理后,疲劳性能有显著提高。喷丸强化也可用来改善焊件的疲劳性能。

喷丸强化现已广泛用于弹簧、齿轮、链条、轴、叶片等工件的表面处理。

2)滚压外圆

滚压外圆是在常态下采用滚压工具对旋转的工件施加一定的压力,使工件表层金属产生塑性流动,把工件表层残留的凸起微观波峰压平,使其填入凹下的微观波谷内,改变了微观波峰的分布,降低了表面粗糙度值,见图2-2-1。由于金属层的塑性变形,使工件表层组织产生冷变形强化,晶粒变细,组织致密呈流线状,因此工件表面硬度、疲劳强度、耐磨性和耐腐蚀性都有显著提高。滚压后工件表面粗糙度 R_a 值可达 0.4 ~ 0.024 μm,表面硬度可提高 5% ~ 30%。

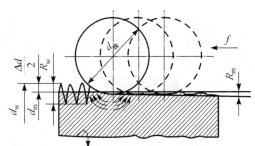

d_w—滚压前工件直径;d_m—滚压后工件直径;
R_w—滚压前微观不平度高;R_m—滚压后微观不平度高;
$d_珠$—滚珠直径;f—进给量

图2-2-1　工件表面金属变形

滚压外圆只适用于常态下可以产生塑性变形,且硬度不大于 50 HRC 的各种批量的金属工件。滚压外圆可在车床上进行。用于车床上的滚压工具很多,按滚压元件的不同,可把滚压工具分为滚珠式、滚轮式和滚柱式,见图2-2-2。

　(a)单滚珠弹性式　　　　(b)三滚轮弹性式　　　　(c)单滚柱弹性式

图2-2-2　滚压工具

3）内孔滚压和挤压

内孔的滚压和挤压的机理与滚压外圆的机理相同,是使孔的内表面获得形变强化的工艺措施。滚压和挤压孔的主要目的是精整尺寸、压光表面和强化表层。孔的滚压方法很多,图 2-2-3 所示为两种孔的滚压加工示意图。不同的滚压方法,其功用也有所侧重。滚压后孔的精度可达 IT9～IT7,表面粗糙度 R_a 值可达 $0.2～0.05\ \mu m$。

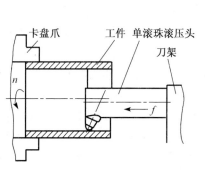

（a）单滚珠弹性滚压　　　　　　　　（b）多滚柱刚性滚压

图 2-2-3　内孔的滚压加工

挤压加工分为拉挤和推挤两种,挤压元件形式也较多,应用最广的是带有前锥面的圆柱棱带挤压元件,如图 2-2-4。挤压后的孔的精度可达 IT7～IT6,表面粗糙度 R_a 可达 $0.4～0.025\ \mu m$。因径向力较大,对壁厚不均匀零件的孔,挤压易产生畸变。

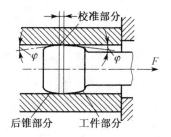

图 2-2-4　带有锥面的圆柱

2.2.3　表面覆层强化

1）电镀

电镀是用直流或脉冲电流电解的方式(包括水溶液和非水溶液),在金属或非金属表面沉积一层不同于基体的金属或合金镀层或沉积金属和金属氧化物、非金属的复合镀层的工艺方法。例如,镀铜、镀铬、镀锌、镀铜锡合金、镀镍、二氧化硅复合镀层等。

① 镀铜　一般用于钢、铁件镀铬的底层,铝件、锌压铸件、锡焊件、铅锡合金等的预镀层,塑料电镀中间层,防渗碳镀层,印刷滚压表层等。

② 镀镍　因镀镍层在水中和空气中稳定,耐强碱,具有铁磁性。常用于装饰-防护性镀铬底层,有时也用于有硬度和耐磨性要求的场合。

③ 镀铬　铬在大气中有强烈的钝化倾向,相对于钢铁实际上为阴性镀层,对无机酸及强碱有很好的耐腐蚀性,硬度高,耐磨性好,耐热,但易含气孔和微裂纹。镀铬层常用于汽车、摩托车、自行车、缝纫机、钟表、家电、医疗器械、仪器、仪表、办公用品、日用五金、家具、量具等防护装饰;石油、煤炭、交通、农机、机械等部门零件的强化和修复。

④ 镀锌　镀锌层经钝化处理后几乎不发生变化,在汽油或含有二氧化碳的潮湿水汽中防锈性能好。一般用于汽车、轻工、仪器、仪表、机电、建筑、煤矿、五金、国防的钢铁构件的防护。

2）热喷涂技术

喷涂是将金属或者是其他物质熔化，并用压缩空气将其以雾状喷射到加工物体的表面上，形成金属或其他物质的覆盖层或喷涂堆厚。热喷涂至今约有 100 多年的历史。1910 年瑞士人 Schoop 博士发明了最初的喷涂装置。当时喷涂热源是电弧和氧-乙炔火焰，喷涂材料仅限于铝线及锌线，涂层仅限于装饰。20 世纪 30～40 年代，出现了火焰金属粉末喷涂，涂层应用范围从装饰涂层发展到喷涂钢丝来恢复机械零件的尺寸，用喷涂铝线或锌线作为钢结构上的防腐涂层。50 年代，自熔性合金粉末的研制成功使热喷涂有了重大突破，后来因空间技术的发展，为解决航天飞机冲入大气层迫切需要耐高温和绝热涂层的问题，从而迎来了陶瓷喷涂的迅速发展。陶瓷材料有 Al_2O_3、ZrO_2、$ZrO_2 \cdot SiO_2$ 等。由于氧-乙炔火焰温度低，氧化铝和氧化锆等陶瓷材料的喷涂层质量尚不理想，迫使人们对喷涂热源作进一步的探索，成功地研制了爆炸喷涂和等离子喷涂，实现了陶瓷粉末和高熔点陶瓷材料的喷涂，使热喷涂技术飞速发展。

由上所述，热喷涂技术的发展是以航空航天等尖端技术的发展以及热喷涂技术自身的不断改进、完善和新的热喷涂材料及喷涂方法的开发分不开的。

喷涂用的金属材料很广泛，从低熔点的锌到高熔点的钨等一系列金属及合金都可作为喷涂材料，还有金属氧化物、碳化物以及它们的混合物和聚乙烯、聚酰胺等塑料。被喷涂的对象范围也很广泛，不仅金属而且陶瓷、玻璃、石膏、木材、布帛、纸张等都可以通过喷涂获得覆层强化。喷涂操作工艺简单迅速，被喷涂工件的大小不受限制，在机械制造、建筑、造船、车辆、化工装置、纺织机械中得到广泛运用。

（1）热喷涂的方法

热喷涂方法较多，根据加热喷涂材料的热源种类可分为气体式和电气式。前者是利用气体燃料与氧燃烧时释放的能量，如图 2-2-5 及图 2-2-6 所示；后者是利用电弧热、放电能量以及电阻热等电能，如图 2-2-7 所示。无论何种方法，随着喷涂技术的应用范围日益扩大和喷涂材料的不断发展，喷涂方法及其装置也相应得到改进与创新。

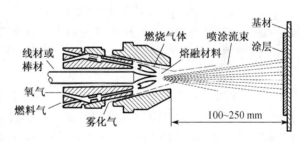

图 2-2-5 线材气体火焰喷涂原理

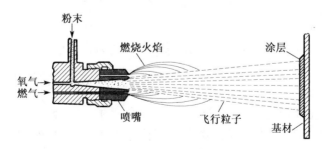

图 2-2-6 粉末气体火焰喷涂原理

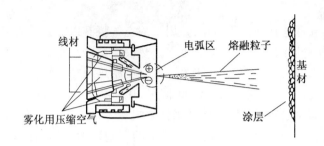

线材　　　　　电弧区　熔融粒子　基材

雾化用压缩空气　　　　涂层

图 2-2-7　电弧喷涂原理

（2）热喷涂的应用

① 解决过盈配合面的过盈量不足和拉伤

例如：内燃机车牵引电机压装齿轮的输出轴磨损松动,由于配合面没有键,靠锥面挤压配合传递扭矩。用粉末喷涂恢复磨损尺寸,实际使用效果良好,已列为正常修复工艺。孔的尺寸超差时,只要孔的位置适合喷涂作业,孔的深度不大于孔径,不是盲孔,均可采用热喷涂工艺修复。内孔喷涂时,涂层厚度不宜过厚,一般小于 1 mm。

② 恢复摩擦副的尺寸或几何精度

对运动零件表面产生的摩擦磨损、拉伤、几何精度丧失等失效,如曲轴连杆颈和主轴颈;各种间隙配合的传动轴与滑动轴承的配合面;平面滑动,如机床导轨面;各类外圆面,如油缸柱塞等,采用热喷涂工艺均可恢复其尺寸,重新使用。

③ 作为耐磨涂层强化表面

很多机械零部件的磨损都是局部的。为了获得优良的局部耐磨性必须选用高级钢材并进行适当的热处理来制造整体零件。采用热喷涂工艺可以在需要部位制备高耐磨表面,工艺简单,节约了大量贵重材料,降低了生产成本和周期。

④ 制备耐热、隔热涂层

热喷涂层用于耐热、隔热方面有非常优良的效果。涡轮机的燃烧部件表面喷涂后大大提高了使用寿命。如 RB211 发动机燃烧室衬套用 0.16 mm 的镍铬铝结合底层,0.16 mm 的氧化镁、氧化锆面层做热障涂层,使两次大修的使用寿命从 1 000 h 提高到 4 000 ~ 5 000 h。

⑤ 制备可磨损涂层

可磨损涂层用于机械间隙控制,使配合副自动建立所需的间隙。该技术已在航空发动机上得到广泛应用。

⑥ 制备耐蚀涂层

在钢结构表面喷涂锌或铝的涂层可大大提高结构的耐蚀性能。在船体表面喷涂铝层后,可有效地防止海水的侵蚀。桥梁、铁塔等喷涂锌、铝后能大大提高抗大气、盐雾的侵蚀能力。

⑦ 制备抗磨粒磨损表面

自熔性合金喷焊层广泛用于抗磨粒磨损表面,如泥浆泵柱塞,喷焊后比原 50Cr 中频淬火提高寿命 9.5 倍;冷拔钢管模喷焊后比原 45 钢淬火、镀铬提高寿命 5 ~ 6 倍;玻璃模具表面喷焊后提高寿命 5 倍。

3）塑料粉末涂装

塑料粉末涂装就是采用各种方法,诸如熔射法、静电喷涂法、流动浸塑法、静电流浸法、挤压法、滚压法等,在金属表面涂覆上一层 0.02～0.03 mm 的塑料薄膜。这层薄膜与金属基材有较好的结合力,涂膜本身具有优良的化学稳定性,涂膜将金属与周围环境介质隔开,从而达到防腐的目的。

（1）粉末流动浸塑法

流动浸塑法俗称硫化床法或沸腾床法,国外也有称之为"镀塑"。其基本原理是利用工件的热容量进行粉末塑料的熔敷。先把粉末塑料放入底部透气的容器即流动槽中,从槽下部送入干净的压缩空气,使粉末塑料流动并悬浮一定高度。而后把预先加热到粉末塑料熔点以上温度的工件浸入流动槽中,粉末塑料就均匀地附着到被涂工件的表面上,经过数秒钟浸渍后取出并进行机械振动,除掉多余的粉料,然后送入塑化炉流平塑化,最后出炉冷却,从而获得均匀的涂层。

① 流动浸塑工艺

流动浸塑工艺一般如下:

工件预处理-预热-浸塑-塑化-冷却-成品。

硫化床主要由气室、微孔板和硫化槽三部分组成。硫化床的结构如图 2-2-8 所示。流动浸塑常用的粉末涂料:聚乙烯、聚氯乙烯、聚酰胺。

② 流动浸塑法的应用

流动浸塑法在工艺上具有省材料、省能源、无污染、效率高、质量好等特点,因而用途甚广,特别是钢铁产品,如钢丝、钢管、型钢、焊接网、冲拉钢板网以及用这些基材加工成的多种产品,经流动浸塑后,赋予耐腐蚀性、装饰性、电气绝缘等优良性能。所以,这种方法自形成工业性生产以来,在国民经济的各个领域中得到了日益广泛的应用。

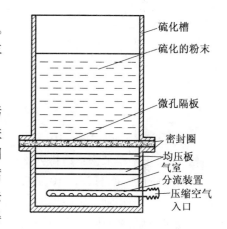

图 2-2-8 硫化床结构

（2）静电喷涂法

① 静电喷涂法原理

静电喷涂主要是利用高压静电电晕电场的原理,在喷枪头部金属导流杯上接上高压负极,被涂工件接地形成正极,使喷枪和工件之间形成一个较强的静电电场,如图 2-2-9 所示。作为运载气体的压缩空气,将粉末涂料从储粉桶经输粉软管送到喷枪的导流杯时,由于导流杯接上高压负极产生的电晕放电,在其附近产生密集的电荷,粉末带上了负电荷,并进入电场强度很高的静电场,在静电和运载气体的作用下,粉末均匀地飞向接地的工件上。由图 2-2-10 可见,粉末静电吸附于工件表面上的整个过程大体可分为三个阶段:

第一阶段 如图 2-2-10(a),是带负电的粉末在静电场中沿着电力线飞向工件,粉末均匀地吸附在工件的表面。

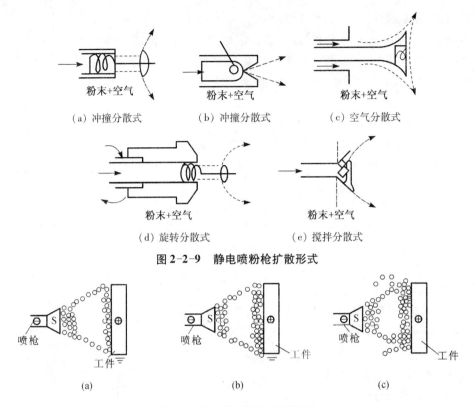

图 2-2-9　静电喷粉枪扩散形式

图 2-2-10　粉末静电吸附过程

第二阶段　如图2-2-10(b)，由于工件接地成正极，对粉末的吸引力大于粉末之间的同性相斥力，于是粉末密集地排列堆积，形成一定厚度的涂层。

第三阶段　如图2-2-10(c)，随着粉末沉积层的不断增加，因为新建的电场与粉末是同性的，当粉末堆积到一定厚度时，继续飞来的粉末就受到排斥而掉下来。

经过喷涂，将吸附于工件表面的粉末加热到一定温度，就能使原来松散堆积的固体颗粒熔融流平，固化后便成为均匀、连续、平滑的涂层。

静电喷涂设备主要包括高压静电发生器、静电喷粉枪、供粉器、喷粉室、粉末回收装置、烘箱等。

适于静电喷涂的粉末材料有：环氧粉末涂料、环氧聚酯型粉末涂料、聚酯粉末涂料、丙烯酸粉末涂料、聚氨酯粉末涂料。还有一些热塑性粉末涂料，如聚乙烯、聚酰胺、热塑性聚酯、聚氟乙烯等。在热固性粉末中，也还有一些特殊性能的粉末涂料，如美术花纹型、半光与无光型、绝缘型、导电型、阻燃型、耐热型等。

② 静电喷涂法的应用

静电粉末喷涂法实现了工件室温涂敷，不需预热，粉末利用率高（≥95%），涂膜较薄约为 40～100 μm，而且均匀，无流挂现象，在生产方式上还可以做成流水线，大大提高了生产效率。因而无论在装饰性涂装还是在功能性涂装方面，都得到广泛应用。从目前看，静电喷涂在下列诸多领域，都得到了推广和应用：

家用电器工业，它包括电冰箱、洗衣机、空调机、电风扇、工业缝纫机、铝制品、摩托车等进行喷涂后,不仅防腐性好,涂膜坚固耐用,而且装饰性能好,美观卫生。

机电工业,如开关柜、电焊机、电动工具、变压器、防爆电器等经喷涂后不仅防腐耐用,而且绝缘性能优良。

轻工业,如摩托车、玩具、铝制品、打字机、复印机、自行车、印刷机等。

石油化工业,如各种输送管道、液化气钢瓶、包装桶等。

仪器仪表业,如电度表、电子仪器、光学仪器、防爆电器、医疗器材等。

建筑五金业,如钢模板、钢管桩、钢门窗、安全门、建筑围栏等。

商业,如各种货架、货筐、食品包装箱等。

家具业,如各种钢制家具、桌椅等。

养殖业,如鸡笼、各种网箱等。

其他方面,如兵器、图书设施、电影放映机、教学仪器等。

（3）其他涂塑方法

① 熔射法

它也叫火焰喷涂法。原理是用压缩空气将粉末涂料从熔射机的喷嘴吹出,并以高速度通过从喷嘴外围出来的可燃气体(如乙炔)和氧气的火焰区,使其成为熔融状态附着于被涂物上。

② 薄膜辊压法

这是把塑料薄膜通过辊压的方法,粘贴到金属板材上。

③ 撒布法

通过细筛网将粉末均匀地撒布到已预热至粉末熔融温度以上的被涂物表面上,经加热固化成膜。

④ 静电流浸法

这是综合了静电喷涂和流动浸塑法的原理而设计成的一种涂塑方法。

4）金属表面的化学转化膜

金属表面的化学转化膜是指采用化学处理液使金属表面与溶液界面上产生化学或电化学反应,生成稳定的化合物薄膜的处理过程。

金属表面的化学转化膜常用于:金属表面的防护,增强金属表面的耐磨性或降低金属表面的摩擦力,用于金属表面的装饰层及绝缘层,以及作为涂装底层。按生产习惯,转化膜分为:磷化膜、氧化膜、钝化膜及着色膜。

（1）磷化处理

磷化处理是一种化学和电化学的过程,采用浸渍或喷淋或浸喷组合等方法将磷酸溶液覆在金属表面,产生很薄的细晶粒和不溶于水的磷酸盐层。

金属磷化膜呈浅灰色或深灰色,对基体有较好的保护作用,如锰、锌系的磷酸盐膜不被大气氧化,常用于钢铁保护层。磷化膜对油、蜡、颜料及油漆有良好的吸收性,所以适用于着色和作油漆的底层,并有防锈性能。磷化处理还可以作为冷加工钢板的润滑助剂,也可以提高机械零件的耐磨性能。磷化膜具有绝缘性,在硅钢片上被广泛采用。

（2）氧化处理

氧化处理是在可控条件下人为生成特定氧化膜的表面转化过程。氧化处理常用于铝材及钢铁。

① 铝及铝合金的氧化处理

铝及铝合金表面自然形成的氧化膜一般较薄,其厚度约在 $0.01 \sim 0.02~\mu m$,这种膜疏松多孔不均匀,抗腐蚀能力较低,并易染污迹使铝件失去光泽。铝及铝合金氧化处理可生成较厚的氧化膜,从而提高抗蚀、耐磨、绝缘、绝热、吸附等能力或光亮度及装饰功能。

② 钢铁氧化处理

钢铁表面在大气环境生成的氧化膜一般为 Fe_2O_3 和少量的 FeO,即锈层,通过氧化处理可形成以磁性氧化物 Fe_3O_4 为主要成分的氧化膜,厚度在 $0.6 \sim 1.5~\mu m$。钢铁氧化处理以化学法为主。按化学处理液的酸、碱性分为酸性、碱性两类;按所得膜层颜色,习惯上分为发黑及发蓝两种工艺。

发黑处理　将钢铁浸在 NaOH 水溶液中煮沸,在其表面产生黑色的 Fe_3O_4 薄膜的方法称为发黑处理,也可称为碱液着色、染黑法。

发蓝处理　发蓝处理是在较高的温度条件下,在含有一定氧化剂的氢氧化钠溶液中进行。氧化剂和氢氧化钠与金属反应,生成以磁性氧化铁(Fe_3O_4)为主要成分的氧化膜。

（3）钝化处理

钝化处理是指通过成膜沉淀或局部吸附作用,使金属的局部活性点失去化学活性而呈现钝化。钝化处理过程中不一定生成稳定的完整的膜层,其目的仅在于降低表面活性点的数目,一般将钝化处理看作表面转化处理的一种特殊形式。

铜及铜合金经钝化处理,可在其表面形成防护性薄膜以防止硫化物侵蚀而发暗,同时具有装饰功能。

不锈钢钝化是不锈钢零件在酸洗后,为了提高其耐蚀性而进行的一种化学转化处理。经钝化后的不锈钢表面保持其原来的颜色,一般为银白色或灰白色。

（4）着色处理

金属的着色是指通过特殊的处理方法,使金属自身表面上产生与原来不同的色调,并保持金属光泽的工艺。在金属表面上着色与染色,历史悠久。目前这类工艺大多应用于金属的表面装饰,以改善金属外观,模仿较昂贵的金属或金属古器外表。

金属着色工艺在金属表面产生一层有色膜或干扰膜。该膜很薄,仅 $25 \sim 55~\mu m$,有时干扰膜自身几乎没有颜色,而金属表面与膜的表面发生光反射时,将形成各种不同的色彩,所以当膜的厚度增加时,色调随之变化,一般自黄、红、蓝到绿色,当膜厚不均匀时,将产生彩虹色或花斑的颜色。

金属着色一般有化学法、热处理法、置换法和电解法等工艺,可以直接在基体金属表面上进行,也可以在基体金属表面镀层上适当地再着色。几种着色方法中,最常用的是化学法着色。

金属着色工艺有以下特点:

① 各工艺所得膜层的外观,一定程度上取决于工件金属的预处理;

② 有些金属制品(如钢铁制品)的着色工艺往往先经电镀,随后再着色,会收到更好的效果;

③ 金属表面着色膜的耐蚀性和耐久性等一般较差,多用于城市内装饰性产品,如灯具、工艺品、日用五金等,而不适宜于恶劣环境中使用或经常受摩擦的产品。

3 铸 造

3.1 概述

铸造是指制造铸型,熔炼金属,并将熔融金属浇入、吸入或压入铸型,凝固后获得一定形状和性能的铸件的成形方法。铸造成形实质上是利用熔融金属的流动性能实现成形。当然,铸造作为一种方法也可以推广到其他材料的成形,例如,塑料等。铸造的适应性很广,它几乎不受工件的形状、尺寸、质量和生产批量的限制。除了各种铸造合金以外,高分子材料也可以采用铸造方法成形。铸造有良好的经济性。它不需要昂贵的设备。铸件的形状和尺寸接近于零件,能节省金属材料和切削加工工时。金属原材料来源广泛,且可以利用废机件等废料回炉熔炼。铸件有良好的切削性能和使用性能,特别是减振性能、耐磨性能和耐腐蚀性能等。但是,铸造生产的工序多,铸件质量不够稳定,废品率较高。铸件的力学性能较差,又受到最小壁厚的限制,因而铸件较笨重。铸造常用于制造形状复杂、承受静载荷及压应力的构件,如箱体、床身、支架、机座等。

铸造成形的方法很多,主要分为砂型铸造和特种铸造两类。砂型铸造是将熔化的金属注入砂型,凝固后获得铸件的方法。与砂型铸造不同的其他铸造方法都称为特种铸造。目前砂型铸造应用最广泛。

3.2 铸造方法

3.2.1 砂型铸造

1)砂型铸造的工艺过程

砂型铸造的工艺过程如图 3-2-1 所示。其中,造型和造芯两道工序对铸件的质量和铸造的生产率影响最大。

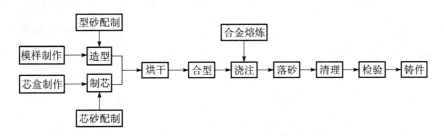

图 3-2-1 砂型铸造的工艺过程

2)铸型

铸型是用型砂、金属材料或其他耐火材料制成,包括形成铸件形状的空腔、芯子和浇冒口系统的组合整体。用型砂制成的铸型称为砂型。砂型用砂箱支撑时,砂箱也是铸型的组成部分,它是形成铸件形状的工艺装置。

图 3-2-2 为两箱造型时的铸型装配图。

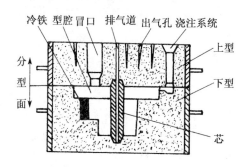

图 3-2-2　铸型的组成

表 3-2-1 为砂型各组成部分的名称与作用。

表 3-2-1　砂型各组成部分的名称与作用

名　　称	作用与说明
上型(上箱)	浇注时铸型的上部组元。
下型(下箱)	浇注时铸型的下部组元。
分型面	铸型组元间的接合面。
型　砂	按一定比例配合的造型材料,经过混制,符合造型要求的混合料。
浇注系统	为金属液填充型腔和冒口而开设于铸型中的一系列通道。通常由浇口杯、直浇道、横浇道、内浇道组成。
冒　口	在铸型内储存供补缩铸件用熔融金属的空腔。该空腔中充填的金属也称为冒口。冒口有时还起排气、集渣和观察孔的作用。
型　腔	铸型中造型材料所包围的空腔部分。型腔不包括模样上芯头部分形成的相应空腔。
排气道	在铸型或芯中,为排除浇注时形成的气体而设置的沟槽或孔道。
芯	为获得铸件的内孔或局部外形,用芯砂或其他材料制成的,安装在型腔内部的铸型组元。
出气孔	在砂型或砂芯上,用针或成形扎气板扎出的通气孔。出气孔的底部要与模样间隔一定距离。
冷　铁	为增加铸件局部的冷却速度,在砂型、芯子表面或型腔中安放的金属物。

3)型砂和芯砂

砂型铸造用的造型材料主要是型砂和芯砂。铸件的砂眼、夹砂、气孔及裂纹等均与型砂和芯砂的质量有关。

(1)型砂和芯砂应具备的主要性能

① 强度　指型砂、芯砂抵抗外力破坏的能力。强度过低,易造成塌箱、冲砂、砂眼等缺陷;强度过高,易使型(芯)砂透气性和退让性变差。黏土砂中黏土含量越高,砂型紧实度越高,砂子的颗粒越细,强度越高。含水量过多或过少均使型(芯)砂的强度变低。

②　可塑性　指型砂、芯砂在外力作用下变形，去除外力后能完整地保持已有形状的能力。可塑性好，造型操作方便，制成的砂型形状准确、轮廓清晰。可塑性与含水量、粘结剂的材质及数量有关。

③　透气性　即紧实砂样的孔隙度。若透气性不好，则易在铸件内部形成气孔等缺陷。型(芯)砂的颗粒粗大、均匀，且为圆形，黏土含量少，型(芯)砂春得不过紧，均可使透气性提高。含水量过多或过少均可使透气性降低。

④　耐火性　指型(芯)砂抵抗高温热作用的能力。耐火性差，铸件易产生粘砂。型(芯)砂中 SiO_2 含量越多，型(芯)砂颗粒越大，耐火性越好。

⑤　退让性　指铸件在冷凝时，型(芯)砂可被压缩的能力。退让性不好，铸件易产生内应力或开裂。型(芯)砂越紧实，退让性越差。在型(芯)砂中加入木屑等物可以提高退让性。

⑥　溃散性　型砂和芯砂在浇注后，容易溃散的性能。溃散性对清砂效率和劳动强度有显著影响。

此外，型砂和芯砂还要具有好的流动性、不粘模性、保存性和耐用性以及低的吸湿性、发气性等。选择型(芯)砂时还必须考虑它们的资源与价格等问题。

（2）常用型砂、芯砂的种类及应用

型砂和芯砂都是由原砂、粘结剂、辅助材料以及水等原材料配制而成的。按粘结剂的种类可分为：

①　黏土砂　由原砂(应用最广泛的是硅砂)、黏土(或膨润土)、水及辅助材料(煤粉、木屑等)按一定比例配制而成的黏土砂，是迄今为止铸造生产中应用最广泛的型砂。它可用于制造铸铁件、铸钢件及有色合金铸件的砂型和不重要的芯子。图3-2-3为黏土砂结构示意图。

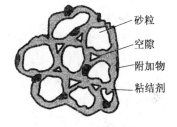

图3-2-3　黏土砂结构

黏土砂根据其功能及使用方式的不同，可分为：面砂、背砂、单一砂；湿型砂、干型砂、表面干型砂等。

②　水玻璃砂　由水玻璃为粘结剂配制而成的型砂。它是除了黏土砂以外用得最广泛的一种型砂。

水玻璃砂铸型或芯子无需烘干，硬化速度快，生产周期短，易于实现机械化，工人劳动条件好。但铸件易粘砂，型(芯)砂退让性差，落砂困难，耐用性更差。

③　油砂和合脂砂　虽然黏土砂和水玻璃砂也可以用来制造芯子，但对于结构形状复杂、要求高的芯子，则难以满足要求。因为芯子在浇注后被高温金属液所包围，芯砂应具有比一般型砂更高的性能要求。尺寸较小、形状复杂或较重要的芯子，可用油砂或合脂砂制造。

油砂性能优良，但油料来源有限，又是工业的重要原料。为节约起见，合脂砂正在越来越多地代替油砂。

④　树脂砂　树脂砂以合成材料为粘结剂，是一种造型或造芯的新型材料。用树脂砂造型或制芯，铸件质量好，生产率高，节省能源和工时费用，减少清理工作量，工人劳动强度低，易于实现机械化和自动化，适宜于成批大量生产。

除此以外,还有自硬砂、纸浆废液砂、糖浆砂以及石灰石砂等。

（3）型(芯)砂的配制

型(芯)砂质量的好坏,取决于原材料的性质及其配比和配制方法。

目前,工厂一般采用混砂机配砂(如图3-2-4)。混砂工艺是先将新砂、旧砂、粘结剂和辅助材料等按配方加入混砂机,干混2～3分钟后再加水湿混5～12分钟,性能符合要求后出砂。使用前要过筛并使砂松散。

型(芯)砂的性能可用型砂性能试验仪(如锤击式制样机、透气性测定仪、SQY液压万能强度试验仪等)检测。单件小批生产时,可用手捏法检验型砂性能(如图3-2-5)。

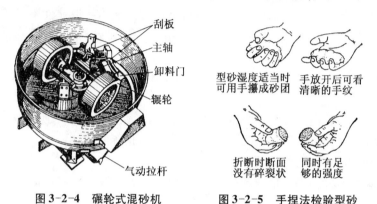

图3-2-4 碾轮式混砂机   图3-2-5 手捏法检验型砂

4）造型

造型方法分为手工造型和机器造型两类。

（1）手工造型

常用的手工造型方法有整模造型、分模造型、挖砂造型和活块造型等。

① 整模造型 整模造型的模样是一个整体。造型时模样全部在一个砂箱内,分型面是一个平面。这类模样的最大截面在端部,而且是一个平面。整模造型工艺过程如图3-2-6。

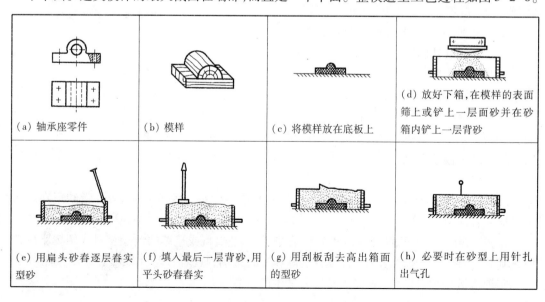

（a）轴承座零件

（b）模样

（c）将模样放在底板上

（d）放好下箱,在模样的表面筛上或铲上一层面砂并在砂箱内铲上一层背砂

（e）用扁头砂舂逐层舂实型砂

（f）填入最后一层背砂,用平头砂舂舂实

（g）用刮板刮去高出箱面的型砂

（h）必要时在砂型上用针扎出气孔

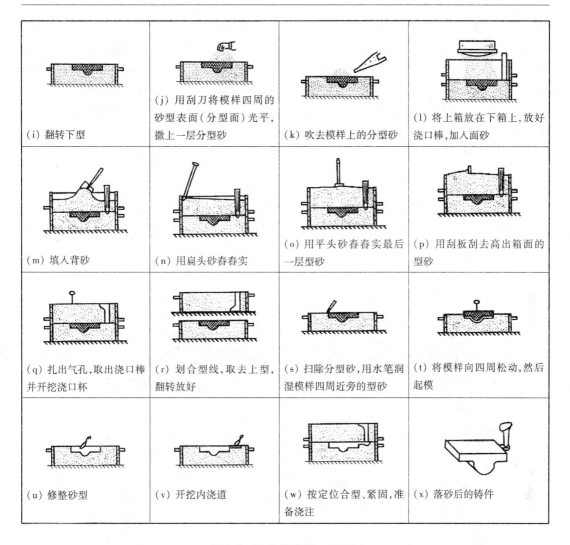

(i) 翻转下型	(j) 用刮刀将模样四周的砂型表面(分型面)光平,撒上一层分型砂
(k) 吹去模样上的分型砂	(l) 将上箱放在下箱上,放好浇口棒,加入面砂
(m) 填入背砂	(n) 用扁头砂舂舂实
(o) 用平头砂舂舂实最后一层型砂	(p) 用刮板刮去高出箱面的型砂
(q) 扎出气孔,取出浇口棒并开挖浇口杯	(r) 划合型线,取去上型,翻转放好
(s) 扫除分型砂,用水笔润湿模样四周近旁的型砂	(t) 将模样向四周松动,然后起模
(u) 修整砂型	(v) 开挖内浇道
(w) 按定位合型、紧固,准备浇注	(x) 落砂后的铸件

图 3-2-6 整模造型工艺过程

整模造型不会产生错箱等缺陷,模样制造、造型都比较简便,适用于生产各种批量和形状简单的铸件,如齿轮坯、轴承等。

② 分模造型 分模造型是把模样沿最大截面处分为两个半模,并将两个半模分别放在上、下箱内进行造型,依靠销钉定位。分模造型的分型面一般是一个平面,根据铸件形状的不同分型面也可为曲面、阶梯面等。其造型过程与整模造型基本相同。图 3-2-7 为异口径管铸件分模造型的主要过程。分模两箱造型时,型腔分别处在上型和下型中,因模样高度降低,起模、修型都比较方便。同时,对于截面为圆形的模样而言,不必再加拔模斜度,使铸件的形状和尺寸更精确。对于管子、套筒这类铸件,分模造型容易保证其壁厚均匀。因此,分模造型广泛用于回转体铸件和最大截面不在端部的其他铸件,如水管、阀体、箱体、曲轴等。分模造型时,要特别注意使上型对准下型并紧固,以免产生错箱,影响铸件质量,增加清理工时。

受铸件的形状限制或为了满足一定的技术要求,不宜用分模两箱造型时,可选用分模多箱造型。图 3-2-8(a)所示槽轮铸件,中间的截面比两端小,用一个分型面如图 3-2-7 那样造型就不能满足其圆周方向上力学性能一致的要求。这时可以在铸件上选取 1、2 两个分型面,进行三箱造型。其造型的主要过程如图 3-2-8 所示。三箱造型要求中箱高度与模样的相应尺寸一致,造型过程较繁,生产率低,易产生错箱缺陷,只适用于单件小批量生产。在成批大量生产中,可采用带外芯的分模两箱造型,如图 3-2-9。如果槽轮较小,质量要求较高,也可用带外芯的整模两箱造型,如图 3-2-10。

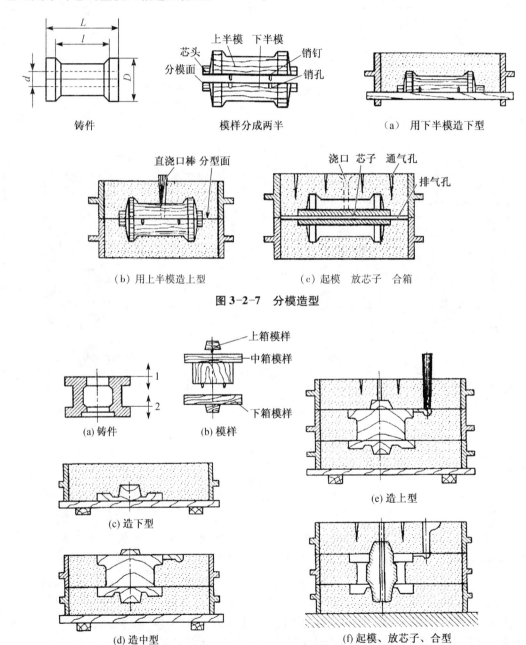

铸件　　　　　　　　　模样分成两半　　　　　　（a）用下半模造下型

（b）用上半模造上型　　　　　　　（c）起模　放芯子　合箱

图 3-2-7　分模造型

(a) 铸件　　　(b) 模样

(c) 造下型

(d) 造中型

(e) 造上型

(f) 起模、放芯子、合型

图 3-2-8　分模三箱造型

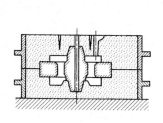

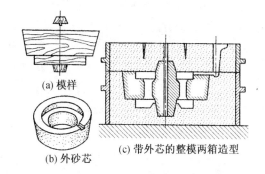

(a) 模样

(b) 外砂芯

(c) 带外芯的整模两箱造型

图 3-2-9　采用外芯的分模两箱造型　　　图 3-2-10　改用外芯的整模两箱造型

③ 挖砂造型　铸件若按其结构形状来看,需要分模造型,但为了制造模样方便,或者将模样做成分开模后很容易损坏或变形,这时仍将模样做成整体。为了使模样能从砂型中取出来,可采用挖砂造型,如图 3-2-11。

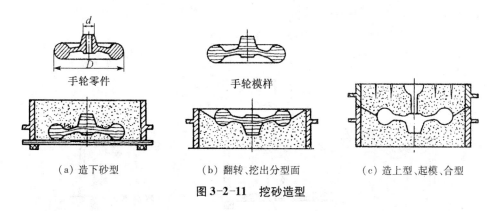

手轮零件　　　　　　　　手轮模样

（a）造下砂型　　　　（b）翻转、挖出分型面　　　（c）造上型、起模、合型

图 3-2-11　挖砂造型

挖砂造型一定要挖到模样的最大截面处。挖砂所形成的分型面应平整光滑,坡度不能太陡,以便于顺利地开箱。

挖砂造型要求工人的操作水平较高,且操作麻烦,生产率低,只适用于单件小批量生产。成批生产时,采用假箱造型(图 3-2-12)或成型模板造型(图 3-2-13)来代替挖砂造型,可以大大提高生产率,还可以提高铸件质量。

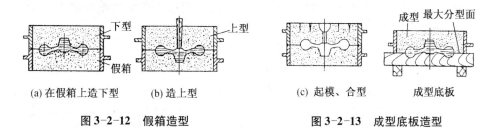

(a) 在假箱上造下型　(b) 造上型　　　(c) 起模、合型　　成型底板

图 3-2-12　假箱造型　　　　　　图 3-2-13　成型底板造型

假箱造型是利用预先制备好的半个铸型简化造型操作的方法。此半型称为假箱,其上承托模样,可供造另半型,但不用来组成铸型。

成型底板可根据生产批量的大小,分别用金属或木材制作。

④ **活块造型** 活块造型是将整体模或芯盒侧面的伸出部分做成活块,起模或脱芯后,再将活块取出的造型方法,如图 3-2-14。活块用销子或燕尾榫与模样主体联接。造型时应特别细心,春砂时要防止春坏活块或将其位置移动,起模时要用适当的方法从型腔侧壁取出活块。活块造型操作难度较大,取出活块要花费工时,活块部分的砂型损坏后修补较困难,故生产率低,且要求工人的操作水平高。活块造型只适用于单件小批量生产。成批生产时,可用外芯取代活块(图 3-2-15),以便于造型。

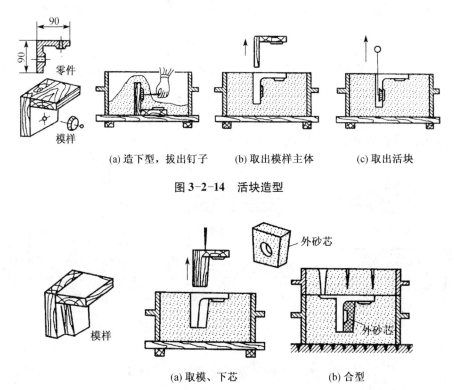

(a) 造下型,拔出钉子　　(b) 取出模样主体　　(c) 取出活块

图 3-2-14　活块造型

(a) 取模、下芯　　　　　(b) 合型

图 3-2-15　用外砂芯做出活块

⑤ **刮板造型** 不用模样用刮板操作的造型和造芯方法。根据砂型型腔和砂芯的表面形状,引导刮板作旋转、直线或曲线运动,见图 3-2-16 和图 3-2-17。刮板造型能节省制模材料和工时,但对造型工人的技术要求较高,生产率低,只适用于单件小批量生产中制造尺寸较大的回转体或等截面形状的铸件。

(2) 机器造型

机器造型是用机器全部完成或至少完成紧砂操作的造型工序,是现代化铸造生产的基本方式。与手工造型相比,机器造型可显著提高铸件质量和铸造生产率,改善工人的劳动条件。但是,机器造型用的设备和工装模具投资较大,生产准备周期较长,对产品变化的适应性比手工造型差,因此,机器造型主要用于成批大量生产。

机器造型紧实型砂的常用方法有:

① **振压紧实** 振压紧实综合应用了振实和压实紧砂的优点,型砂紧实均匀,是目前生产中应用较多的一种。图 3-2-18 为振压造型机的紧砂过程。

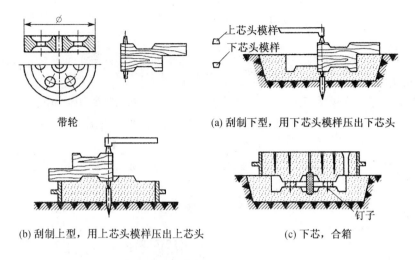

带轮　　　　　　　　　(a) 刮制下型,用下芯头模样压出下芯头

(b) 刮制上型,用上芯头模样压出上芯头　　　　(c) 下芯,合箱

图 3-2-16　带轮的刮板造型过程

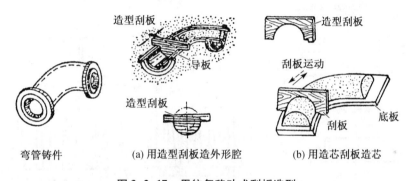

弯管铸件　　　(a) 用造型刮板造外形腔　　　(b) 用造芯刮板造芯

图 3-2-17　用往复移动式刮板造型

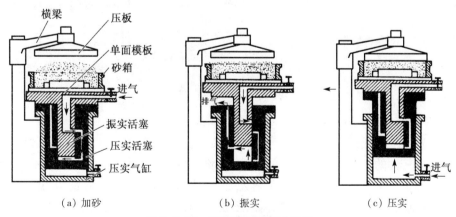

（a）加砂　　　　　　　（b）振实　　　　　　　（c）压实

图 3-2-18　振压造型机紧砂过程

振压造型机常常两台配对使用,分别造上型和下型,故这种机器造型只适用于两箱造型。为了提高生产率,采用机器造型的铸件应避免使用活块,尽可能不用或少用芯子。

② 微振压紧实　在高频率(700～1 000 次/分)、低振幅(5～10 mm)振动下,利用型砂

的惯性紧实作用,同时或随后加压的造型方法。它不仅噪音小,且型砂紧实度更均匀,生产率更高。

③ 射砂紧实　利用压缩空气将型(芯)砂高速射入砂箱(芯盒)而进行紧实的方法。由于填砂和紧实同时进行,故生产率高。目前主要用于制芯。

④ 抛砂紧实　抛砂紧实是用离心力抛出型砂,使型砂在惯性力下完成填砂与紧实的方法。抛砂紧实生产率高,型砂紧实均匀,可用于大中型铸件的生产。砂箱尺寸应大于 800 mm × 800 mm。

此外,还有无箱射压造型、多触头高压式造型、薄壳压膜式造型、负压造型、二氧化碳法造型、自硬砂造型、流态砂造型等。

机器造型的起模方式主要有:顶箱起模、落模起模、翻台起模、漏模起模等(图 3-2-19)。

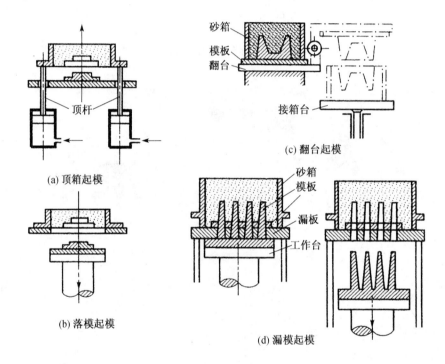

图 3-2-19　起模方式

5) 造芯

芯子主要用来形成铸件的内腔。为了简化某些复杂铸件的造型工艺,也可以部分或全部用芯子形成铸件的型腔。根据芯子的尺寸、形状、生产批量以及技术要求的不同,制芯方法也不同。通常有手工造芯和机器造芯两大类。机器造芯的生产率高,紧实均匀,芯子质量好,适用于成批大量生产。根据芯盒材料的不同,手工造芯有塑料芯盒、金属芯盒和木芯盒,而机器造芯有壳芯式、热芯盒射砂式、射芯式、挤压式、振实式及压实式芯盒等。根据芯盒结构的不同,又可分为:整体式芯盒,用于形状简单的中、小砂芯,如图 3-2-20(a);对开式芯盒,用于圆形截面的较复杂的砂芯,如图 3-2-20(b);组合式芯盒,用于形状复杂的中、大型砂芯,如图 3-2-20(c)。对于内径大于 200 mm 的弯管砂芯,可用刮板制芯,如图 3-2-17

（b）。为了保证芯子的尺寸精度、形状精度、强度、透气性和装配稳定性,造芯时应根据芯子的尺寸大小、复杂程度及装配方案采取以下措施:

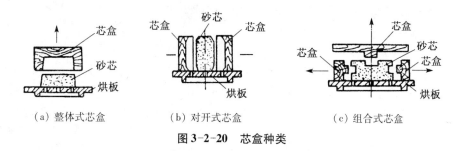

（a）整体式芯盒　　　　（b）对开式芯盒　　　　（c）组合式芯盒

图 3-2-20　芯盒种类

① 放置芯骨（图 3-2-21）以提高砂芯强度,防止砂芯在制造、搬运、使用中被损坏。

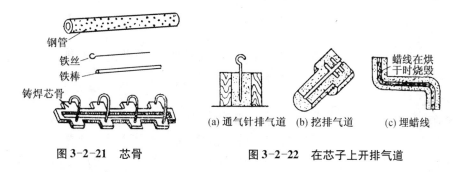

图 3-2-21　芯骨　　　　　　图 3-2-22　在芯子上开排气道

② 开排气道（图 3-2-22）以便浇注时顺利而迅速地排出芯子中的气体。芯子中的排气道一定要与砂型的排气道接通。

③ 在芯子表面刷涂料以降低铸件内腔的表面粗糙度并防止粘砂。铸铁件芯子常用石墨涂料,铸钢件芯子则用石英粉涂料,有色金属铸件的芯子可用滑石粉涂料。

④ 烘干芯子以提高芯子强度和透气性,减少芯子在浇注时的发气量。

芯子必须有足够的尺寸和合适的形状,以保证其在安放时定位准确并稳定可靠。若铸件形状特殊,单靠芯头不能使芯子牢固固定时,还可以用芯撑（图 3-2-23）加以固定。浇注时芯撑和液体金属可以熔焊在一起,但铸件致密性差。

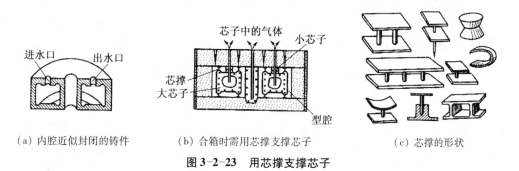

（a）内腔近似封闭的铸件　（b）合箱时需用芯撑支撑芯子　　　（c）芯撑的形状

图 3-2-23　用芯撑支撑芯子

6）浇注系统设计

合理选择浇注系统各部分的形状、尺寸和位置,对于获得合格铸件、减少金属的消耗具有重要的意义。若浇注系统设计得不合理,铸件易产生冲砂、砂眼、渣眼、浇不足、气孔和缩孔等缺陷。

典型的浇注系统由浇口杯、直浇道、横浇道、内浇道组成,如图 3-2-24 所示。

（1）浇口杯

浇口杯是漏斗形的外浇口,单独制造或直接在铸型中形成,成为直浇道顶部的扩大部分。它承接来自浇包的金属液,减缓金属液流的冲击,使金属液平稳地流入直浇道,并具有挡渣和防止气体卷入浇道的作用。

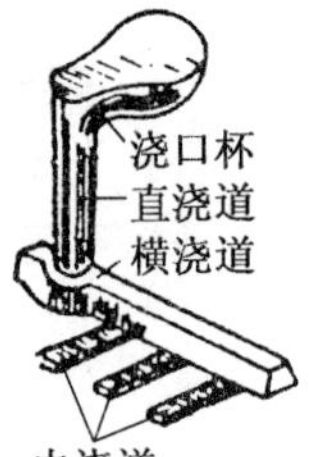

（2）直浇道

直浇道是浇注系统中的垂直通道。通常带有一定的锥度,其截面多为圆形。直浇道以其高度所产生的静压力,使金属液充满型腔的各个部分。

图 3-2-24　浇注系统

（3）横浇道

横浇道是浇注系统中的水平通道。其截面多为梯形,一般设在上砂型分型面以上的位置。横浇道将金属液分配给各个内浇道并起挡渣作用。

（4）内浇道

内浇道是浇注系统中引导金属液进入型腔的部分。其截面多为扁梯形或三角形。内浇道的位置应低于横浇道,以便于把横浇道中靠底层的纯净金属液引入型腔。内浇道控制金属液流入型腔的方向和速度,调节铸件各个部分的冷却速度。内浇道的形状、位置和数目,以及导入液流的方向,是决定铸件质量的关键之一。

开设内浇道时必须注意以下各点:

① 尽可能使金属液进入铸型及金属液在型腔中流动的途径最短。

② 应使金属液顺着铸型型腔壁流动,不使其正面冲击铸型和芯子,尤其不许冲击突出的砂型部分。对于圆形铸件,内浇道应沿切线方向开设。

③ 内浇道不要开设在铸件的重要部位。因为内浇道附近的金属液冷却慢,晶粒粗大,力学性能较差。

④ 对于壁厚较均匀,面积较大的盖、罩、盘类铸件,应增加内浇道的尺寸和数量,使金属液均匀分散地引入型腔,避免冷隔和变形。

⑤ 壁厚相差不大、收缩不大(如灰铸铁)的铸件,内浇道多开在薄壁处,使铸件各处冷却均匀,有利于减小铸件的内应力。壁厚相差较大,特别是收缩大(如球墨铸铁、铸钢)的铸件,内浇道多开在厚壁处,以保证金属液对铸件的补缩,有利于防止缩孔。

⑥ 内浇道与铸型的接合处应带有缩颈,以保证清除浇口时不撕裂铸件,如图 3-2-25。按内浇口在铸件上的位置,浇注系统可设计成多种形式,如图 3-2-26。要根据铸件的材料、形状、尺寸和质量要求来选择浇注系统的形式。如一般两箱分模造型的中小型铸件,多采用侧注式浇注系统;对于重量小、高度不大、形状简单以及不易氧化的薄壁和中厚壁铸件,多采用顶注式浇注系统;对易氧化的铝、镁合金大铸件和铸钢件,多采用底注式浇注系统,对高度较大的复杂铸件,可采用阶梯式浇注系统。

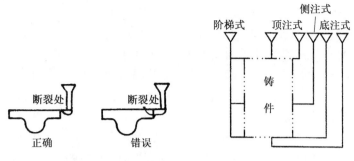

图 3-2-25 内浇道的缩颈　　图 3-2-26 常见浇注系统的形式

3.2.2 特种铸造

砂型铸造应用虽然广泛,但铸件精度差,表面粗糙,力学性能低,生产率低,工人劳动条件差。随着生产技术的发展,特种铸造的方法已得到了日益广泛的应用。常用的特种铸造方法有熔模铸造、金属型铸造、压力铸造、低压铸造和离心铸造等。

1) 熔模铸造

熔模铸造是用易熔材料制成精确的模样,在其上涂上若干层耐火涂料,经过干燥、硬化成整体壳型,然后加热型壳,熔去模样,再经高温焙烧而成为耐火型壳,将液体金属浇入型壳中,金属冷凝后敲掉型壳获得铸件的方法。由于石蜡-硬脂酸是应用最广泛的易熔材料,故这种方法又叫"失蜡铸造"。熔模铸造的工艺过程如图 3-2-27 所示。

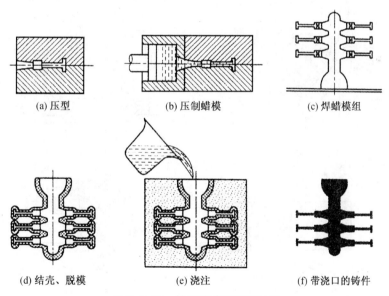

图 3-2-27 熔模铸造的工艺过程

熔模铸造与其他铸造方法相比,有如下特点:

① 铸件尺寸精度高,表面粗糙度低,且可以铸出形状复杂的铸件。目前铸件的最小壁厚可达 0.25 ~ 0.4 mm。

② 可以铸造各种合金铸件,包括铜、铝等有色合金,各种合金钢,镍基、钴基等特种合金(高熔点难切削加工合金)。对于耐热合金的复杂铸件,熔模铸造几乎是唯一的生产方法。

③ 生产批量不受限制。从单件、小批到大量生产,且便于实现机械化流水线生产。

④ 工序繁杂,生产周期较长(4~15 天),且铸件不能太大(一般不大于 25 kg)。某些模料、粘结剂和耐火材料价格较贵,且质量不够稳定,因而生产成本较高。

熔模铸造也常常被称为"精密铸造",是少切削和无切削加工工艺的重要方法。它主要用于汽轮机、涡轮发动机的叶片与叶轮、纺织机械、汽车、拖拉机、风动工具、机床、电器、仪器上的小零件及刀具、工艺品等。

近年来,国内、外在熔模铸造技术方面发展很快,新模料、新粘结剂和制壳的新工艺不断涌现,并已用于生产。目前正在研究与开发熔模铸造与消失模样铸造法的综合新工艺,即用发泡模代替蜡模的新工艺。

2) 金属型铸造

金属型铸造是将液态金属在重力作用下浇入金属铸型内以获得铸件的方法。金属型常用铸铁、铸钢或其他合金制成。因为金属型可以重复浇注几百次以至数万次,所以,又有"永久型铸造"之称。

金属型的结构按铸件形状、尺寸不同,有四种方式:整体式、垂直分型式、水平分型式和复合分型式,如图 3-2-28。前两者应用较多。

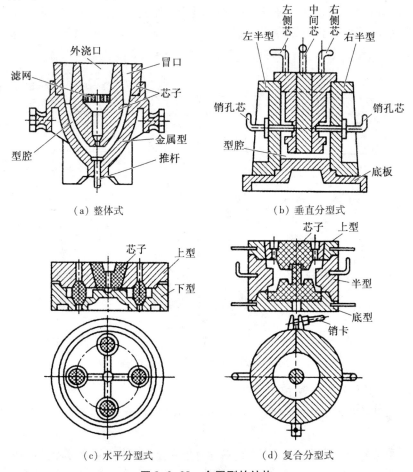

(a) 整体式

(b) 垂直分型式

(c) 水平分型式

(d) 复合分型式

图 3-2-28　金属型的结构

金属型铸造工艺中最大的特点是金属型导热快,且无退让性。因此,铸件易产生冷隔、浇不足、裂纹等缺陷。灰铸铁件还常常出现白口组织。高温金属也容易损坏型腔,影响金属型使用寿命及表面质量。因此,在工艺上常采取如下措施:

① 将金属型预热。其目的是降低金属液的冷却速度,保护金属型,延长其使用寿命,浇注铸铁件还可以防止白口。在连续工作中,为防止铸型工作温度过高,还需要对铸型进行冷却。

② 根据铸造合金的性质及铸件特点,在金属型的型腔表面喷刷涂料。涂料层的主要作用是减少高温液体对金属型的"热击"作用,降低金属型壁的内应力,避免金属液与铸型的直接作用,防止发生熔焊现象,降低铸件冷却速度,控制凝固方向以及易于取出铸件。对于铸铁件还可以防止白口。

③ 选用合理的浇注温度和浇注速度。金属型的浇注温度应比砂型铸造时高出 20 ℃ ~ 35 ℃。若浇注温度过低,会使铸件产生白口、冷隔、浇不足等缺陷,此外,还可能产生气孔。浇注温度过高时,由于金属液析出气体量增大和收缩增大,易使铸件产生气孔、缩孔,甚至裂纹,同时,也会缩短金属型的寿命。请读者自行分析浇注速度快慢对金属型铸造的影响。

④ 正确掌握开型时间和温度。为降低铸件内应力及产生裂纹的倾向,一般应尽早开型。由于金属型可"一型多铸",从而节约了大量工时和型砂,提高了劳动生产率,改善了劳动条件。同时,金属型铸件的精度比砂型铸件高,表面粗糙度值低,故可以少切削加工或不加工。此外,由于冷却速度加快,铸件晶粒细化,提高了铸件的力学性能(冲击韧度除外),如铜、铝合金铸件的抗拉强度比砂型铸造提高了 10% ~ 20%。但是,金属型本身的制造成本高,周期长,铸造工艺规程要求严格,铸铁件还易于产生难以切削加工的白口组织,加上金属型没有退让性,所以,它不宜生产形状复杂的薄壁铸件。

金属型铸造主要用于大批量生产有色合金铸件,如飞机、汽车、拖拉机、内燃机、摩托车的铝活塞、气缸体、缸盖、油泵壳体、铜合金轴承及轴套等,有时也用它来生产某些铸铁件和铸钢件。

3)压力铸造

压力铸造(简称压铸)是在高压下快速地将液态或半液态金属压入金属型中,并在压力下凝固以获得铸件的方法。它的基本特点是高压(5 ~ 70 MPa,甚至高达 200 MPa)、高速(充型时间为 0.03 ~ 0.2 s)。

压铸机是压铸生产中的基本设备。压铸机的种类很多,工作原理基本相似(图 3-2-29)。用高压油驱动的卧式压铸机,合型力大,充型速度快,生产率高,应用较广泛。

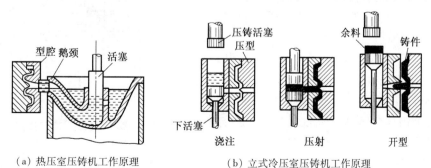

（a）热压室压铸机工作原理　　　（b）立式冷压室压铸机工作原理

图 3-2-29　压铸机工作原理

压铸是目前铸造生产中先进的加工工艺之一。它的主要特点是：

① 生产率高 压铸的生产率是铸造方法中最高的,它平均每小时可压铸 50~500 次。如果"一模多铸",产量还可以成倍增长。压铸可进行半自动化或自动化的连续生产。

② 产品质量好 压铸件的尺寸精度高于金属型铸造,强度比砂型铸造高 20%~40%。铸件表面上可以获得清晰的花纹、图案及文字等。

③ 零件成本低 由于压铸件一般不再进行机械加工,可直接装配使用,因而省工、省料、省设备。压铸还适用于压制镶嵌件。

④ 压铸设备投资大 制造压铸模费用高、周期长,只宜于大批量生产。由于压型模寿命的原因,压铸尚不适合铸钢、铸铁等高熔点合金的铸造,生产中多用于压铸铝、镁及锌合金。由于压铸的速度高、凝固快,型腔内的气体难以排除,铸件内常有小气孔,影响铸件的内在质量,且难以生产内腔复杂的铸件。压铸件若进行机械加工,就会使铸件的气孔暴露出来。压铸件内部的气孔是在高压下形成的,若进行热处理,在加热过程中,气孔中的气体会膨胀而损坏铸件。因此,压铸件不宜进行切削加工(尤其是加工余量不能大)和热处理。

压铸在汽车、拖拉机、精密仪器、电讯器材、医疗器械、日用五金(如压力锅)以及航空、航海和国防工业等方面得到了广泛的应用。

压力铸造发展的主要趋向是:压铸机的系列化与自动化,并向大型化发展;提高模具寿命,降低成本;采用新工艺(如真空压铸、加氧压铸等),提高铸件质量。

4) 低压铸造

低压铸造是介于一般重力铸造(砂型、金属型等)与压铸之间的方法。其基本原理如图 3-2-30 所示。

低压铸造有如下特点:

① 充型压力和速度便于控制,可适应各种铸型(砂型、金属型、熔模型壳等)。由于充型平稳,冲刷力小,且液流与气流的方向一致,故气孔、夹渣等缺陷较少。

② 铸件的组织致密,力学性能较高。对于铝合金针孔缺陷的防止和铸件气密性的提高,效果尤其显著。铸件的表面质量高于金属型。

③ 金属的利用率高(达到了 90%~98%)。这是因为低压铸造省去了补缩冒口。

④ 劳动条件较好,生产占地面积小,设备投资较少,易于实现机械化和自动化生产。

低压铸造能适用于各种批量铸件的生产,目前主要用于铝合金铸件的大批量生产,也可用于生产球墨铸铁、铜合金的较大铸件。

5) 离心铸造

离心铸造是将液态金属浇入高速旋转的铸型

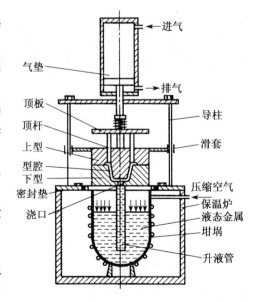

图 3-2-30 低压铸造

内,在离心力作用下充型、凝固后获得铸件的方法。

离心铸造主要用于生产圆筒形铸件。为使铸型旋转,离心铸造必须在离心铸造机上进行。根据铸型旋转轴空间位置的不同,离心铸造机可分为立式和卧式两大类,如图3-2-31。

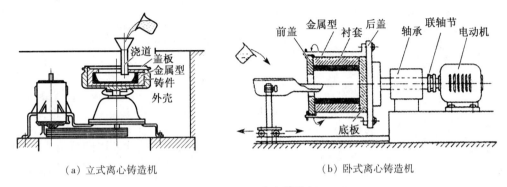

（a）立式离心铸造机   （b）卧式离心铸造机

图 3-2-31   离心铸造机

离心铸造的主要特点是:

① 金属结晶组织致密,铸件内没有或很少有气孔、缩孔和非金属类夹杂物,因而铸件的力学性能显著提高。

② 一般不需要设置浇、冒口,从而大大提高了金属的利用率。

③ 铸造空心圆筒铸件,可以不用芯子,且壁厚均匀(卧式浇注时)。

④ 适应各种合金的铸造,便于铸造薄壁件和"双金属"件。

⑤ 铸件内孔表面粗糙,孔径通常不准确。立式离心浇注的铸件内孔表面呈抛物面。离心铸造的铸件易产生比重偏析,因而不适合生产易偏析合金(如铅青铜)铸件,尤其不适合铸造杂质比重大于金属液的合金铸件。

离心铸造可生产各种铜合金套、环类铸件,铸铁水管,辊筒铸件,汽车、拖拉机的气缸套、轴瓦以及刀具、齿轮等铸件。

3.2.3   各种铸造方法的比较

每种铸造方法均有其优缺点,在选用时应结合具体的生产情况进行全面的分析、比较。如铸件的大小、形状、壁厚、质量要求、合金种类、生产批量、车间现有设备条件(包括协作条件)、工人的生产经验和生产成本等。表3-2-2为几种铸造方法特点的比较。表3-2-3为几种铸造方法经济性的比较。实际上,影响铸件成本的因素是很多的,例如:生产工人和管理人员的工资、设备和工装、模具的折旧费与修理费、水电费、原材料的费用、工厂的管理费和税费等。这些费用中有一部分与年产量无关(如原材料的费用),也就是说,这部分费用分摊到每个铸件上时一般是不变的(价格随市场变化的情况除外)。另一部分费用与年产量有关系(如设备折旧费),这部分费用分摊到每个铸件上时是变化的。年产量越大,这部分费用分摊到每个铸件上的部分就越少。因此,生产批量越大,成本越低,而单件生产成本就高。这在设备投资较大的情况下尤其明显。

表 3-2-2　各种铸造方法特点的比较

序号	比较项目	砂型铸造	金属型铸造	压力铸造	低压铸造	离心铸造	熔模铸造
1	适用金属	不限	不限	多用于有色金属	以有色金属为主	多用于黑色金属与铜合金	以钢为主
2	铸件大小	不限	中小件	一般为小件	中小件	数吨	一般小于 25 kg
3	适用铸件的最小壁厚/mm		铝合金 >2 ~ 3 铁 >4 钢 >5	铜合金 >2; 其他合金 0.5 ~ 1	通常 2 ~ 5, 最薄可铸 0.7	最小内孔 φ7	通常 0.7
4	表面粗糙度值 R_a/μm	粗糙	12.5 ~ 6.3	6.3 ~ 1.6	12.5 ~ 6.3	内孔粗糙	12.5 ~ 1.6
5	尺寸精度	IT16 ~ IT14	IT14 ~ IT12	IT13 ~ IT11	IT14 ~ IT12		IT12 ~ IT10
6	铸件内部质量	结晶粗	结晶细	结晶细	结晶细	结晶细	结晶粗
7	生产范围	不限	成批、大量	大量	成批	大量、成批	成批
8	生产率（在适当机械化后）	可达 240 箱/h	中	高	中	中	中
9	设备费用	低、中	中	高	中	中	中
10	应用举例	各类铸件	发动机、汽车、拖拉机零件，电器，民用器皿	汽车、拖拉机、计算机、仪表、照相器材、国防工业零件	发动机、电器零件，叶轮，壳体，箱体	各种套、筒、辊、叶轮等	刀具、动力机械叶片、汽车拖拉机零件、电讯设备、计算机零件

表 3-2-3　几种铸造方法经济性的比较

比较项目	砂型铸造	金属型铸造	压力铸造	熔模铸造	离心铸造
小批生产时的适应性	最好	良好	不好	良好	不好
大量生产时的适应性	良好	良好	最好	良好	良好
模样或铸型制造成本	最低	中等	最高	较高	中等
铸件的机械加工余量	最大	较大	最小	较小	内孔大
金属利用率	较差	较好	较好	较差	较好
切削加工费用	中等	较小	最小	较小	中等
设备费用	低、中	较低	较好	较高	中等

3.3 熔炼、浇注与清理

3.3.1 熔炼

金属熔炼的质量对能否获得优质铸件有着重要的影响。如果金属液的化学成分不合格,会降低铸件的力学性能和物理性能。

1)铸铁的熔炼

在铸造生产中,用得最多的合金是铸铁。铸铁常用冲天炉或电炉来熔炼。

(1)冲天炉的构造

冲天炉主要由下面几部分组成(图3-3-1):

① 烟囱 它用于排烟,其上装有能扑灭火花的除尘器。

② 炉身 它是冲天炉的主体,外部用钢板制成炉壳,其内砌上耐火炉衬。

③ 炉缸 它用于贮存熔融的金属。

④ 前炉 它用于贮存从炉缸中流出的铁水。

冲天炉还有称料、运料、上料、送风等辅助设备。

冲天炉的大小是以每小时熔化的铁水量来表示的。常用的冲天炉每小时可熔化 $1.5 \sim 10$ t 铁水。考核冲天炉性能的主要技术经济指标是铁焦比,即冲天炉熔炼时,所熔化的铁料质量与消耗的焦炭质量之比。铁焦比一般为 $8:1$ 至 $12:1$。

(2)冲天炉的炉料

冲天炉的炉料是装入炉内材料的总称。它包括金属料、燃料和熔剂。

① 金属料 金属料包括新生铁、回炉铁(浇冒口、废铸件和废铁等)、废钢和铁合金(硅铁、锰铁和铬铁等)。新生铁又叫高炉生铁,是炉料的主要成分。利用回炉铁可以降低铸件成本。加入废钢可以降低铁水中的含碳量。各种铁合金的作用是调整铁水的化学成分或配制合金铸铁。

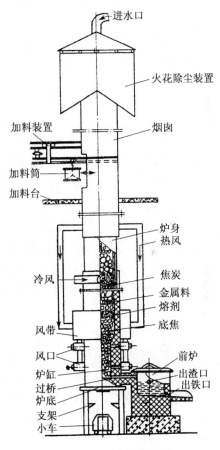

图3-3-1 冲天炉简图

② 燃料 其主要是焦炭。要求焦炭含挥发物、灰分及硫量少,发热量高,强度高,块度适中。

③ 熔剂 在冶炼过程中,用以降低渣熔点,使渣流动性增加或便于扒渣的物质称为熔剂。常用的熔剂有石灰石($CaCO_3$)或萤石(CaF_2),块度比焦炭略小,加入量为焦炭的 $25\% \sim 30\%$。

(3)冲天炉的熔化原理

在冲天炉熔化过程中,炉料从加料口装入,自上而下运动,被上升的高温炉气预热,并在熔化区(在底焦顶部,温度约 $1\,200\ ^{\circ}\mathrm{C}$)开始熔化。铁水在下落过程中又被高温炉气和炽热的焦炭进一步加热(称过热),温度可达1600℃左右,经过过桥进入前炉。此时温度稍有下降,最后出炉温度约为1 360~1 420℃。从风口进入的风和底焦燃烧后形成的高温炉气,是自下而上流动的,最后变成废气从烟囱排出。所以,冲天炉是利用对流的原理来进行熔化的。

在冲天炉熔化过程中,炉内的铁水、焦炭和炉气之间要产生一系列物理、化学变化。一般情况下,铁水由于和炽热的焦炭接触,使含碳量有所增加。焦炭中的硫溶于铁水使含硫量增加约50%。硅、锰等合金元素的含量因烧损而下降。磷的含量基本不变。

影响冲天炉熔化的主要因素是底焦高度和送风强度等,必须合理控制。

冲天炉构造简单,操作较方便,热效率和生产率较高,能连续化铁,成本低,在生产中得到广泛的应用。但铁水质量不稳定,工作环境差。随着电力工业的发展,用工频(或中频)感应电炉化铁将得到越来越广的应用。

2)铸钢的熔炼

机械零件的强度、韧性要求较高时,可采用铸钢件。

铸钢的熔炼设备有平炉、转炉、电弧炉以及感应电炉等。铸钢车间多采用三相电弧炉。

图3-3-2为典型的三相电弧炉。从上面垂直地装入三根石墨电极,通入三相电流后,电极与炉料间产生电弧,用其热量进行熔化、精炼。电弧炉的容量是以其一次熔化金属量表示的。一般电弧炉的容量为2~10 t,国外最大的电弧炉达400 t。

电弧炉熔炼时,温度容易控制,熔炼质量好,熔炼速度快,开炉、停炉方便。它既可以熔炼碳素钢,也可以熔炼合金钢。小型铸钢件也可用工频或中频感应电炉熔炼。

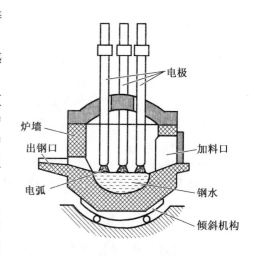

图3-3-2 三相电弧炉

3)有色合金的熔炼

有色合金有铜、铝等合金。有色金属的熔炼特点是金属料不与燃料直接接触,以减少金属的损耗,保持金属的纯洁。

以铝合金为例,在一般的铸造车间里,铝合金多采用坩埚炉来熔炼,如图3-3-3。

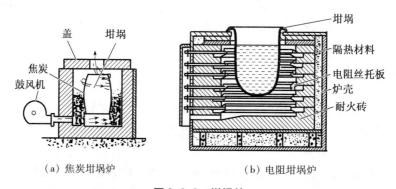

(a)焦炭坩埚炉　　　　(b)电阻坩埚炉

图3-3-3 坩埚炉

铝合金在高温下容易氧化,且吸气(氢气等)能力很强。铝的氧化物 Al_2O_3 呈固态夹杂物悬浮在铝液中,在铝液表面形成致密的 Al_2O_3 薄膜,液态合金所吸收的气体被其阻碍而不易排出,便在铸件中产生非金属夹杂物和分散的小气孔,降低其力学性能。为避免铝合金氧化和吸气,熔炼时加入熔剂(KCl、$NaCl$、NaF 等),使铝合金液体在熔剂层覆盖下进行熔炼。当铝合金液被加热到 $700 \sim 730\ ℃$ 时,加入精炼剂(C_2Cl_6、$ZnCl_2$ 等)进行去气精炼,将铝液中溶解的气体和夹杂物带到液面而去除,以净化金属液,提高合金的力学性能。

3.3.2　浇注

将熔融金属从浇包浇入铸型的过程,称为浇注。浇注也是铸造生产中的一个重要环节。

浇注工作组织得好坏,浇注工艺是否合理,不仅影响到铸件质量,还涉及工人的安全。

浇注前要准备足够数量的浇包,先把浇包内衬修理光滑平整并烘干;要整理场地,使浇注场地有通畅的走道且无积水。

浇注时要严格遵守浇注的操作规程,控制好浇注温度和浇注速度。

浇注温度过高,铸件收缩大,粘砂严重,晶粒粗大;温度太低,会使铸件产生冷隔和浇不足等缺陷。应根据铸造合金的种类、铸件的结构和尺寸等合理确定浇注温度。铸铁的浇注温度一般为 $1\ 250 \sim 1\ 350\ ℃$;铸钢的浇注温度一般在 $1\ 500 \sim 1\ 550\ ℃$ 左右,铝合金的浇注温度一般在 $700\ ℃$ 左右。

浇注温度可用光学高温计和可调式温度指示仪来测定。

浇注速度要适中,应按铸件形状决定。浇注速度太快,金属液对铸型的冲击力大,易冲坏铸型,产生砂眼或型腔中的气体来不及逸出而产生气孔,有时会产生假充满的现象而形成浇不足的缺陷。浇注速度太慢,易产生夹砂或冷隔等缺陷。

浇注速度的快慢可用浇注时间的长短来衡量。一般铸件根据工作经验确定浇注时间,重要铸件需经过计算确定浇注时间。

铸型应加压铁或夹紧,防止浇注时抬箱跑火;浇注中不能断流,并始终保持浇口杯的充满状态;从铸型排气道、冒口排出的气体要及时引燃,防止现场人员中毒。浇注后,对收缩大的合金铸件要及时卸去压铁或夹紧装置,以免铸件产生铸造应力和裂纹。

3.3.3　铸件的落砂清理

铸件落砂和清理的内容包括落砂、去除浇冒口、除芯和铸件表面清理等工作。有些铸件清理结束后还要进行热处理。

落砂和清理是整个铸造生产过程中劳动最繁重、工作条件最差的一个工艺环节,因此采用落砂清理机械代替目前还存在的手工和半机械化操作是十分必要的。

1)落砂

落砂是用手工或机械使铸件和型砂、砂箱分开的操作。铸件在砂型中要冷却到一定温度才能落砂。落砂太早,铸件会因表面急冷而产生硬皮,难以切削加工,还会增大铸造热应力,引起变形和裂纹;落砂太晚,铸件固态收缩受阻,会增大收缩应力,铸件晶粒也粗大,还影响生产率和砂箱的周转。

因此,要按合金种类、铸件结构和技术要求等合理掌握落砂时间。形状简单、小于 $10\ kg$

的铸件,一般在浇注后0.5~1 h就可以落砂。

采用手工落砂劳动强度大,在成批大量生产时则采用机械落砂。一般用振动落砂机落砂。按振动方式不同,落砂机可分为偏心振动、惯性振动和电磁振动三种。电磁振动落砂机(图3-3-4)取消了机械传动装置,机构简单,工作可靠,能量消耗少,生产率高,还可调节振动强度,落砂效果好。

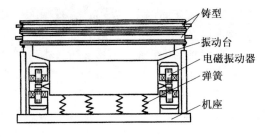

图3-3-4　电磁振动落砂机

2)去除浇冒口

对于中小型铸铁件的浇冒口,一般用手锤或大锤敲掉。对于大型铸铁件的浇冒口,先在其根部锯槽,再重锤敲掉。对于有色金属铸件的浇冒口,一般用锯子锯掉。铸钢件的浇冒口,一般用氧气切割。不锈钢及合金钢铸件的浇冒口,可以用等离子弧切割。

3)除芯

除芯是从铸件中去除芯砂和芯骨的操作。除芯的方法也有手工和机械除芯两种。除芯的设备有气动落芯机、水力清砂和水爆清砂等。

4)铸件的表面清理

铸件表面清理是落砂后从铸件上清除表面粘砂、型砂、多余金属(包括浇冒口、飞翅和氧化皮)等过程的总称。常用的表面清理方法有手工、风动工具、滚筒、喷砂或喷丸、抛丸及浸渍处理等。

清理后的铸件应根据其技术要求仔细检验,判断铸件是否合格。技术条件允许焊补的铸件缺陷应进行焊补。必要时,合格的铸件应进行去应力退火或自然时效。变形的铸件应矫正。

3.4　铸件的质量检验与缺陷分析

3.4.1　铸件的质量检验

铸件质量包括内在质量和外观质量。内在质量包括化学成分、物理和力学性能、金相组织以及存在于铸件内部的孔洞、裂纹、夹杂物等缺陷;外观质量包括铸件的尺寸精度、形状精度、位置精度、表面粗糙度、质量偏差及表面缺陷等。根据产品的技术要求应对铸件质量进行检验。常用的检验方法有:外观检验、无损探伤检验、金相检验及水压试验等。

3.4.2　铸件的缺陷分析

铸件质量好坏,关系到机器(产品)的质量及生产成本,也直接关系到经济效益和社会效益。铸件结构、原材料、铸造工艺过程及管理状况等均对铸件质量有影响。

具有缺陷的铸件是否定为废品,必须按铸件的用途和要求,以及缺陷产生的部位和严重程度来决定。一般情况下,铸件有轻微缺陷,可以直接使用;铸件有中等缺陷,允许修补后使用;铸件有严重缺陷,则只能报废。表3-4-1为常见铸件缺陷的特征及产生的原因。

表3-4-1 几种常见铸件缺陷的特征及产生的原因

类别	缺陷名称与特征		主要原因分析
孔眼	气孔 铸件内部或表面有大小不等的孔眼,孔的内壁光滑,多呈圆形		(1) 型砂舂得太紧或型砂透气性差 (2) 型砂太湿,起模、修型时刷水过多 (3) 芯子通气孔堵塞或芯子未烘干 (4) 浇注系统不正确,气体排不出 (5) 金属液中含气太多,浇注温度太低
	缩孔 铸件厚断面处出现形状不规则的孔眼,孔的内壁粗糙		(1) 冒口设置不正确 (2) 合金成分不合格,收缩过大 (3) 浇注温度过高 (4) 铸件设计不合理,无法进行补缩
	砂眼 铸件内部或表面有充满砂粒的孔眼,孔形不规则		(1) 型矿强度不够或局部没舂紧,掉砂 (2) 型腔、浇口内散砂未吹尽 (3) 合箱时砂型局部挤坏,掉砂 (4) 浇注系统不合理,冲坏砂型(芯) (5) 铸件结构不合理,无圆角或圆角太小
	渣眼 孔眼内充满熔渣,孔形不规则		(1) 浇注温度太低,渣子不易上浮 (2) 浇注时没挡住渣子 (3) 浇注系统不正确,挡渣作用差
形状尺寸不合格	偏芯 铸件局部形状和尺寸由于砂芯位置偏移而变动		(1) 芯子变形 (2) 下芯时放偏 (3) 芯子没固定好,合箱时碰歪了或者浇注时被冲偏
	浇不足 铸件未浇满,形状不完整		(1) 浇注温度太低 (2) 浇注时液体金属量不够 (3) 浇口太小或未开出气口 (4) 铸件结构不合理,局部过薄
	错箱 铸件在分型面处错开		(1) 合箱时上、下型未对准 (2) 定位销不准 (3) 造型时上、下模样未对准
表面缺陷	冷隔 铸件上有未完全熔合的缝隙,接头处边缘圆滑		(1) 浇注温度过低 (2) 浇注时断流或浇注速度太慢 (3) 浇口位置不当或浇口太小 (4) 铸件结构设计不合理,壁厚太小 (5) 合金流动性较差

类别	缺陷名称与特征	主要原因分析
表面缺陷	粘砂 铸件表面粘着一层难以除掉的砂粒,导致表面粗糙	(1) 砂型舂得太松 (2) 浇注温度过高 (3) 型砂耐火性差
	夹砂 铸件表面有一层突起的金属片状物,表面粗糙,在金属片和铸件之间夹一层型砂 金属片状物	(1) 型砂受热膨胀,表层鼓起或开裂 (2) 型砂湿强度较低 (3) 砂型局部过紧,水分过多 (4) 内浇口过于集中,使局部砂型过分烘烤 (5) 浇注温度过高,浇注速度太慢
裂纹	热裂 铸件开裂,裂纹处表面氧化,呈蓝色 冷裂 裂纹处表面不氧化,并发亮 裂纹	(1) 铸件设计不合理,薄厚差别大 (2) 合金化学成分不当,收缩大 (3) 砂型(芯)退让性差,阻碍铸件收缩 (4) 浇注系统开设不当,使铸件各部分冷却及收缩不均匀,造成过大的内应力
其他	铸件的化学成分、组织和性能不合格	(1) 炉料成分、质量不符合要求 (2) 熔化时配料不准或熔化操作不当 (3) 热处理不按照规范进行

3.5 自动化造型生产线

手工砂箱造型工作量大,劳动强度高,其中造型过程中型砂紧实和起模工序逐步被造型机造型所替代。即便如此,对于有箱造型来说,还有很多工作量大劳动强度高的辅助工序,如翻箱、合箱、压铁、浇注、落砂以及砂箱的运输等。如不实现机械化、自动化则会大大约束造型机生产效率的提高,工人的劳动强度也不会降低。对于近年来出现的高效率造型机,如果没有相应的配套辅助设备,要合理组织生产、提高生产效率、降低工人的劳动强度也难以实现。随着机械工业的高速度发展,对铸件的需求量也越来越大,为了更进一步提高生产率,减轻劳动强度,改善劳动条件,提高铸件质量,组成机械化、自动化生产线,是铸造生产发展的必然趋势。目前,随着机电一体化技术的发展,来我国已出现了一大批由电子计算机、PLC 控制的各种形式的自动化造型生产线,大幅度的提高造型生产率和降低工人的劳动强度。

所谓造型生产线就是根据生产铸件的工艺要求,将造型机、翻箱机、合箱机、压铁机、浇铸、落箱机、捅箱机、分箱机等按照一定的工艺流程用运输设备(铸型输送机、辊道等)联系起来,并采用一定的控制方法组成机械化、自动化造型的生产体系。在该生产体系中,进行铸型浇注、冷却落砂以及空箱返回等工作,从而完成铸件生产过程。

图 3-5-1 是一个较为简单的生产线示意图,下箱造型机造完型后,由下箱翻箱、落箱机翻转并放置于铸型输送线上,沿生产线逆时针方向运送到合箱机处与上箱造型机造完的上箱进行合型,合好的铸型运送到压铁机处加上压铁,在浇注段进行浇注后冷却,待铸件凝固

后压铁机卸下压铁,由捅箱机将铸件和型砂捅出送入落砂机落砂,空砂箱经清扫和分箱后继续造型,至此完成一个造型生产线铸件生产循环。由于所造的铸件不同,生产量的大小、造型工艺的差异,不同造型机公司生产的设备,以及具体厂房布置形式等,将使造型生产线布置有所不同,但其主要组成部分是大同小异的。

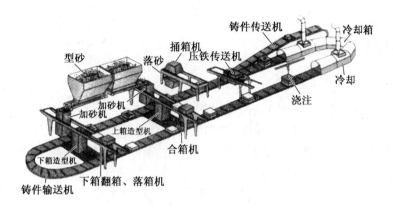

图 3-5-1　简单的生产线示意图

4 锻 压

4.1 概述

锻压是锻造与冲压的总称。

锻造是在加压设备及工(模)具的作用下,使金属坯料产生局部或全部的塑性变形,以获得具有一定几何形状、尺寸、质量及力学性能的锻件之加工方法。

根据变形温度不同,锻造可分为热锻、温锻和冷锻三种,其中应用最广泛的是热锻。

热锻是在工件材料的再结晶温度以上进行的锻造工艺。锻造后的金属组织致密、晶粒细化,还具有一定的金属流线,从而使金属的力学性能得以提高。因此,凡承受重载荷的机械零件,如机床主轴、航空发动机曲轴、连杆、起重机吊钩等多以锻件为毛坯。

用于锻造的金属必须具有良好的塑性,以便在锻造时不破裂。常用的锻造材料有钢、铜、铝及其合金。铸铁塑性很差,不能进行锻造。

使板料经分离或变形而得到制件的工艺方法统称冲压。冲压通常在常温(低于冲压材料的再结晶温度)下进行,因此又称冷冲压,只有板料厚度超过 5 ~ 10 mm 时,才用热冲压。

用于冲压件的材料多为塑性良好的各种低碳钢板、紫铜板、黄铜板及铝板等。有些绝缘胶木板、皮革、硬橡皮、有机玻璃板也可用来冲压。冲压件有自重轻、刚度大、强度高、互换性好、成本低、生产过程便于实现机械自动化及生产效率高等优点,在汽车、仪表、电器、航空及日用工业等部门得到广泛的应用。

4.2 锻压方法

4.2.1 自由锻

只用简单的通用性工具,或在锻造设备的上、下砧间经多次锻打和逐步变形而获得所需几何形状及内部质量的锻件,这种方法称为自由锻。自由锻有手工自由锻(简称手锻)和机器自由锻(简称机锻)之分。机锻是自由锻的主要方法。

自由锻使用的工具简单,操作灵活,但锻件的精度低,生产率不高,劳动强度大,故只适用于单件、小批和大件、巨型锻件的生产。

1)加热

锻坯加热的目的是提高金属的塑性和降低金属的变形抗力,以利于金属的变形和得到良好的锻后组织和性能。

(1)钢在加热中的常见缺陷

钢在加热中常见的缺陷及防止措施见表4-2-1。

表 4-2-1 钢在加热时的缺陷及其防止措施

缺陷名称	定 义	后 果	减少和防止措施
氧化和脱碳	氧化 金属加热时,介质中的氧、二氧化碳和水等与金属反应生成氧化物的过程 脱碳 加热时,由于气体介质和钢铁表层碳的作用,使表层含碳量降低的现象	氧化使钢材损失,锻件表面质量下降,模具及炉子使用寿命降低。当脱碳层厚度大于工件加工余量时,能降低表面的硬度和强度,严重时会导致工件报废	(1) 快速加热 (2) 减少过剩空气量 (3) 采用少氧化、无氧化加热 (4) 采用少装、勤装的操作方法 (5) 在钢材表面涂保护层
过烧和过热	过烧 加热温度超过始锻温度过多,使晶粒边界出现氧化及熔化的现象 过热 由于加热温度过高或高温下保温时间过长,引起晶粒粗大的现象	过烧 坯料无法锻造 过热 使锻件力学性能降低、变脆,严重时锻件的边角处会产生裂纹	(1) 控制正确的加热温度、保温时间和炉气成分 (2) 通过多次锻打或锻后正火处理消除过热缺陷
裂 纹	大型或复杂的锻件,塑性差或导热性差的锻件,在较快的加热速度或过高的装炉温度下,因坯料内外温度不一致而造成开裂	内部细小裂纹在锻打中有可能焊合,表面裂纹在拉应力作用下进一步扩展导致报废	严格控制加热速度和装炉温度

(2) 锻造加热温度范围及其控制

必须根据金属的化学成分严格控制其加热锻造温度范围。锻造温度范围从始锻温度(锻坯锻造时所允许的最高加热温度)到终锻温度(锻坯停止锻造时的温度)的区间。

一般说来,始锻温度应使锻坯在不产生过热和过烧的前提下,应尽可能高些;终锻温度应使锻坯不产生冷变形强化的前提下,尽可能低一些。这样便于扩大锻造温度范围,以减少加热火次和提高生产率。常用金属材料的锻造温度范围见表 4-2-2。

表 4-2-2 常用金属材料的锻造温度范围

金属种类	牌号举例	始锻温度/℃	终锻温度/℃
普通碳素结构钢	Q195、Q235、Q235A、Q255	1 280	700
优质碳素结构钢	40、45、60	1 200	800
碳素工具钢	T7、T8、T9、T10	1 100	770
合金结构钢	30CrMnSiA、20CrMnTi、18CrNi4WA	1 180	800
合金工具钢	Cr12MoV、5CrMnMo、5CrNiMo	1 050 1 180	800 850
高速工具钢	W18Cr4V、W9CrV2、W6Mo5Cr4V2	1 150	900

金属种类	牌号举例	始锻温度/℃	终锻温度/℃
不锈钢	1Cr13、2Cr13、1Cr18Ni9Ti、1Cr18Ni9	1 150	850
高温合金	GH33	1 140	950
铝合金	LF21、LF2、LD5、LD6	480	380
镁合金	MB5	400	280
钛合金	TC4	950	800
铜及其合金	T1、T2、T3、T4 H62	900 820	650 650

锻造时的测温方法有观火色法及仪表检测法。其中目测是根据钢在高温下的火色与温度关系来判断,其方法简便,应用较广,表4-2-3为碳钢的加热温度与其火色的对应关系。

表4-2-3 碳钢的加热温度与其火色的对应关系

加热温度/℃	1 300	1 200	1 100	900	800	700	600 以下
火 色	黄白	淡黄	黄	淡红	樱红	暗红	赤褐

(3)加热设备的特点及其应用

加热方法按热源不同,可分为火焰加热和电加热两大类。

表4-2-4 为常用加热设备的特点及应用。

表4-2-4 常用加热设备的特点及应用

加热方法	加热设备	原理及特点	应用场合
火焰加热	手工炉(又称明火炉)	结构简单,使用方便。加热不均,燃料消耗大,生产率不高	手工锤,小型空气锤自由锻
	反射炉(见图4-2-1(a))	结构较复杂,燃料消耗少,热效率较高	锻工车间广泛使用
	少、无氧化火焰加热炉	利用燃料的不完全燃烧所产生的保护气氛减少金属氧化,而炉膛上部二次进风,形成高温区向下部加热区辐射,达到少氧化、无氧化加热目的	成批中小件的精锻
电加热	箱式电阻炉(见图4-2-1(b))	利用电流通过电热体产生热量对坯料加热。结构简单,操作方便,炉温及炉内气氛易于控制	用于有色金属、高合金钢及精锻加热
	中频感应炉	需变频装置,单位电能消耗为 0.4～0.55 kW·h/kg。加热速度快,自动化程度高,应用广	φ20～φ150 mm 坯料模锻热挤、回转成形

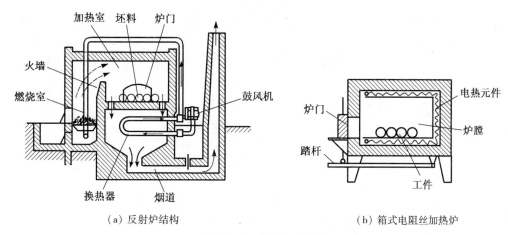

（a）反射炉结构　　　　　　　　　（b）箱式电阻丝加热炉

图 4-2-1　常用加热设备

（4）锻件的冷却

锻件的冷却应做到使冷却速度不要过大和各部分的冷却收缩比较均匀一致，以防表面硬化、工件变形和开裂。锻件常用的冷却方法有空冷、坑冷和炉冷三种。空冷适用于塑性较好的中、小型的低、中碳钢锻件；坑冷（埋入炉灰或干砂中）适用于塑性较差的高碳钢、合金钢锻件；炉冷（放在 500～700 ℃的加热炉中随炉缓冷）适用于高合金钢、特殊钢的大件及形状复杂的锻件冷却。

2）自由锻成形

自由锻成形主要借助于锻造设备和通用的工具来实现。

（1）自由锻设备

锻造中、小型锻件常用的设备是空气锤和蒸汽-空气自由锻锤；大型锻件常用水压机。空气锤是由压缩缸和工作缸等部分组成，其结构如图 4-2-2 所示。

空气锤的规格是以落下部分（包括工作活塞、锤杆与锤头）的质量来表示的。但锻锤产生的打击力，却是落下部分质量的 1 000 倍左右。例如牌号上标注 65 kg 的空气锤，就是指其落下部分的质量为 65 kg，打击力约是 650 kN。常用规格是 50～750 kg。空气锤既可进行自由锻，也可用于胎模锻。它的特点是：操作方便，但吨位不大并有噪音与振动，只适用于小型锻件。

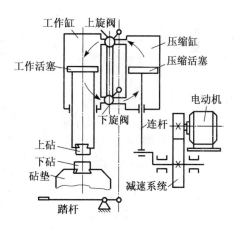

图 4-2-2　空气锤的工作原理

空气锤通过操纵手柄或脚踏板的位置来控制旋阀，以改变压缩空气的流向，从而实现空转、连打、单打、上悬及下压等五种动作循环。

空气锤规格的选择依据是锻件尺寸与质量，见表 4-2-5。

表 4-2-5　空气锤规格选用的概略数据

锻件			落下部分质量/kg							
			100	150	250	300	400	500	750	1 000
镦粗		$\phi =$ /mm	85	100	125	147	170	200	225	250
		$a =$ /mm	75 ~ 30	90 ~ 40	110 ~ 50	130 ~ 65	150 ~ 75	180 ~ 80	200 ~ 95	200 ~ 105
拔长		$a =$ /mm	100	120	150	175	180	220	250	300
锻件质量/kg≤			4	6	10	17	26	45	62	84

（2）自由锻的基本工序

自由锻的基本工序有镦粗、拔长、冲孔、弯曲、错移、扭转及切割等。其中镦粗、拔长、冲孔用得较多。自由锻基本工序的定义、操作要点和应用见表 4-2-6。

表 4-2-6　自由锻基本工序及应用

工序名称	定义及图例	操作要点	应　用
镦　粗	使毛坯高度减小，横断面积增大的锻造工序称为镦粗 在坯料上某一部分进行的镦粗称为局部镦粗 坯料在垫环上或两垫环间进行的镦粗称为垫环镦粗 	（1）被镦粗坯料的高度 h_0 与其直径 d_0 之比应小于 2.5，否则会镦弯，镦弯锻坯应及时校正 （2）镦粗部分的加热要均匀，否则锻件变形不均产生畸形，对塑性差的材料还可能镦裂 （3）被镦锻件端面应平整，并与轴线垂直，否则会镦歪，歪锻坯应及时校正 （4）每击一次，应立即将锻件绕其轴线转动一下，以免因锤头、砧面磨损不平而产生不均匀变形和造成锻坯镦偏、镦歪	（1）用于制造高度小和截面大的工件，如齿轮、圆盘、叶轮等 （2）作为冲孔前的准备工序，使锻坯横截面增大和平整，并减小冲孔高度 （3）提高后续拔长工序的锻造比 （4）提高锻件横向力学性能和减少力学性能的异向性 （5）局部镦粗可以锻造凸肩直径和高度较大的饼状锻件，也可以锻造端部带有法兰的轴杆类锻件 （6）垫环镦粗可用于锻造带有单边或双边凸肩的饼状锻件

工序名称	定义及图例	操作要点	应　用
镦　粗		(5) 坯料高度 h_0 应不大于锤头最大行程的 0.7～0.8，否则会镦成细腰形，若不及时纠正会镦出夹层 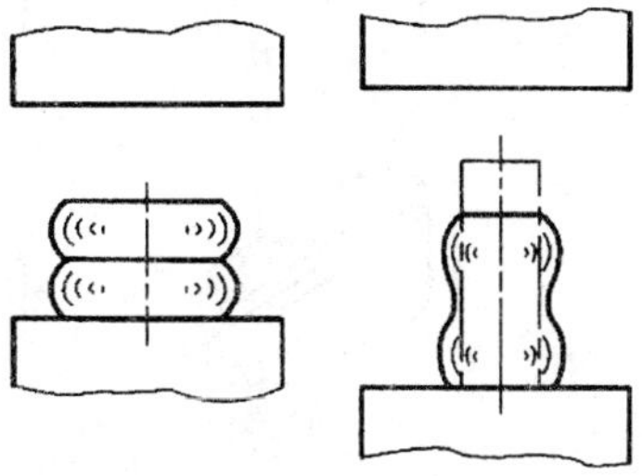 	
拔　长	使毛坯横断面积减小，长度增加的锻造工序称为拔长 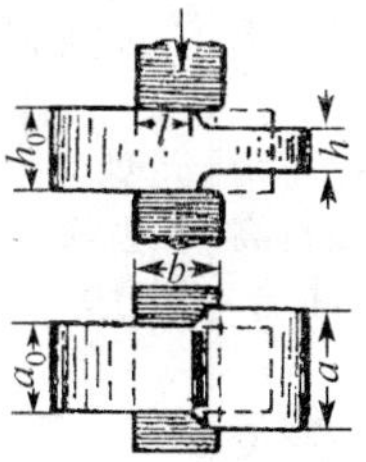 空心毛坯中加芯轴进行拔长，以减小空心毛坯外径(壁厚)而增加其长度的锻造工序称为芯棒拔长 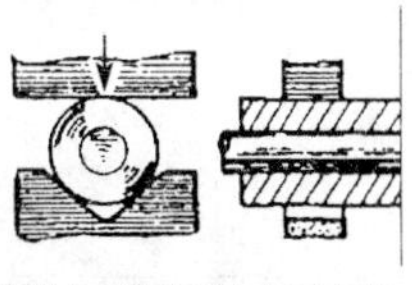 利用上砧和马杠对空心坯料沿圆周依次连续压缩而实现扩孔的方法称为马杠扩孔 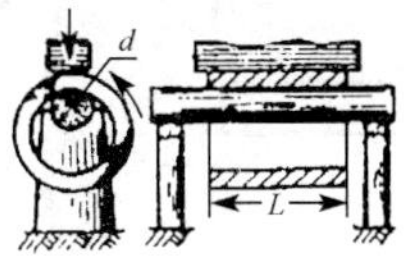 	(1) 拔长时，工件每次向砧铁上送进量应为砧铁宽度的 0.3～0.7，即 $l=(0.3\sim0.7)b$，送进量过大，降低拔长效率；过小，易产生折叠 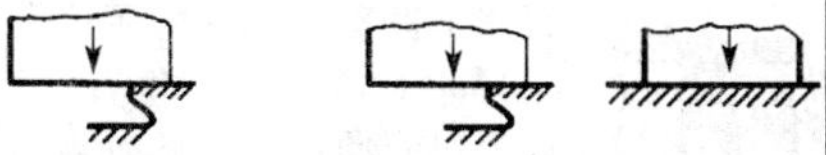 (2) $a/h\leqslant2.5$，否则，翻转 $90°$ 后再次锻打会产生夹层 (3) 拔长过程中，要不断翻转锻件，保证各部分温度均匀。翻转的方法有下图所示的两种： 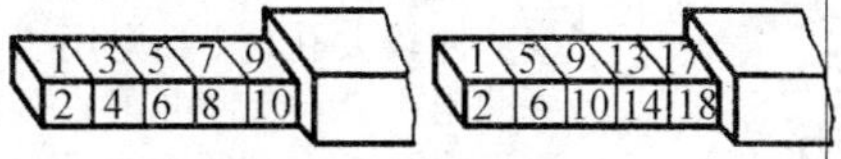 前者适合拔长大型锻件；后者适合拔长重量较轻的锻件 (4) 不论坯料原始截面和锻件最终截面形状如何，拔长总是在方截面下进行的。当圆形截面拔长时，拔长顺序如下图所示，这样既能提高拔长效率，又能减小中心裂纹危险 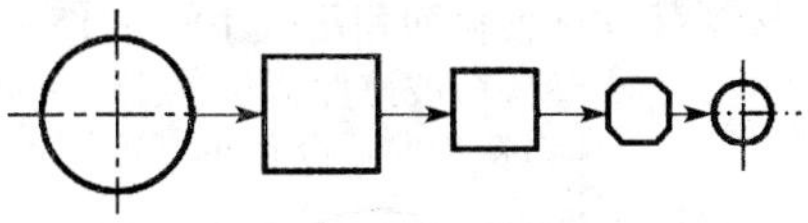 (5) 局部拔长时，须在拔长前先压肩，以使过渡面平直整齐 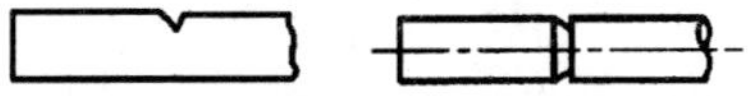 方料压肩　　　　圆料压肩 (6) 马杠上扩孔的 d 应大于或等于 $0.35L$，芯轴过细不仅易折断，而且使锻件内壁凹痕加深	(1) 用于制造长而截面小的工件，如轴、拉杆、曲轴等 (2) 改善锻件内部质量 (3) 制造长筒类锻件，如炮筒、透平主轴、圆环、套筒等

工序名称	定义及图例	操作要点	应 用
拔 长		(7) 拔长工件时,由于表面不够平整,拔后必须修整 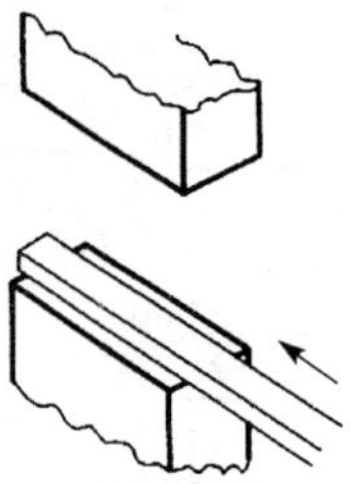 方料修正 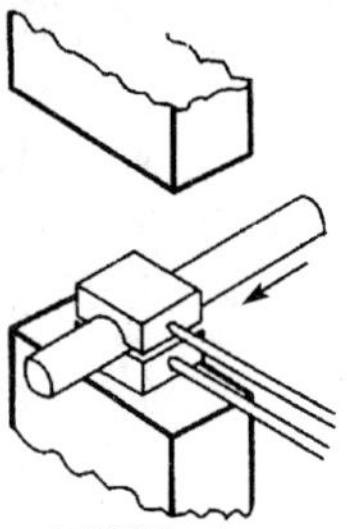　　圆料修正	
冲 孔	在坯料上冲出通孔或不通孔的锻造工序称为冲孔 (1) 双面冲孔 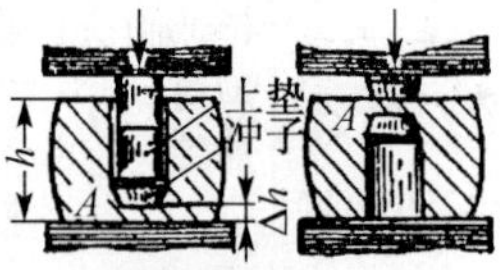 (2) 单面冲孔  (3) 冲头扩孔 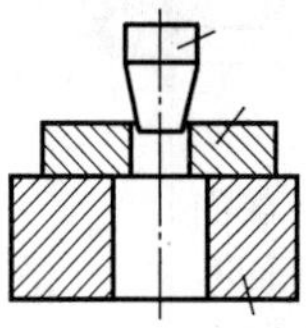 	(1) 冲孔前一般需将坯料镦粗,以便减小冲孔高度,使冲孔面平整 (2) 适当提高坯料始锻温度,提高塑性,以防止由于冲孔时坯料局部变形量过大而产生冲裂和损坏冲子 (3) 冲子必须找正位置,并与冲孔面垂直。双面冲孔时先将冲头冲至约坯料高度的 2/3 深度时,翻转坯料后将孔冲通,可以避免孔的周围冲出毛刺 (4) 为顺利拔出冲头,可在凹痕上撒放一些煤粉,冲头要经常用水冷却 (5) 直径小于 25 mm 的孔,一般不冲出 (6) 冲较大孔时,要先用直径较小的冲头冲出小孔,然后再用直径较大的冲头逐步将孔扩大到所要求的尺寸	(1) 制造带孔件,如齿轮坯、圆环、套筒等 (2) 用于芯轴拔长和扩孔前的准备工作 (3) 锻件质量要求高的大型空心件可以利用冲孔去除质量较差的中心部分
弯 曲	采用一定的工、模具将毛坯弯成规定外形的锻造工序称为弯曲 (1) 用大锤弯曲 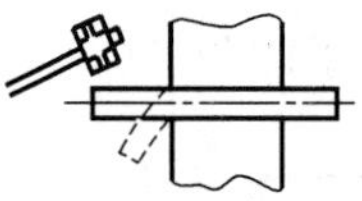 (2) 在 V 型槽中弯曲  	(1) 弯曲前将弯曲部分进行局部镦粗(使截面积增大 10% ~ 15%),并修出台肩,在被拉伸部位留出一定的多余金属,弥补弯曲后断面形状改变的需要 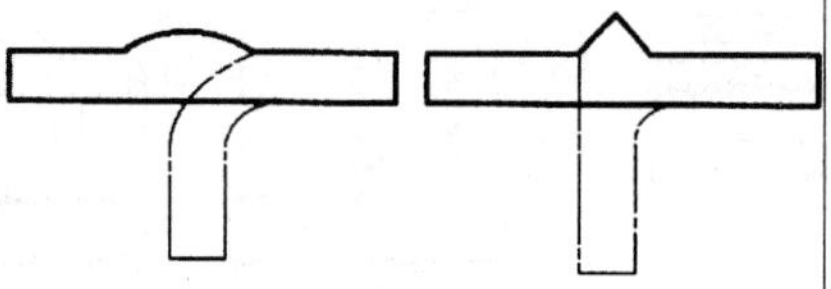 (2) 弯曲时只需在受弯部加热坯料	用于锻造各种弯曲类零件,如起重机吊钩、弯曲轴杆、连杆等

工序名称	定义及图例	操作要点	应 用
错 移	将坯料的一部分相对另一部分错移开,但仍保持轴心平行的锻造工序称为错移 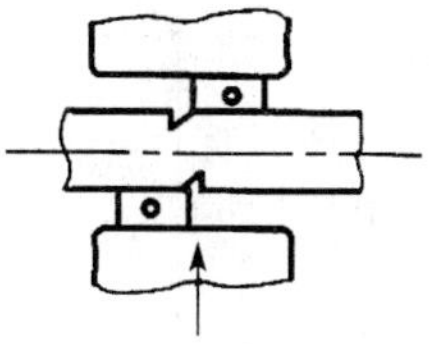	错移前应先在错移部位压肩,然后锻打错开,最后修整	锻造曲轴类锻件
扭 转	将坯料的一部分相对于另一部分绕其轴线旋转一定角度的锻造工序称为扭转 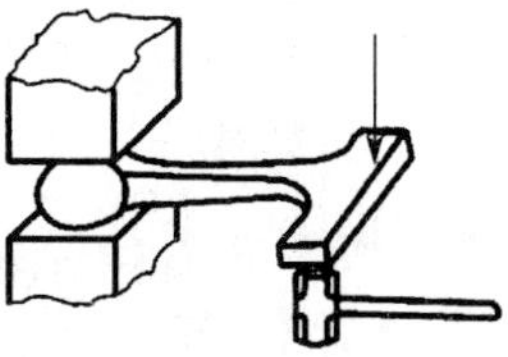	(1)受扭部分沿全长横断面积要均匀一致,表面光滑无缺陷,面与面的相交处要有圆角过渡,以免扭裂 (2)受扭部分应加热到较高的始锻温度,并保证均匀热透 (3)扭转后要缓冷或退火处理	锻造曲轴、麻花钻、地脚螺栓等
切 割	分割坯料或切除锻件余料的锻造工序称为切割 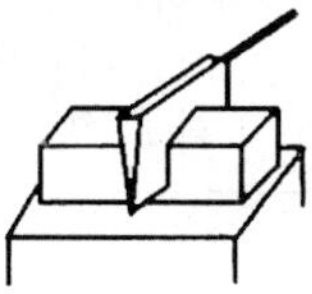	切断后残留在毛坯端面上的毛刺,应在较低温度下及时去除,以免锻造时陷入锻件造成夹层	分割毛坯或切去锻件端头

3）典型锻件自由锻工艺实例

（1）齿轮坯自由锻工艺过程(表4-2-7)

（2）铰手柄自由锻工艺过程(表4-2-8)

表 4-2-7 齿轮坯自由锻工艺过程

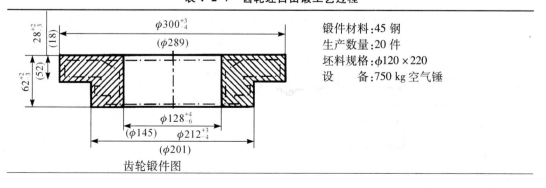

锻件材料:45 钢
生产数量:20 件
坯料规格:φ120×220
设　备:750 kg 空气锤

齿轮锻件图

续表 4-2-7

序号	工序名称	简 图	操作方法	使用工具
1	镦粗	$\phi160$ / 124	为去除氧化皮用平砧镦粗至 $\phi60 \times 124$	火钳
2	垫环局部镦粗	$\phi288$ / $\phi160$ / 40	由于锻件带有单面凸肩,坯料直径比凸肩直径小,采用垫环局部镦粗	火钳 镦粗漏盘
3	冲孔	$\phi80$	双面冲孔	火钳 $\phi80$ 冲子
4	冲头扩孔	$\phi128$	扩孔分两次进行,每次径向扩孔量分别为 25 mm、23 mm,保证尺寸 $\phi128^{+4}_{-6}$	火钳 $\phi105$ 和 $\phi128$ 冲子
5	修整	$\phi212$ / $\phi128$ / $\phi300$ / 62 / 28	边旋边轻打至外圆 $\phi300^{+3}_{-4}$ 后,轻打平面至 62^{+2}_{-3}	火钳 冲子 镦粗漏盘

表 4-2-8　铰手柄自由锻工艺过程

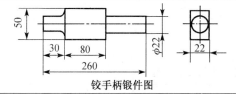

铰手柄锻件图

锻件材料:35 钢
生产数量:30 件
坯料规格:$\phi50 \times 80$
设　　备:65 kg 气锤

序号	工序名称	简 图	操作方法	使用工具
1	拔长		拔成 51×23 的扁方	火钳
2	压肩		距左端 20 处上下剁开	火钳 压板

序号	工序名称	简　图	操作方法	使用工具
3	拔长 摔圆 剁头		拔长左端杆部,摔圆,剁头成 $\phi22 \times 30$	火钳 摔子 剁刀
4	压肩		中部左端留 80 处上下剁开	火钳 压板
5	拔长 摔圆 剁头		拔长右端杆部,摔圆,剁头成 $\phi22 \times 150$	火钳 摔子 剁刀
6	修整		50×80 矩形截面在上、下砧铁长度方 向修整,$\phi22$ 圆形截面用摔子修整,锻 件在送进同时应不断转动	火钳 摔子 钢尺

4.2.2　模锻

　　利用模具使锻坯变形而获得锻件的锻造方法称为模锻。

　　与自由锻比较,模锻能锻出形状较复杂、精度较高、表面粗糙度较低的锻件;又能提高生产率及改善劳动条件等。但模锻设备及模具造价高,消耗能量大,只适合于大批量生产中、小型锻件。典型的模锻件见图 4-2-3。

　　模锻可分为锤上模锻、机械压力机模锻、胎模锻等。

　　1)锤上模锻

　　(1)锤上模锻的设备

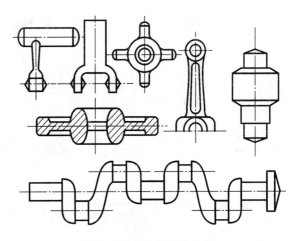

图 4-2-3　典型模锻件

　　生产中用得最多的锤上模锻设备是蒸汽-空气模锻锤,见图 4-2-4(a)。因其上、下模分别固定在模锻锤的锤头与砧座上,所以它的砧座质量比自由锻锤的砧座要大得多,并且锤身是安装在砧座上的,形成一个整体,模锻的锤头与导轨间的配合也较精密,以保证在锤击中上、下模的对准。

　　(2)模锻工作

　　加热好的锻坯借助锻锤的锤击力在上、下模膛里成形,取出锻坯切除毛边和连皮后,即得所需锻件,见图 4-2-4(b)。

　　(3)模锻工艺过程

　　图 4-2-5 所示为一般的模锻工艺过程。

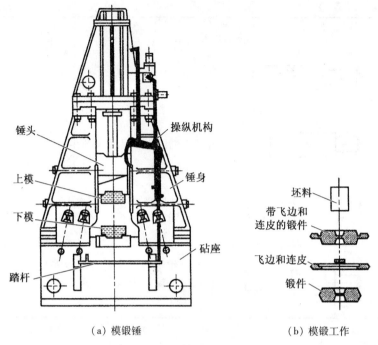

（a）模锻锤　　　　　　　（b）模锻工作

图4-2-4　模锻锤及其工作

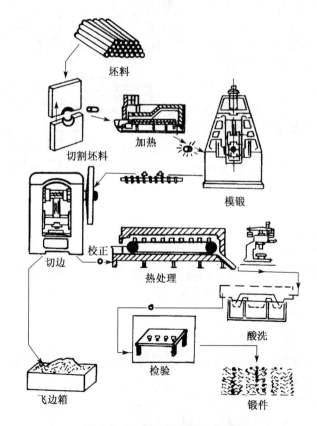

图4-2-5　锤上模锻的工艺过程

2）机械压力机模锻

锤上模锻虽具有适应性广的特点，但它存在振动与噪音大、能源消耗多的缺点，因此逐步被机械压力机所替代。用于模锻的压力机有曲柄压力机、平锻机、螺旋压力机及水压机等。它们所产生的振动与噪音都较小。

（1）曲柄压力机上模锻的特点

① 优点：锤击力近似静压力，振动及噪音小，机身刚度大，导轨与滑块间隙小，以保证上、下模对合时不错位。因此精度较高，锻件余量、公差和模锻斜度都比锤上模锻小。

② 缺点：不宜拔长和滚压工步，造价较高，适合大批量生产。

（2）平锻机上模锻的特点

① 优点：扩大了应用范围。可锻出锤上模锻和曲柄压力机上无法锻出的锻件，还可以进行切飞边、切断、弯曲和热精压等工步。生产率高，每小时可生产 400～900 件。锻件尺寸精度较高，表面粗糙度值较低。节省材料，材料利用率可达 85%～95%。

② 缺点：对非回转体及中心不对称的锻件难以锻造，并且它的造价较贵。

3）胎模锻

胎模锻是介于自由锻与模锻之间的一种锻造方法，胎模不固定在锤头和砧座上，而是根据需要，可随时将胎模放在下砧上进行锻造，用完后拿下来。

胎模锻一般采用自由锻方法制坯，然后在胎模中最后成形。

常用胎模的种类、结构和应用见表 4-2-9。

胎模与自由锻相比，有锻件形状较准确、尺寸精度较高、力学性能较好及生产效率较高的优点，主要用于中、小批量的生产中。

表 4-2-9　常用胎模的种类、结构和应用范围

序号	名称	简图	应用范围	序号	名称	简图	应用范围
1	摔子	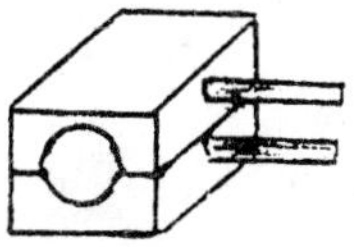	轴类锻件的成形或精整，或为合模锻造制坯	4	套模		回转体类锻件的成形
2	弯模		弯曲类锻件的成形，或为合模锻造制坯	5	合模		形状较复杂的非回转体类锻件的终锻成形
3	扣模	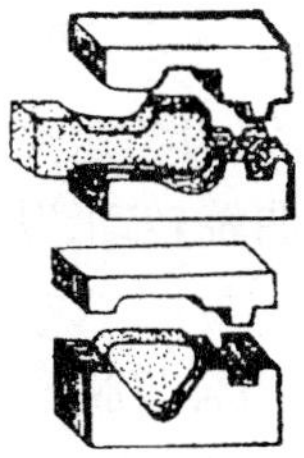	非回转体锻件的局部或整体成形，或为合模锻造制坯				

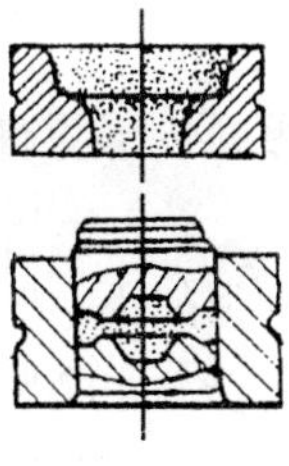

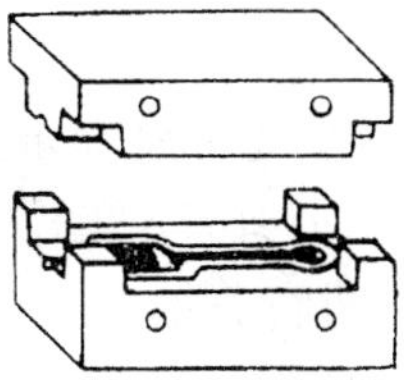

4）典型模锻件工艺讨论

由于生产批量和要求不同,同种零件的毛坯应选用不同的锻造方法,因此两种锻件的结构也有所区别,现以轮毂为例说明之:

① 若轮毂件的批量不很大,尺寸精度要求一般,此时可选用胎模锻成形。根据锻坯的质量

$$G_坯 = G_锻件 + G_料头 + G_烧损$$

及锻造比

$$B = F_坯 / F_锻件 \geqslant 2.5 \sim 3 \quad （G 为质量, F 为截面积）$$

决定下料尺寸,加热后在开式筒模(跳模)中最终成形跳出,如图4-2-6所示。

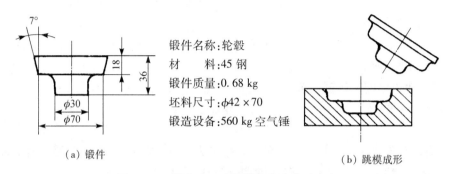

锻件名称:轮毂
材　　料:45 钢
锻件质量:0.68 kg
坯料尺寸:$\phi42 \times 70$
锻造设备:560 kg 空气锤

（a）锻件　　　　　　　　　　　　（b）跳模成形

图 4-2-6　轮毂在开式筒模中最终成形跳出

② 若轮毂件的批量很大,且孔腔也需成形时,则选用固定模锻成形,其模锻件的结构与胎模锻件结构就有所不同;模锻件上有分模面、飞边、圆角、模锻斜度和冲孔连皮等,并且它的加工余量及公差也都较小,如图4-2-7所示。锻件成形后用模具切去飞边及冲穿连皮。

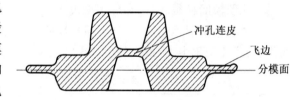

冲孔连皮
飞边
分模面

图 4-2-7　轮毂模锻件

4.2.3　板料冲压

板料冲压是用板料成形零件的一种加工方法。

1）冲压设备

冲压常用设备分类如下:

冲压设备 $\begin{cases} 剪床 & 常用的剪床有:龙门剪、滚刀剪、振动剪等; \\ 冲床 & 常用的冲床有:偏心式、曲柄式、气动式、电磁式、液压式等。 \end{cases}$

（1）剪床

用得较多的龙门剪床也称剪板机,是下料的基本设备之一。剪板机的外形及传动如图4-2-8所示。

剪床的上、下刀刃是分别固定在滑块和工作台上的,根据上刀刃与水平方向的夹角不同,可分为平刃和斜刃剪床。工作时由电动机带动带轮、齿轮和曲轴转动,从而使滑块及上刀刃作上、下运动,进行剪裁工作。

工作时电动机是一直不停地转动,而上刀刃是通过离合器的闭合与脱开来进行剪裁的。制动器的作用是使上刀刃剪切后停在最高位置上,为下次剪切做好准备。挡铁用以控制下

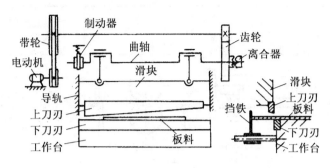

图 4-2-8 剪板机

料尺寸。剪板机的规格是以剪切板料的厚度和宽度来表示的。

滚刀剪与振动剪可按曲线将板料分离。

（2）冲床（压力机）

常用的冲床有偏心冲床和曲轴冲床。

图 4-2-9（a）为偏心冲床工作简图。它由电动机驱动，通过小齿轮带动大齿轮（飞轮），将动力传给偏心轴，再通过连杆使滑块作直线往复运动而工作的。

曲轴冲床的结构、工作原理与偏心冲床基本相同，见图 4-2-9（b），其主要区别是曲轴冲床的主轴为曲轴，它的行程是固定不变的。

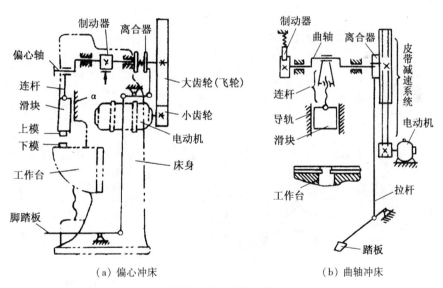

（a）偏心冲床　　　　　（b）曲轴冲床

图 4-2-9 冲床工作

2）冲压工序

根据冲压工序的性质及金属的受力、变形特征，冲压基本工序可分为分离工序（剪切、冲孔、落料等）、变形工序（拉深、弯曲、成形等）。

表 4-2-10 为板料冲压的基本工序特点及应用。

表 4-2-10　冲压工序的特点和应用

工序名称	定义	示意图	特点及操作注意事项	应用
剪切	将材料沿不封闭的曲线分离的一种冲压方法称为剪切	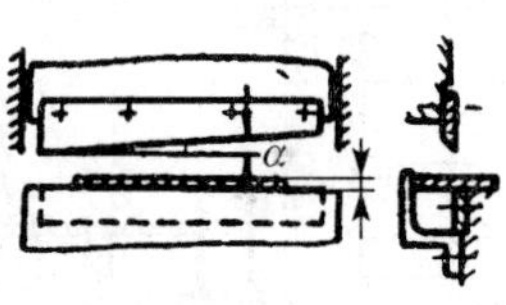 斜刃剪切 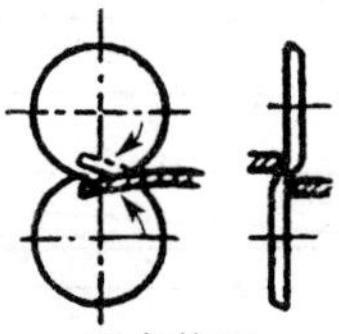　　圆盘剪切	上、下刃口锋利，间隙很小	将板料切成条料、块料作为其他冲压工序的准备工序
落料	利用冲裁取得一定外形的制件或坯料的冲压方法称为落料	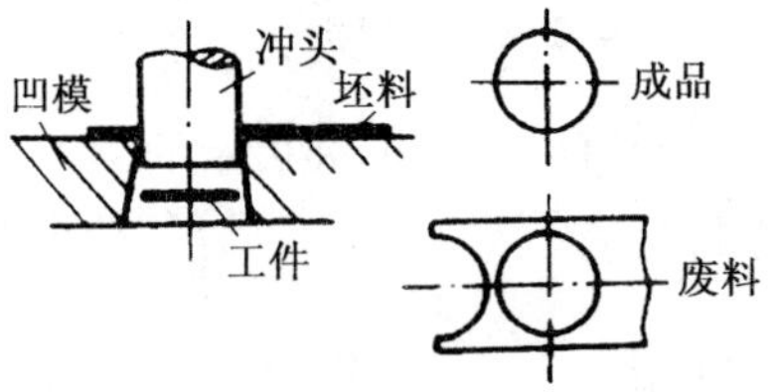 凹模　冲头　坯料　成品　工件　废料	冲头和凹模间隙很小，为板料厚度的1/10左右，刃口锋利	制造各种形状的平板零件或作为变形工序的下料
冲孔	将冲压板坯以封闭的轮廓分离开来，得到带孔制件的一种冲压方法称为冲孔	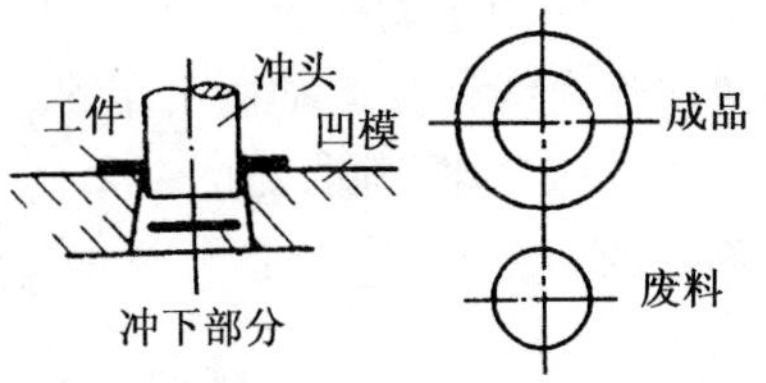 工件　冲头　凹模　成品　冲下部分　废料	冲头和凹模间隙很小，为板料厚度的1/10左右，刃口锋利	制造各种带孔的冲压件
弯曲	将板料在弯矩作用下弯成具有一定曲率和角度的成形方法称为弯曲	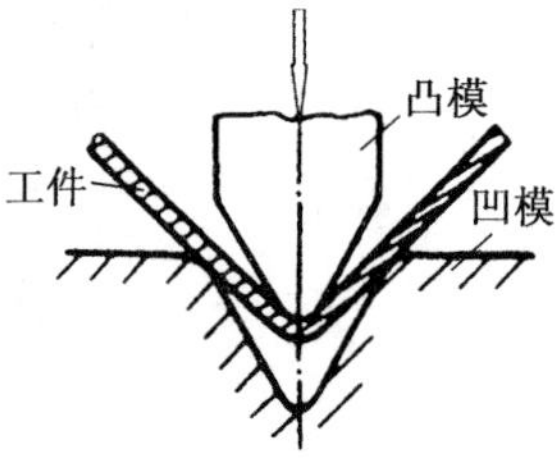 工件　凸模　凹模	(1) 弯曲件受弯部位的内层金属受压缩，易起皱；受弯部位的金属外部受拉伸，易拉裂 (2) 凸模端部圆角半径 r 受到坯料材质和厚度的限制，不能太小，以免变形金属外部拉裂 (3) 凹模工作部位的边缘要有圆角，以免拉伤工件 (4) 模具角度等于冲压件要求的角度减去回弹角 (5) 弯曲线应尽可能与坯料流线组织垂直	制造各种弯曲形状的冲压件

工序名称	定义	示意图	特点及操作注意事项	应用
拉深（拉延）	变形区在一拉一压的应力状态作用下,使板料(浅的空心坯)成为空心件(深的空心件)而厚度基本不变的加工方法称为拉深	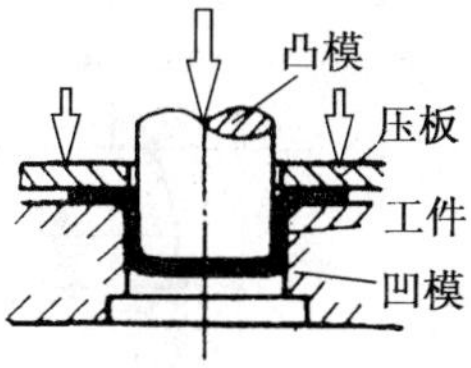	(1)凸、凹模的顶角必须以圆弧过渡,避免坯料拉裂 (2)凸、凹模的间隙较大,等于板厚的 1.1~1.2 倍,以便坯料通过 (3)板料和模具间应有润滑剂,以减小摩擦 (4)为防止起皱,要用压板将坯料压紧 (5)每次拉深系数不能小于 0.5~0.8,否则易拉裂、拉穿。若要求的拉深系数小于这个数值,可采用多次拉深工艺	制造各种形状的中空冲压件
翻边	在带孔的平坯料上用扩孔的方法获得凸缘的工序称为翻边	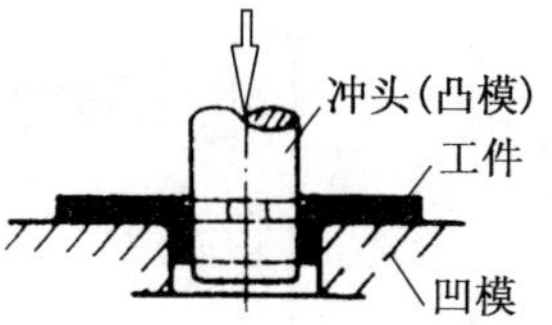	(1)凸模圆角半径较大 (2)每次翻边孔径不得小于某一允许值 (3)对凸缘高度较大的工件,可采用先拉深后冲孔再翻边的工艺来实现	制造带凸缘或具有翻边的冲压件
压筋	将板料局部拉延形成凸起和凹进的部分		用橡皮作为凸模的橡皮压筋也叫橡皮成形	用于制造刚性的筋条

工序名称	定义	示意图	特点及操作注意事项	应用
胀形	将空心件或管件毛坯通过胀形模具利用橡皮或液体鼓出所需的凸起部分	橡皮	需用一套可分式模具，用橡皮芯子来扩大中间部分直径或造成局部凸起	用于制作增大半成品的部分内径等，如军用水壶

3）冲压工艺示例

图 4-2-10 为调温器外壳的冲压工艺过程。

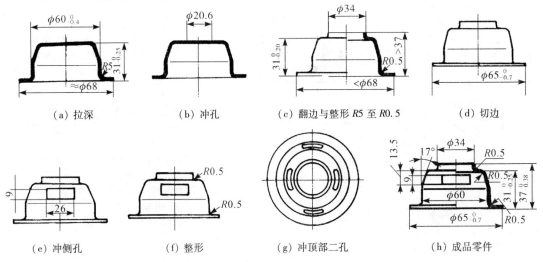

（a）拉深　　　　（b）冲孔　　　　（c）翻边与整形 R5 至 R0.5　　　　（d）切边

（e）冲侧孔　　　　（f）整形　　　　（g）冲顶部二孔　　　　（h）成品零件

图 4-2-10　调温器外壳冲压工艺过程

4）冲压过程机械自动化

冲压过程实现机械自动化是提高劳动生产率和改善劳动条件的有效措施，也是冲压生产技术的发展方向之一，图 4-2-11 是冲压进、出料机械化的传动结构示意图。从卷筒出来的带料，经平整轧辊校平后通过进料辊有节奏地将带料送入冲模，冲压后

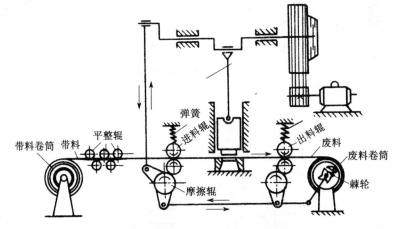

图 4-2-11　冲压进、出料机械化传动结构

的废料通过出料辊进入废料卷筒将废料卷起。弹簧是用来压紧进料辊和出料辊，依靠摩擦

辊带动进、出料辊转动,连杆与冲床曲轴连接,作上、下运动,从而带动摩擦辊正、反转动。棘轮起着防止废料卷筒倒转造成带料松脱的作用。

4.2.4 特种锻压

随着工业的不断发展,对锻压生产提出了越来越高的要求,不仅要求生产各种毛坯,而且要求直接生产出更多的零件。

特种锻压是对普通锻压而言的,尤其是特种锻造,它生产出的产品不一定是毛坯,而是更接近零件或直接是零件,以达到少、无切削加工目的。

特种锻压所用设备的刚度和精度要比普通锻压设备高得多。

1)特种锻造

特种锻造包括精密模锻、粉末锻造等。

(1)精锻

精锻是在模锻设备上锻出形状复杂、锻件精度高的模锻工艺。如锥齿轮零件,见图4-2-12(a),材料为20CrMnTi,其齿形部分可直接锻出,齿形精度可达8~9级,其他尺寸精度可达IT9~IT12,表面粗糙度值可达 R_a3.2~1.6 μm,但模锻设备刚度要大,模腔精度要高,模锻时应注意润滑与冷却。该零件可在3 000 kN压力机或高速锤上进行精锻。

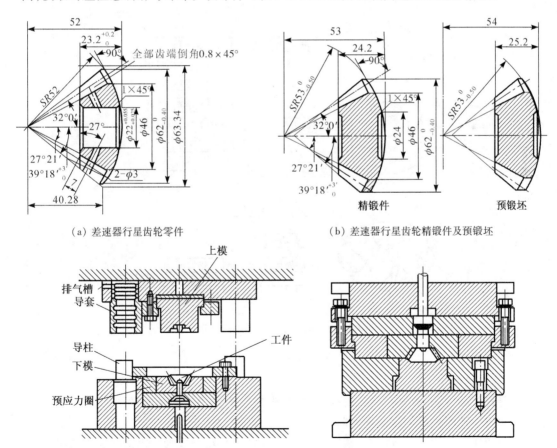

(a)差速器行星齿轮零件　　　　　　　(b)差速器行星齿轮精锻件及预锻坯

(c)导拉式结构齿轮精锻锻模结构　　　　(d)差速器行星齿轮精锻模具

图4-2-12　圆锥齿轮精锻

圆锥齿轮的锻件图、精锻锻模结构及模具见图 4-2-12(b)、(c)、(d),其精锻工艺过程是:

精密下料→少、无氧化加热到 1 000～1 150 ℃→预锻→终锻→空冷→切边→清理氧化皮→检验→加热到 700～850 ℃→3150 kN 精压机上温精锻→保护介质中冷却→1 600 kN 切边机上切边→检验。

（2）粉末锻造

粉末锻造是粉末冶金和精锻相结合的新技术。其特点是:

① 变形过程是压实和塑性变形的有机结合,从而提高了锻件的力学性能,可作重要的受力构件;

② 模锻时所需要的变形力要比普通模锻小;

③ 可锻复杂的精密锻件,具有精度高,表面粗糙度低等优点。

粉末模锻工艺过程:

金属粉末配制→混粉→冷压制坯→少、无氧化烧结加热→模锻(压力机或高速锤上进行)→热处理→机加工→成品。

图 4-2-13 为齿轮粉末模锻工艺过程。

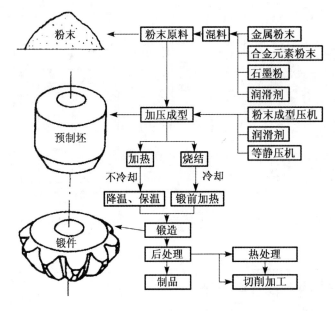

图 4-2-13　齿轮粉末模锻工艺过程

特种锻造还有轧制、挤压、拉拔及摆动辗压等。

2）特种冲压

随着科技与工业的迅速发展,要求高效、低成本生产更多的复杂而精密的冲压件,这就为特种冲压生产提供了广阔的发展前景。

特种冲压的主要工艺方法有:精密冲裁(简称精冲)与特种成形(旋压成形、超塑性成形与高速成形等)。

（1）精冲

采用强力压边精冲,可获得剪切面粗糙度值小、尺寸精度高的冲压件。

① 精冲工艺特点 从形式上看是分离工序,但实际上工件与条料在最后分离前,始终保持一个整体,即冲裁过程中自始至终是塑性变形。因此,冲压件的结构极限尺寸,如孔径、孔距和边距等都比普通冲裁小。

② 精冲-半冲孔及其工艺过程 半冲孔是利用精冲工艺在冲裁过程中工件和条料始终保持为整体这一特点而派生出来的新工艺。其工艺过程见图4-2-14。

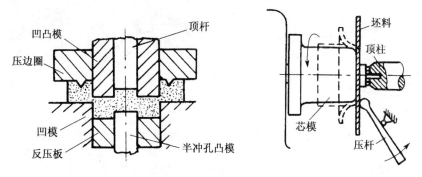

图4-2-14 精冲-半冲孔复合工艺过程　　图4-2-15 旋压工作

（2）特种成形

① 旋压成形 旋压成形是在专用旋压机上进行的。如图4-2-15为旋压工作简图,它是利用坯料随芯模旋转（或旋压工具绕坯料与芯模旋转）和旋压工具与芯模相对进给,使坯料受压连续变形。

旋压成形分类及图例见表4-2-11。

表4-2-11 旋压成形分类及图例

类别		图例	类别		图例
不变薄旋压	拉深旋压		变薄旋压	筒形件变薄旋压	正旋
	缩口旋压				反旋
	扩口旋压			锥形件变薄旋压（剪切旋压）	

旋压加工主要用于航空航天制造业中,如发动机整流罩、涡轮轴、导弹及卫星的鼻锥(图4-2-16)、压力容器的封头(图4-2-17)。

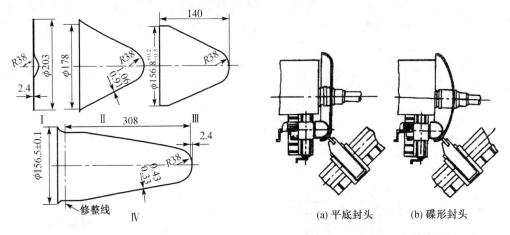

图 4-2-16 卫星"探险者"1 号鼻锥   图 4-2-17 平底封头和碟形封头旋压

② 超塑性成形 超塑性是指金属或合金在低的形变速率($\varepsilon = 10^{-2} \sim 10^{-4}/s$)、一定的变形温度(约为熔点一半)和均匀的细晶粒度(晶粒平均直径为 $0.2 \sim 5~\mu m$)等特定的条件下,金属的伸长率超过100%以上的特性。在超塑性状态下使金属成形的工艺方法称为超塑性成形。如钢经超塑处理后的伸长率可达500%,锌铝合金超过1 000%。

常用的超塑性材料有铝合金、钛合金及高温合金等。

经超塑性处理后的金属极易成形,因此,扩大了可锻金属的种类,如只能采用铸造成形的镍基合金,也可进行超塑性模锻成形。超塑性模锻时,金属填充模腔的性能好,可锻出精度高、加工余量小,甚至不再加工的零件,为实现少、无切削锻件的加工又开辟了一条新路。

超塑性成形还可用于板料冲压,如图4-2-18所示为一次拉深成形及挤压成形。

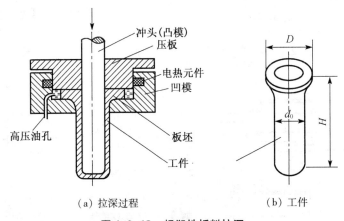

(a) 拉深过程   (b) 工件

图 4-2-18 超塑性板料拉深

③ 高速成形 爆炸成形是一种高速成形方法,它是利用炸药在极短时间内释放

的能量,通过介质(如水或空气)以高压冲击波作用于坯料,使其在极高的速度下变形的一种工艺方法。爆炸成形用水代替刚体凸模(或凹模),适用于加工形状复杂、难以用成对钢模成形的工件,它可进行拉深、翻边、起伏、弯曲、扩口、缩口及冲孔等冲压加工。

对于大件(如汽车上的前盖板及飞机上的机身框架、肋板等)可单件加工,小件可成组加工。图4-2-19所示是在地面上,用一次性简易水筒爆炸拉深原理图。图4-2-20所示是在地面上,用反复使用的金属水筒的爆炸胀形。如加工大件,则可在井下水中代替地面的水筒进行爆炸成形。爆炸成形所用设备、模具简单,成形速度快。

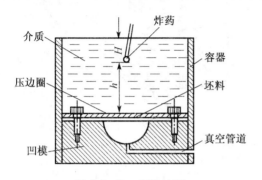

图4-2-19 爆炸拉深

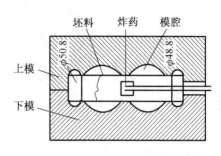

图4-2-20 爆炸胀形

4.3 锻压模具

4.3.1 锻模

1)锻模结构

锻模由带模腔的上、下模块及紧固件等组成。上、下模块的尾部做成燕尾形,用楔铁分别紧固在锤头及模垫上,见图4-3-1。上、下模块的前后定位是用楔铁及垫片调整的。

2)模腔分类

按功能不同,模腔可分为模锻模腔与制坯模腔两大类。

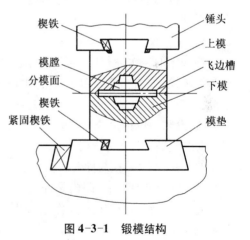

图4-3-1 锻模结构

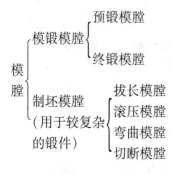

模锻模腔 { 预锻模腔 为减少终锻模腔磨损,提高终锻模腔的寿命,使坯料尺寸与形状接近锻件的模腔。它的圆角及模锻斜度较大。

终锻模腔 使坯料最后成型的模腔,其形状、尺寸与锻件相同,只是比锻件大一个收缩量,并在分模面上有飞边槽,见图4-3-1。

制坯模腔(用于较复杂的锻件) { 拔长模腔 有开式、闭式(用于截面相差大的锻件),见图4-3-2(a)。

滚压模腔 减少某部分截面积,增加另一部分截面积,见图4-3-2(b)。

弯曲模腔 用于弯曲锻件,弯曲后再锻应转90°,见图4-3-2(c)。

切断模腔 用于从坯料上切下锻件,见图4-3-2(d)。

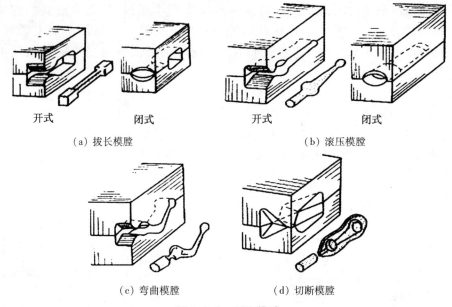

（a）拔长模膛　　　　　　　　（b）滚压模膛

（c）弯曲模膛　　　　　　　　（d）切断模膛

图 4-3-2　制坯模膛

4.3.2　冲模

冲模按功能不同可分为简单模、连续模及复合模三种。

1）简单模

在冲床的一次冲程中只完成一道工序的模具称为简单模,如图 4-3-3 所示。它由以下几部分组成:

① 模架　包括上、下模板,导柱,导套等。上模板通过模柄安装在冲床滑块下端,下模板固定在冲床的工作台上,导柱与导套可保证上、下模对准。

② 凸模和凹模　凸凹模是冲模的主要工作零件。

③ 导料板和定位销　其作用分别是控制条料的送进方向与送进量。

④ 卸料板　其作用是使板料在冲压后从凸模上脱开。

以上各零件中,除凹、凸模外,其余大多为标准件。

简单模结构简单,制造容易,适用于小批量生产。

2）连续模

冲床的一次冲程中,在模具不同的工作部位上,同时完成一道工序以上的冲压模具称为连续模。如图 4-3-4 是冲孔与落料的连续模。

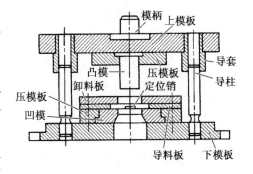

图 4-3-3　简单模

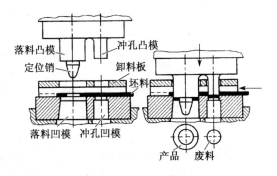

图 4-3-4　连续模

连续模生产效率高,易于实现自动化。但要求定位精度高,成本也高于简单模。

3）复合模

冲床的一次冲程中,在模具同一工作部位上同时完成一道以上工序的模具称为复合模。图 4-3-5 是落料与拉深的复合模。

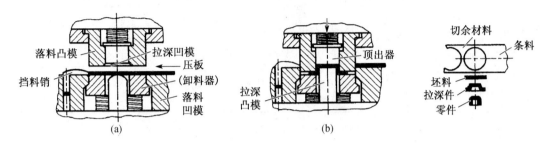

图 4-3-5 落料与拉深复合冲模

复合模与连续模在结构上的主要区别是:在复合模上有一个整体的凹凸模(即落料凸模与拉深凹模为一整体),因此冲出的零件同轴度、平整性及生产率都较高,但制造复杂,成本高,适用于大批量生产。

4.4 锻件的质量检验与缺陷分析

4.4.1 锻件的质量检验

冷却后的锻件应按规定的技术条件进行质量检验。常用的检验方法有:

① 工序与工步检验。一般只进行外观目测检验,观察锻件的形状,表面有无裂纹和伤痕等。

② 锻件图用量具检验锻件的几何尺寸及表面质量。

③ 重要的锻件还需进行金相组织与力学性能的检验。

4.4.2 锻件的缺陷分析

1）自由锻件的缺陷分析

自由锻件的缺陷及产生原因见表 4-4-1。

表 4-4-1 自由锻件缺陷及产生原因

缺陷名称	产生原因
过热或过烧	(1) 加热温度过高,保温时间过长 (2) 变形不均匀,局部变形度过小
裂纹 (横向和纵向裂纹,表面和内部裂纹)	(1) 坯料心部没有热透或温度较低 (2) 坯料本身有皮下气孔、冶炼质量不合要求等缺陷 (3) 坯料加热速度过快,锻后冷却速度过大 (4) 变形量过大
折叠	(1) 砧子圆角半径过小 (2) 送进量小于压下量

缺陷名称	产生原因
歪斜偏心	（1）加热不均匀，变形度不均匀 （2）操作不当
弯曲和变形	（1）锻造后修整、矫直不够 （2）冷却、热处理操作不当
力学性能偏低 （锻件强度不够，硬度偏低， 塑性和冲击韧度偏低）	（1）坯料冶炼成分不合要求 （2）锻后热处理不当 （3）原材料冶炼时杂质过多，偏析严重 （4）锻造比过小

2）模锻件的缺陷分析

模锻件的缺陷及产生原因见表4-4-2。

表 4-4-2 模锻件的缺陷及产生原因

缺陷名称	产生原因
凹坑	（1）加热时间太长或粘上炉底熔渣 （2）坯料在模膛中成形时氧化皮未清除干净
形状不完整	（1）原材料尺寸偏小 （2）加热时间太长，火耗太大 （3）加热温度过低，金属流动性差，模膛内的润滑剂未吹掉 （4）设备吨位不足，锤击力太小 （5）锤击轻重掌握不当 （6）制坯模膛设计不当或毛边槽阻力小 （7）终锻模膛磨损严重 （8）锻件从模膛中取出不慎碰塌
厚度超差	（1）毛坯质量超差 （2）加热温度偏低 （3）锤击力不足 （4）制坯模膛设计不当或毛边槽阻力太大
尺寸不足	（1）终锻温度过高或设计终锻模膛时考虑收缩率不足 （2）终锻模膛变形 （3）切边模安装欠妥，锻件局部被切
锻件上、下部分发生错移	（1）锻锤导轨间隙太大 （2）上、下模调整不当或锻模检验角有误差 （3）锻模紧固部分（如燕尾）有磨损或锤击时错位 （4）模膛中心与打击中心相对位置不当 （5）导锁设计欠妥
锻件局部被压伤	（1）坯料未放正或锤击中跳出模膛连击压坏 （2）设备有毛病，单击时发生连击
翘曲	（1）锻件从模膛中撬起时变形 （2）锻件在切边时变形

缺陷名称	产生原因
残余毛边	（1）切边模与终锻模腔尺寸不相符合 （2）切边模磨损或锻件放置不正
锻件轴向有细小裂纹	钢锭皮下气泡被轧长
锻件端部出现裂纹	坯料在冷剪下料时剪切不当
夹渣	耐火材料等杂质混入钢液并注入钢锭中
夹层	（1）坯料在模腔中位置不对 （2）操作不当 （3）锻模设计有问题 （4）操作时变形程度大，产生毛刺，不慎将毛刺压入锻件中

3）冲压件的缺陷分析

常见冲压件缺陷及产生原因见表 4-4-3。

表 4-4-3　常见冲压件缺陷及产生原因

缺陷名称	产生原因
毛刺	冲裁间隙过大、过小或不均匀，刃口不锋利
翘曲	冲裁间隙过大，材质不均，材料有残余内应力等
弯曲裂纹	材料塑性差，弯曲线与流线组织方向平行，弯曲半径过小等
皱纹	相对厚度小，拉深系数过小，间隙过大，压边力过小，压边圈或凹模表面磨损严重
裂纹和断裂	拉深系数过小，间隙过小，凹模或压料面局部磨损，润滑不够，圆角半径过小
表面划痕	凹模表面磨损严重，间隙过小，凹模或润滑油不干净
拉深件壁厚不均	润滑不够，间隙不均匀、过大或过小

4.5　锻压生产中的节能与环境保护

在当今经济与工业日益腾飞的形势下，能耗增加与环境污染问题日趋严重，而在锻压生产中如何采取有效的节能与环境保护措施已迫在眉睫。

4.5.1　锻造加热炉的余热利用和节能方法

安装小型蓄热器（见图 4-5-1），如配备空气预热器、连续炉尾喷流预热器，以及各种换热器等；在锻造炉中采用节能炉衬及快速加热节能技术等，都是减少能耗的

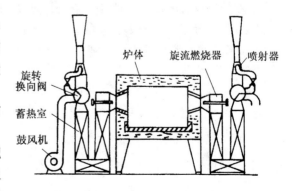

图 4-5-1　蓄热式锻造炉系统

有效措施。

4.5.2 环境保护

在锻压生产中的环境污染源主要是燃料加热炉的废气,锻压机器的振动及噪音等。

1)防废气

污染源主要来自燃料加热炉的废气,为此应尽量减少使用并逐步取消燃料加热的方法,广泛采用或全部采用电加热方法,以减少对空气的污染。

2)防振

锻压防振措施是采用基础防振及自身消振来解决的。基础防振有支承式、悬挂式和浮动式等减振基础。

支承式减振基础是用弹性元件将锻锤的砧座、基础支承起来的一种结构形式。

悬挂式减振基础是用钢梁悬挂加上弹性元件,优点是弹性元件便于更换维修。

浮动式减振基础是用压缩空气与水作为减振介质。

锻锤自身消振是一种积极的减振措施,它的消振机构及原理见图4-5-2,只要合理调整惯性块的质量分布,就可以在锤击位置附近实现以固定铰接点为中心的左右两端基本达到静力平衡。由于锤头与惯性块联动,故能确保锤击时基本实现垂直方向的动量平衡,从而达到锤击力在机身内部大体平衡的目的。

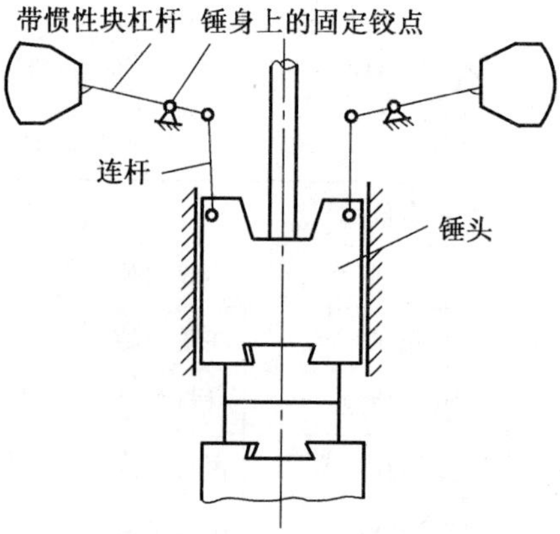

3)防噪音

噪音的声源主要是振动,如压缩机、鼓风机、动力管道及燃油燃气喷嘴等的振动,都会引起噪音。

图4-5-2 模锻锤自消振机构原理

控制噪音的主要途径有三点:

① 控制噪音的声源 尽可能少用或避免偏心锻压,锻锤不能空击或低温锻造;选择合适设备(如尽量使用液压机、气压机等);凡有噪音设备(如锻锤、鼓风机等)的基础应采用相应的弹性基础;动力管道应铺设在地沟之中等。

② 控制噪音的传播与扩散 第一是隔音,即切断音源与被污染目标之间的通道,其措施有:用隔音罩、隔音屏、隔音墙等,对噪音较大的声源应全封闭处理;第二是消音,在有声源的设备部位增设消音器;第三是吸音,当噪音源较多,除其他方法外,还可用吸音天棚、吸音板及吸音墙等。

③ 噪音的综合治理 综合治理噪音就是对声源及其传播扩散进行控制的同时,还应对设备设计、工艺装备设计及生产管理等多方面采取措施来控制噪音。

5 焊 接

5.1 概述

焊接是通过加热或加压,或两者并用,并且用或不用填充材料,使焊件达到原子结合的一种加工方法。与机械连接、粘接等其他连接方法比较,焊接具有质量可靠(如气密性好)、生产率高、成本低、工艺性好等优点。

焊接已成为制造金属结构和机器零件的一种基本工艺方法。如船体、锅炉、高压容器、车厢、家用电器和建筑构架等都是用焊接方法制造的。此外,焊接还可以用来修补铸、锻件的缺陷和磨损了的机器零、部件。

按焊接过程的特点,焊接方法分为熔化焊(如气焊、手弧焊等)、压力焊(如电阻焊、摩擦焊等)和钎焊(如锡焊、铜焊等)三大类。

5.2 常用焊接方法

5.2.1 手工电弧焊

手工电弧焊简称手弧焊。手弧焊是手工操纵焊条进行焊接的电弧焊方法。手弧焊所用的设备简单,操作方便、灵活,所以应用极广。

1)焊接过程

焊接前,将焊钳和焊件分别接到焊机输出端的两极,并用焊钳夹持焊条,如图5-2-1。焊接时,利用焊条与焊件间产生的高温电弧(图5-2-2)作热源,使焊件接头处的金属和焊条端部迅速熔化,形成金属熔池。当焊条向前移动时,随着新的熔池不断产生,原先的熔池不断冷却、凝固,形成焊缝,从而使两个分离的构件焊成一体。

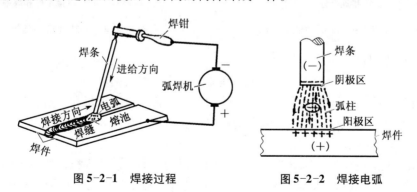

图5-2-1 焊接过程　　　　图5-2-2 焊接电弧

2)手弧焊设备

手弧焊主要设备有交流弧焊机和直流弧焊机两类。

电焊机型号编制方法及含义如下：

电焊机的"大类"有三：A—焊接发电机(直流)；B—焊接变压器(交流)；Z—弧焊整流器。"小类"有二：X—下降特性；P—平特性。"附加特征"有两个：G—硅整流；X—硒整流。

(1) 焊接变压器

焊接变压器又称为交流弧焊机，具有结构简单、噪声小、成本低等优点，但电弧稳定性较差。它可将工业用的 220 V 或 380 V 电压降到 60～90 V(焊机的空载电压)，以满足引弧的需要。焊接时，随着焊接电流的增加，电压自动下降至电弧正常工作时所需的电压，一般是20～40 V。而在短路时，又能使短路电流不致过大而烧毁电路或变压器本身。

交流弧焊机的电流调节要经过粗调和细调两个步骤。粗调是改变线圈抽头的接法选定电流范围(如图 5-2-3，按左边电极接法为 50～150 A，按右边电极接法为 175～430 A)。细调是借转动调节手柄，并根据电流指示盘将电流调节到所需值。

优先选用交流弧焊机，限于酸性焊条焊接。图 5-2-3 为 BX3-300 型交流弧焊机。

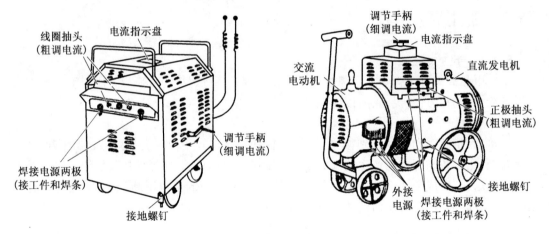

图 5-2-3 BX3-300 型交流弧焊机   图 5-2-4 旋转式直流弧焊机

(2) 直流弧焊机

直流弧焊机分为旋转式直流弧焊机和整流式直流弧焊机两类。

① 旋转式直流弧焊机 如图 5-2-4 所示，是由一台交流电动机和一台直流焊接发电机组成。直流焊接发电机由同轴的交流电动机带动供给满足焊接要求的直流电。常用的型号有 AX7-500 型直流弧焊机。

直流弧焊机的电流调节也分为粗调和细调。粗调是通过改变焊机接线板上的接线位置(即改变发电机电刷位置)来实现的；细调是利用装在焊机上端的可调电阻进行的。这种弧焊机引弧容易，电流稳定，焊接质量较好，并能适应各类焊条的焊接，但结构复杂，噪音较大，价格较贵。在焊接质量要求较高或焊接薄的碳钢件、有色金属铸件和特殊钢件时宜选用这种焊机。

② 整流式直流弧焊机(又称弧焊整流器)　它是通过整流器把交流电转变为直流电,既具有比旋转式直流弧焊机结构简单、造价低廉、效率高、噪音小、维修方便等优点,又弥补了交流弧焊机电弧不稳定的不足。图5-2-5为ZXG-300型硅整流式直流弧焊机。

直流弧焊机输出端有正、负极之分,焊接时电弧两极极性不变。焊件接电源正极,焊条接电源负极的接线法称为正接,也称为正极性,如图5-2-6(a);反之称反接,也称为反极性,如图5-2-6(b)。焊接厚板或熔点较高的金属时,一般采用直流正接,焊接薄板或熔点较低的金属时,一般采用直流反接。但在使用碱性焊条时,均采用直流反接。

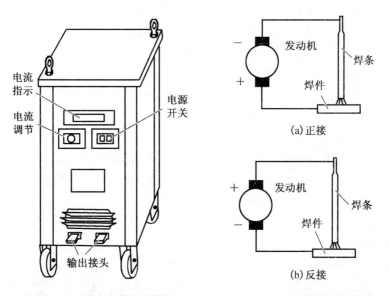

图5-2-5　整流式直流弧焊机　　　　图5-2-6　直流弧焊机的正反接法

3) 焊条

焊条是涂有药皮的供手弧焊用的熔化电极。

(1) 焊条的组成和各部分作用

焊条由焊芯和药皮两部分组成。

焊芯是焊条内的金属丝。在焊接过程中起到电极、产生电弧和熔化后填充焊缝的作用。为保证焊缝金属具有良好的塑性、韧性和减少产生裂纹的倾向,焊芯必须选用经过专门冶炼具有低碳、低硅、低磷的金属丝制成。

药皮是压涂在焊芯表面上的涂料层,是由矿石粉、有机物粉、铁合金粉和粘结剂等原料按一定比例配制而成。药皮的主要作用是:引弧、稳弧、保护焊缝(不受空气中有害气体侵害)及去除杂质。

焊条的直径是表示焊条规格的一个主要尺寸,是由焊芯的直径来表示的。常用的直径有2.0~6.0 mm,长度为300~400 mm。

(2) 焊条的种类与型号

焊条按用途不同分为若干类,如碳钢焊条、低合金钢焊条、不锈钢焊条等。碳钢焊条型号是以字母"E"加四位数字组成。"E"表示焊条,前面两位数字表示熔敷金属的最低抗拉强度值。第三位数字表示焊接位置,"0"及"1"表示焊条适用于全位置焊接;"2"表示焊条适用于平焊或平角焊。第三位和第四位数字组合时,表示焊接电流种类和药皮类型,"03"表示钛钙型药皮,交直流两用;"05"表示低氢型药皮,只能用直流电源(反接法)焊接。如E4315 表示熔敷金属的最低抗拉强度为 430 MPa,全位置焊接,低氢钠型药皮,直流反接使用。

焊条按药皮熔渣化学性质分为酸性焊条和碱性焊条两大类。

① 酸性焊条 熔渣中含有较多的酸性氧化物如 SiO_2、TiO_2 的焊条。酸性焊条能交、直流焊机两用,焊接工艺性能较好,但焊缝的力学性能,特别是冲击韧度较差,适用于一般的低碳钢和相应强度等级的低合金钢结构的焊接。

② 碱性焊条 熔渣中含有较多的碱性氧化物如 CaO、CaF_2 的焊条。碱性焊条一般用于直流焊机,只有在药皮中加入较多稳弧剂后,才适于交、直流电源两用。碱性焊条脱硫、脱磷能力强,焊缝金属具有良好的抗裂性和力学性能,特别是冲击韧度很高,但工艺性能差。主要适用于低合金钢、合金钢及承受动载荷的低碳钢等重要结构的焊接。

4)手弧焊工艺

(1)接头形式和坡口形式

根据焊件厚度和工作条件的不同,需要采用不同的焊接接头形式。常用的有对接、搭接、角接和 T 字接几种,如图 5-2-7。对接接头受力比较均匀,是用得最多的一种,重要的受力焊缝应尽量选用。

坡口的作用是为了保证电弧深入焊缝根部,使根部能焊透,以便清除熔渣,获得较好的焊缝成形和焊接质量。

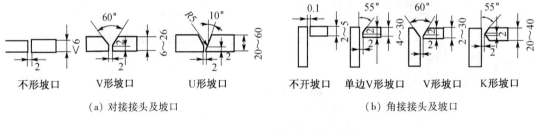

(a)对接接头及坡口   (b)角接接头及坡口

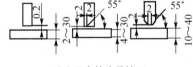

(c)T 字接头及坡口

图 5-2-7 手弧焊接头及坡口

选择坡口形式时,主要考虑下列因素:是否能保证焊缝焊透;坡口形式是否容易加工;应尽可能提高劳动生产率、节省焊条;焊后变形尽可能小等。常用的坡口形式见图 5-2-7。

(2)焊接空间位置

按焊缝在空间的位置不同,可分为平焊、立焊、横焊和仰焊,如图 5-2-8。平焊操作方便,劳动强度小,液体金属不会流散,易于保证质量,是最理想的操作空间位置,应尽可能地采用。

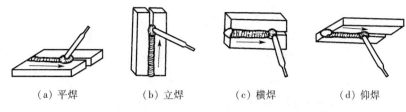

（a）平焊　　　　（b）立焊　　　　（c）横焊　　　　（d）仰焊

图5-2-8　焊缝的空间位置

（3）工艺参数及其选择

焊接时，为保证焊接质量而选定的诸物理量（例如，焊条直径、焊接电流、焊接速度和弧长等）的总称即焊接工艺参数。

焊条直径的粗、细主要取决于焊件的厚度。焊件较厚，则应选较粗的焊条；焊件较薄，则相反。焊条直径的选择参见表5-2-1。立焊和仰焊时，焊条直径比平焊时可细些。

表5-2-1　焊条直径选择

焊件厚度/mm	≤2	3	4~7	8~12	>12
焊条直径/mm	1.6, 2.0	2.5, 3.2	3.2, 4.0	4.0, 5.0	4.0, 5.8

焊接电流应按焊条直径选取。平焊低碳钢时，焊接电流 I（A）和焊条直径 d（mm）的关系为：

$$I = (30 ~ 60)d$$

上述求得的焊接电流只是一个初步数值，还要根据焊件厚度、接头形式、焊接位置、焊条种类等因素，通过试焊进行调整。

焊接速度是指单位时间内完成的焊缝长度，它对焊缝质量影响很大。焊速过快，易产生焊缝的熔深浅，焊缝宽度小，甚至可能产生夹渣和焊不透的缺陷；焊速过慢，焊缝熔深较深、焊缝宽度增加，特别是薄件易烧穿。手弧焊时，焊接速度由焊工凭经验掌握。一般在保证焊透的情况下，应尽可能增加焊接速度。

弧长是指焊接电弧的长度。弧长过长，燃烧不稳定，熔深减小，空气易侵入产生缺陷。因此，操作时尽量采用短弧，一般要求弧长不超过所选择焊条直径，多为2~4 mm。

（4）焊接操作

① 接头清理　焊接前接头处除尽铁锈、油污，以便于引弧、稳弧和保证焊缝质量。

② 引弧　常用的引弧方法有划擦法和敲击法，如图5-2-9所示。焊接时将焊条端部与焊件表面划擦或轻敲后迅速将焊条提起2~4 mm的距离，电弧即被引燃。

③ 运条　引弧后，首先必须掌握好焊条与焊件之间的角度，见图5-2-10，并使焊条同时完成如图5-2-11所示的三个基本动作：焊条沿其轴线向熔池送进，焊条沿焊缝纵向移动和焊条沿焊缝横向摆动（为了获得一定宽度的焊缝）。

④ 焊缝收尾　焊缝收尾时，要填满弧坑，为此焊条要停止前移，在收弧处画一个小圈并慢慢将焊条提起，拉断电弧。

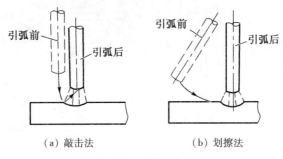

(a) 敲击法　　　　　　　　(b) 划擦法

图 5-2-9　引弧方法

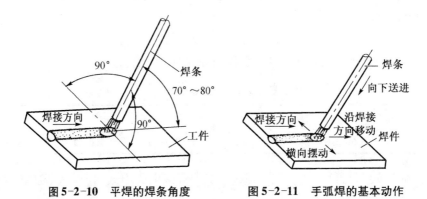

图 5-2-10　平焊的焊条角度　　　图 5-2-11　手弧焊的基本动作

5.2.2　气焊与气割

1) 气焊

气焊是利用气体火焰作热源的焊接方法。最常用的是氧-
乙炔焊,如图 5-2-12。乙炔是燃烧气体,氧气是助燃气体。

与电弧焊相比,气焊设备简单,操作灵活方便,不带电源。
但气焊火焰温度较低,且热量较分散,生产率低,工件变形严
重,焊接质量较差,所以应用不如电弧焊广泛。主要用于焊接
厚度在 3 mm 以下的薄钢板,铜、铝等有色金属及其合金,低熔
点材料以及铸铁焊补和野外操作等。

(1) 气焊设备与焊丝

① 气焊设备　气焊所用设备及气路连接如图 5-2-13
所示。

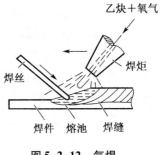

图 5-2-12　气焊

氧气瓶　氧气瓶是运输和贮存高压氧气的钢瓶。其容积为 40 L,最高压力为 14.7 MPa,
外表漆成天蓝色,并用黑漆写上"氧气"字样。

乙炔瓶　乙炔瓶是贮存溶解乙炔的钢瓶,如图 5-2-14。瓶内装有浸满丙酮的多孔填
充物(活性炭、木屑等)。丙酮对乙炔有良好的溶解能力,可使乙炔稳定而安全地贮存在
瓶中。在乙炔瓶阀下面的填料中心部分放着石棉,作用是帮助乙炔从多孔填料中分解出
来。乙炔瓶限压 1.52 MPa,容积为 40 L。乙炔瓶表面涂成白色,并用红漆写上"乙炔"
字样。

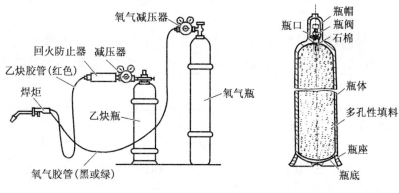

图 5-2-13 气焊设备及连接   图 5-2-14 乙炔瓶

　　减压器　减压器是用来将氧气瓶(或乙炔瓶)中的高压氧(或乙炔),降低到焊炬需要的工作压力,并保持焊接过程中压力基本稳定的仪表,见图 5-2-15。减压器使用时,先缓慢打开氧气瓶(或乙炔瓶)阀门,然后旋转减压器调压手柄,待压力达到所需要时为止。停止工作时,先松开调压螺钉,再关闭氧气瓶(或乙炔瓶)阀门。

　　回火保险器　回火保险器是装在乙炔减压器和焊炬之间防止火焰沿乙炔管道回烧的安全装置,见图 5-2-16。正常气焊时,火焰在焊嘴外面燃烧,但当气体压力不足、焊嘴阻塞、焊嘴太热或焊嘴离焊件太近时,气体火焰进入喷嘴内逆向燃烧,这种现象称为回火。如果火焰蔓延到乙炔瓶就会发生严重的爆炸事故,所以在乙炔瓶的输出管道上必须装置回火保险器。

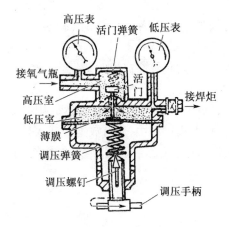

图 5-2-15 减压器

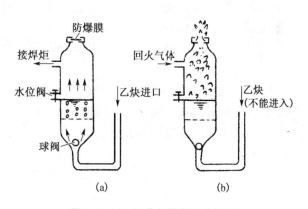

图 5-2-16 回火保险器工作原理

　　焊炬　焊炬是用于控制气体混合比、流量及火焰并进行焊接的工具,如图 5-2-17。常用型号有 H01-2 和 H01-6 等。型号中"H"表示焊炬,"0"表示手工,"1"表示射吸式,"2"和"6"表示可焊接低碳

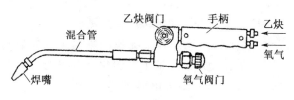

图 5-2-17 射吸式焊炬

钢板的最大厚度为 2 mm 和 6 mm。各种型号的焊炬均配有 3~5 个大小不同的焊嘴,以便焊接不同厚度的焊件时选用。

② 焊丝　气焊的焊丝是焊接时作为填空金属与熔化的母材一起形成焊缝的金属丝。

焊丝的质量对焊件性能影响很大。焊接低碳钢常用的气焊丝为 H08 和 H08A。焊丝直径应根据焊件厚度来选择,一般为 2~4 mm。

除焊接低碳钢外,气焊时要使用气焊熔剂,其作用是保护熔池金属,去除焊接过程中产生的氧化物,增加液态金属的流动性。

（2）气焊火焰

改变乙炔和氧气的混合比例,可以得到三种不同的火焰即中性焰、碳化焰和氧化焰,见图 5-2-18。

① 中性焰　当氧气和乙炔的体积比为 1.1~1.2 时,产生的火焰为中性焰,又称正常焰。它由焰心、内焰和外焰组成,靠近喷嘴处为焰心,呈白亮色,其次为内焰,呈蓝紫色,最外层为外焰,呈橘红色。火焰的最高温度产生在焰心前端约 2~4 mm 的内焰区,可达 3150 ℃,焊接时应以此区来加热工件和焊丝。

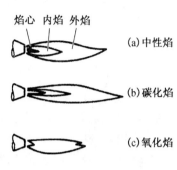

图 5-2-18　氧-乙炔焰

中性焰用于焊接低碳钢、中碳钢、合金钢、紫铜和铝合金等材料,是应用最广泛的一种气焊火焰。

② 碳化焰　当氧气和乙炔的体积比小于 1.1 时,则得到碳化焰。由于氧气较少,燃烧不完全,整个火焰比中性焰长。当乙炔过多时,还冒黑烟（碳粒）。

碳化焰用于焊接高碳钢、铸铁和硬质合金等材料。

③ 氧化焰　当氧气和乙炔的体积比大于 1.2 时,则得到氧化焰。由于氧气较多,燃烧剧烈,火焰明显缩短,焰心呈锥形,火焰几乎消失,并有较强的嘶嘶声。

氧化焰易使金属氧化,故用途不广,仅用于焊接黄铜,以防止锌在高温时蒸发。

（3）气焊基本操作

① 点火、调节火焰和灭火　点火时,先稍开一点氧气阀门,再开乙炔阀门,然后用明火点燃,最后逐渐开大氧气阀门调节到所需的火焰状态。在点火过程中,若有放炮声或火焰熄灭,应立即减少氧气或放掉不纯的乙炔,再点火。灭火时,应先关乙炔阀门,后关氧气阀门,否则会引起回火。

② 平焊焊接　气焊时,右手握焊炬,左手拿焊丝。在焊接开始时,为了尽快地加热和熔化工件形成熔池,焊炬倾角应大些,接近于垂直工件,如图 5-2-19 所示。正常焊接时,焊炬倾角一般保持在 40°~50° 之间。焊接结束时,则应将倾角减小一些,以便更好地填满弧坑和避免焊穿。焊炬向前移动的速度应能保证工件熔化并保持熔池具有一定的大小。工件熔化形成熔池后,再将焊丝适量地点入熔池内熔化。

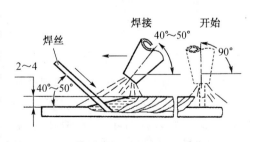

图 5-2-19　焊炬倾角

2）切割

（1）气割

气割是利用气体火焰（如氧、乙炔火焰）以热能将工件切割处预热到一定温度后，喷出高速切割氧流，使其燃烧并放出热量实现切割的方法，见图5-2-20。在切割过程中金属不熔化。与纯机械切割相比，气割具有效率高、适用范围广等特点。

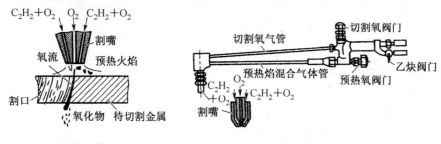

图5-2-20　气割过程　　　　　　　　图5-2-21　割炬

手工气割的割炬如图5-2-21所示，和焊炬相比，增加了输出切割氧气的管路和控制切割氧气的阀门。

（2）等离子弧切割

等离子弧切割是利用高能量密度等离子弧和高速的等离子流把已熔化的材料吹走，形成割缝的切割方法。用于切割的等离子弧是电弧经过热、电、机械等压缩效应后形成的。等离子弧能量集中，吹力强，温度达10 000 ℃ ~ 30 000 ℃。

表5-2-2为气割与等离子弧切割的比较。

表5-2-2　气割与等离子弧切割的比较

名称	切割方法	特点及应用
气割	利用气体火焰（如氧-乙炔火焰）的热能将工件切割处预热到一定温度（金属的燃点）后，喷出高速切割氧气流，使其燃烧并吹走氧化物形成割缝的方法	火焰温度低，热量不集中，变形大，切口粗糙，精度低，但操作方便，成本低。被切割金属应具备以下条件：金属的燃点应低于其熔点，燃烧生成的金属氧化物熔点应低于金属本身熔点，金属燃烧时应放出足够的热量及金属导热性要低。适于气割的材料有：低碳钢、中碳钢、普通低合金钢、硅钢、锰钢等不能切割有色金属、不锈钢、高碳钢、铸铁等材料
等离子弧切割	利用高能量密度等离子弧加热金属至熔化状态，由高速喷出的等离子气体把已熔化的材料吹走而形成割缝的切割方法	高速、高效、高质量，切割效率比气割高1 ~ 3倍，切口光滑，可用于有色金属、不锈钢、高碳钢、铸铁等难于气割的材料的切割，切割厚度可达150 ~ 200 mm

5.3　其他焊接方法与焊接新工艺简介

5.3.1　其他焊接方法

1）埋弧自动焊

埋弧自动焊是电弧在焊剂层下燃烧，利用机械自动控制引弧、送进焊丝和移动电弧的一种电弧焊方法。图 5-3-1 为埋弧自动焊的焊缝形成过程。

埋弧自动焊与手弧焊相比具有下列特点：

（1）焊接质量好。这是由于埋弧焊用熔融焊剂形成的渣膜保护焊接区，保护可靠。

（2）熔透能力强，生产率高。这是由于埋弧焊用光焊丝，导电长度短，可使用很大的焊接电流且焊丝废料少。

（3）劳动条件好。埋弧焊弧光不外露，焊接过程机械化、自动化。

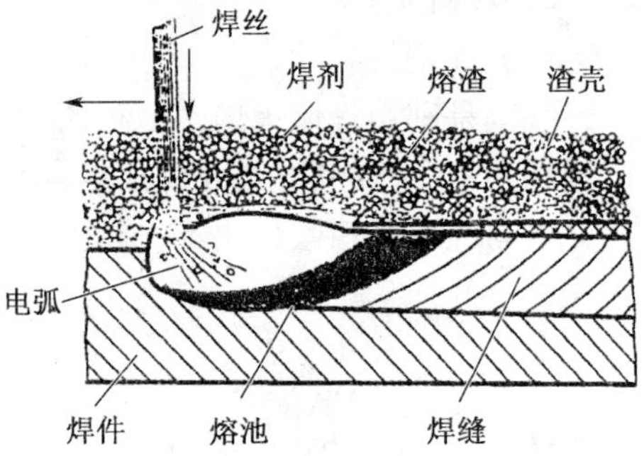

（4）设备较复杂，适应性差。只能平焊较长的直缝和直径较大的环缝，适合于中厚板焊件的批量生产。

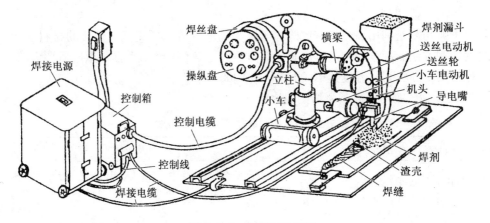

图 5-3-1　埋弧自动焊焊缝形成过程

埋弧自动焊机由焊接电源、控制箱和焊车三部分组成。图 5-3-2 所示 MZ-1000 型埋弧自动焊机是一种常用的埋弧自动焊机。焊机型号中，"M"表示埋弧焊机，"Z"表示自动焊机，"1 000"表示额定焊接电流为 1 000 A。

图 5-3-2　埋弧自动焊机

2）气体保护焊

气体保护焊是用外加气体作为电弧介质并保护电弧和焊接区的电弧焊。常用的气体保护焊有氩弧焊和二氧化碳气体保护焊。

（1）氩弧焊

氩弧焊是利用氩气（Ar）作为保护气体的气体保护焊。按照电极的不同分为熔化极氩弧焊和非熔化极氩弧焊，如图 5-3-3。

氩弧焊具有以下特点：

① 由于氩气是惰性气体，它既不与金属发生化学反应使被焊金属和合金元素受到损失，又不溶解于金属引起气孔，因而是一种理想的保护气体，能获得高质量的焊缝；

② 氩气的导热系数小，且是单原子气体，高温时不分解吸热，电弧热量损失小，所以氩弧一旦引燃，电弧就很稳定；

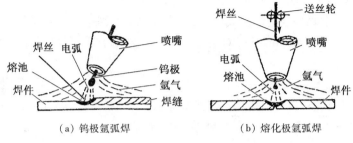

（a）钨极氩弧焊　　　　　　（b）熔化极氩弧焊

图5-3-3　氩弧焊

③ 明弧焊接,便于观察熔池,进行控制,可以进行各种空间位置的焊接,且易于实现自动控制;

④ 氩气价格贵,焊接成本高。此外,氩弧焊设备较复杂,维修较为困难。

氩弧焊目前主要适用于焊接易氧化的有色金属(如铝、镁、钛及其合金)、高强度合金钢及某些特殊性能钢(如不锈钢、耐热钢)等。图5-3-4为NSA-500型钨极氩弧焊机的结构示意图。

（2）二氧化碳气体保护焊

二氧化碳气体保护焊是利用CO_2作为保护气体的气体保护焊,简称CO_2焊。它用焊丝作电极并兼作填充金属,以自动或半自动方式进行焊接。目前应用较多的是半自动CO_2焊机,如图5-3-5。

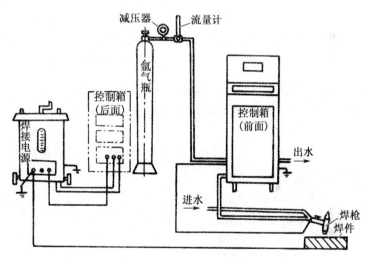

图5-3-4　手工钨极氩弧焊机

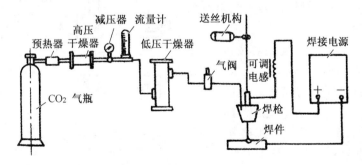

图5-3-5　CO_2半自动焊机

CO_2 焊采用廉价的 CO_2 气体,成本低;电流密度大,不用清渣,生产率高;操作灵活,适于各种位置焊接。其主要缺点是焊缝成形差,飞溅大,焊接设备较复杂,维修不便,需采用含强脱氧剂的专用焊丝(如 H08Mn2SiA)对熔池脱氧。主要用于低碳钢和低合金钢的焊接。

3)电阻焊

电阻焊是利用电流通过焊件接头的接触面及邻近区域产生的电阻热,把焊件加热到塑性状态或局部熔化状态,再在压力作用下形成牢固接头的一种压焊方法。

电阻焊的基本形式有点焊、缝焊和对焊三种,如图 5-3-6 所示。

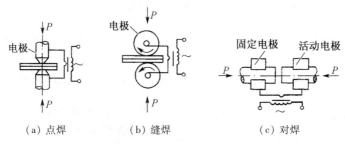

（a）点焊　　　　（b）缝焊　　　　　（c）对焊

图 5-3-6　电阻焊的基本形式

电阻焊的生产率高,不需填充金属,焊接变形小。操作简单,易于实现自动化和机械化。电阻焊设备较复杂,投资较多,通常适用于大批量生产。

（1）点焊

点焊是将焊件装配成搭接接头,并压紧在两柱状电极之间,利用电阻热熔化母材金属,形成焊点的电阻焊方法。

点焊焊点强度高,变形小,工件表面光洁,适用于密封要求不高的薄板冲压件搭接及薄板、型钢构件的焊接。

（2）缝焊(又称滚焊)

缝焊是将焊件装配成搭接或对接接头并置于两滚轮电极之间,滚轮加压焊件并转动,连续或断续送电,形成一条连续焊缝的电阻焊方法。缝焊适用于 3 mm 以下厚度、要求密封或接头强度要求较高的薄板搭接件的焊接。

（3）对焊

按操作方法不同,对焊可分为电阻对焊和闪光对焊两种。

电阻对焊是将焊件装配成对接接头,使其端面紧密接触,利用电阻热加热至塑性状态,然后迅速施加顶锻力完成焊接的方法。它的焊接过程是:预压-通电-顶锻、断电-去压,如图 5-3-7(a)所示。这种焊接方法操作简单,接头比较光洁,但由于接头内部残留杂物,因此强度不高。

闪光对焊是将焊件装配成对接接头,接

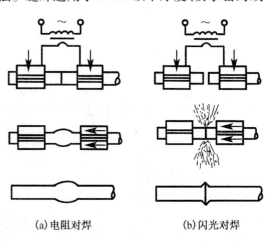

(a)电阻对焊　　　　(b)闪光对焊

图 5-3-7　对焊

通电源,并使其端面逐渐移近达到局部接触,利用电阻热加热这些接触点(产生闪光),使端面金属熔化,直至端部在一定深度范围内达到预定温度时,迅速施加顶锻力完成焊接的方法。它的焊接过程是:通电-闪光加热-顶锻、断电-去压,如图5-3-7(b)所示。这种焊接方法对接头顶端的加工清理要求不高,由于液体金属的挤出过程使接触面间的氧化物杂质得以清除,接头质量较高,故得到普遍应用。但是,金属消耗较多,而且接头表面较粗糙。

对焊广泛用于断面形状相同或近似相同的杆状类零件的焊接。

4)钎焊

钎焊是用比焊件熔点低的金属作钎料,将焊件和钎料加热到适当温度,焊件不熔化,钎料熔化填满接头间隙,并与焊件相互扩散,冷凝后将焊件连接起来的焊接方法。

钎焊加热温度低,母材不熔化,焊接应力和变形小,尺寸精度高,但接头强度较低,耐热性差。

钎焊加热方法有:烙铁、火焰、电阻、感应、盐浴、激光、气相(凝聚)加热等。

钎焊时,一般要加钎剂(熔剂),作用是清除钎料和焊件表面的氧化物,保证焊件和液态钎料在焊接过程中免于氧化;改善液态钎料对工件的润湿性。铜焊时,采用硼砂、硼酸为钎剂;锡焊时,常用松香、焊锡膏或氯化锌水溶液为钎剂。

按钎料熔点不同,钎焊分为硬钎焊和软钎焊两种。硬钎焊是使用钎料熔点高于450 ℃的硬钎料(常用的有铜基钎料和银基钎料)进行的钎焊。硬钎焊接头强度较高,适合于焊接受力较大、工作温度较高的焊件,如硬质合金刀头的焊接。软钎焊是使用钎料熔点低于450 ℃的软钎料(常用的有锡铅钎料)进行的钎焊。软钎焊接头强度较低,适合于焊接受力小、工作温度较低的焊件,如电器或仪表线路接头的焊接。

5.3.2 焊接新工艺简介

1)摩擦焊

利用焊件表面相互摩擦所产生的热,使端面达到热塑性状态,然后迅速顶锻,完成焊接的一种压焊方法,如图5-3-8。其特点是质量好而稳定、生产率高、易实现自动化、表面清理要求不高等,尤其适合于异种材料焊接,如各种铝-铜过渡接头、铜-不锈钢水电接头、石油钻杆、电站锅炉蛇形管和阀门等。但设备投资大,工件必须有一个是回转体,而且不宜焊摩擦系数小的材料或脆性材料。

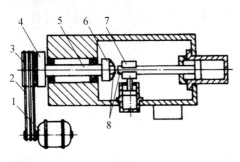

图5-3-8 摩擦焊机

1—电动机;2—传动带;3—带轮;4—转动制动装置;
5—主轴;6—转动夹具;7—转动夹具;8—焊件

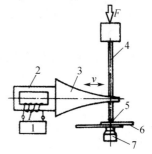

图5-3-9 超声波焊

1—发生器;2—换能器;3—聚能器;
4—耦合杆;5—上声极;6—焊件;
7—下声极

2）超声波焊

利用超声波的高频振荡,对焊件接头进行局部加热和表面清理,然后施加压力实现焊接的一种压焊方法,如图5-3-9。因焊接过程中无电流流经焊件,也无火焰、电弧等热源作用,所以焊件表面无变形、无热影响区,表面无需严格清理,焊接质量好,适合于厚度小于0.5 mm的工件焊接,尤其适用于异种材料的焊接,但功率小,应用受限。

3）爆炸焊

利用炸药爆炸产生的冲压力造成焊件的迅速碰撞,实现连接焊件的一种压焊方法。任何具有足够强度和塑性并能承受工艺过程所要求的快速变形的金属,均可以进行爆炸焊。主要用于材料性能差异大而且其他方法难焊的场合,如铝-钢、钛-不锈钢、钽、锆等的焊接,也可用于制造复合板。爆炸焊无需专用设备,工件形状、尺寸不限,但以平板、圆柱、圆锥形为宜。

4）电渣焊

电渣焊是利用电流通过液体熔渣所产生的电阻热进行熔焊的方法。可用于焊接大厚度工件(通常用于板厚36 mm以上的工件,最大厚度可达2 m),生产效率比电弧焊高,不开坡口,只在接缝处保持20~40 mm的间隙,节省钢材和焊接材料,因此经济效益好。可以"以焊代铸""以焊代锻",减轻结构质量。其点是焊接接头晶粒粗大。对于重要结构,可通过焊后热处理来细化晶粒,改善力学性能。

5）电子束焊

在真空环境中,从炽热阴极发射的电子被高压静电场加速,并经磁场聚集成高能量密度的电子束,以极高的速度轰击焊件表面,由于电子运动受阻而被制动,遂将动能变为热能而使焊件熔化,从而形成牢固的接头。其特点是焊速很快,焊缝深而窄,热影响区和焊接变形极小,焊缝质量较高。能焊接其他焊接工艺难于焊接的形状复杂的焊件,能焊接特种金属和难熔金属,也适用于异种金属及金属与非金属的焊接等。

6）激光焊

以聚集的激光束作为热源轰击焊件所产生的热量进行焊接的方法。其特点是焊缝窄,热影响区和变形极小。激光束在大气中能远距离传射到焊件上,不像电子束那样需要真空室,但穿透能力不及电子束焊。激光焊可进行同种金属或异种金属间的焊接,其中包括铝、铜、银、钼、镍、锆、铌以及难熔金属材料等,甚至还可焊接玻璃钢等非金属材料。

5.4 焊件的质量检验与缺陷分析

5.4.1 焊件的质量检验

焊件焊完后,应根据产品技术要求进行检验。常用的检验方法有:外观检验、无损探伤及水压试验等。

外观检验是用肉眼或借助标准样板、量具等,必要时用低倍数放大镜,检验焊缝表面缺陷和尺寸偏差。

无损探伤常用的方法是渗透探伤、磁粉探伤、射线探伤和超声探伤等。

水压试验用来检验受压容器的强度和焊缝的致密性,一般是超载检验,实验压力为工作压力的 1.25 ~ 1.5 倍。

5.4.2　焊件的缺陷分析

常见的焊件缺陷及其分析见表 5-4-1。

表 5-4-1　常见的焊件缺陷及其分析

缺陷名称	图例	特征	产生的原因
焊缝外形尺寸不合要求	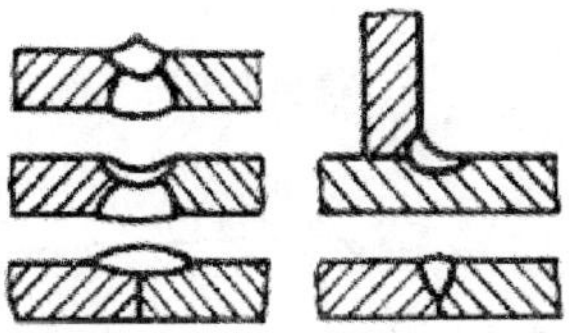	焊缝太高或太低;焊缝宽窄很不均匀;角焊缝单边下陷量过大	(1) 焊接电流过大或过小 (2) 焊接速度不当 (3) 焊件坡口不当或装配间隙很不均匀
咬边	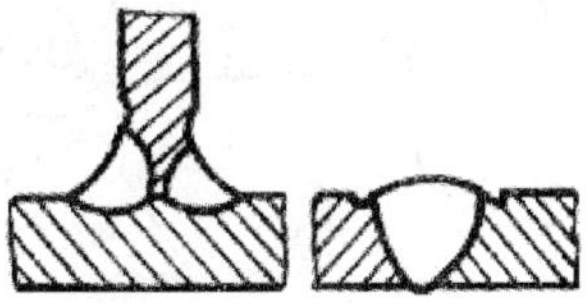	焊缝与焊件交界处凹陷	(1) 电流太大,运条不当 (2) 焊条角度和电弧长度不当
气孔		焊缝内部(或表面)的孔穴	(1) 熔化金属凝固太快 (2) 焊接材料不干净 (3) 电弧太长或太短 (4) 焊接材料化学成分不当
夹渣		焊缝内部和熔合线内存在非金属夹杂物	(1) 焊件边缘及焊层之间清理不干净,焊接电流太小 (2) 熔化金属凝固太快 (3) 运条不当 (4) 焊接材料成分不当
未焊透	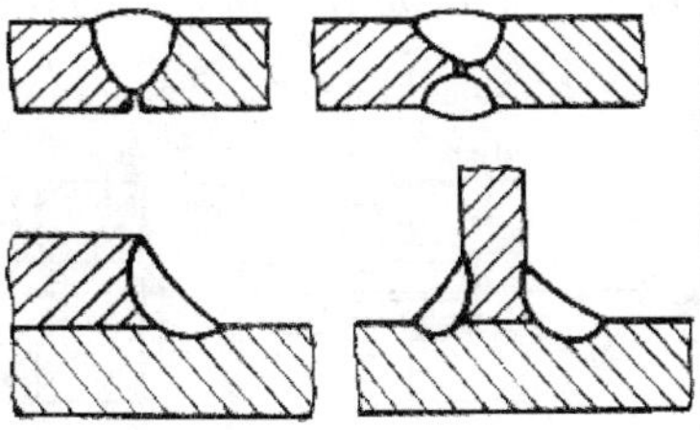	焊缝金属与焊件之间,或焊缝金属之间的局部未熔合	(1) 焊接电流太小,焊接速度太快 (2) 焊件制备或装配不当,如坡口太小,钝边太厚,间隙太小等 (3) 焊条角度不对
裂缝	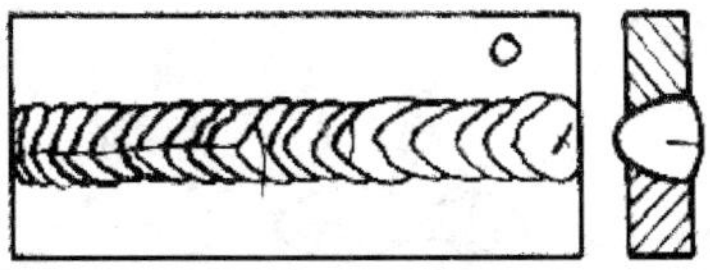	焊缝、热影响区内部或表面缝隙	(1) 焊接材料化学成分不当 (2) 熔化金属冷却太快 (3) 焊接结构设计不合理 (4) 焊接顺序或焊接措施不当

6 车 削

6.1 概述

车削加工是指在车床上利用工件的旋转和刀具的移动,从工件表面切除多余材料,使其成为符合一定形状、尺寸和表面质量要求的零件的一种切削加工方法,如图 6-1-1。其中工件的旋转为主运动,刀具的移动为进给运动。

车削加工主要用来加工零件上的回转表面,加工精度达 IT11 ~ IT6,表面粗糙度 R_a 值达 12.5 ~ 0.8 μm。

车床是金属切削机床中数量最多的一种,大约占机床总数的一半,其中大部分为卧式车床。

车削加工应用范围很广泛,它可完成的主要工作如图 6-1-2。

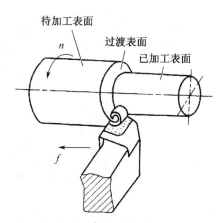

图 6-1-1 车削

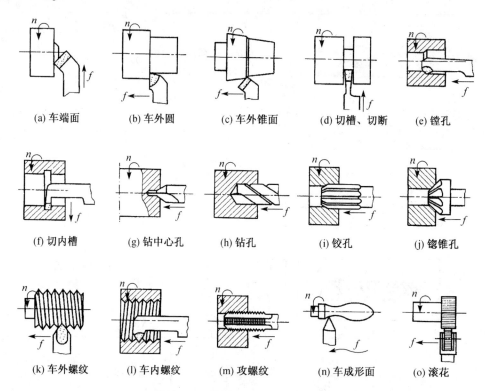

(a) 车端面	(b) 车外圆	(c) 车外锥面	(d) 切槽、切断	(e) 镗孔
(f) 切内槽	(g) 钻中心孔	(h) 钻孔	(i) 铰孔	(j) 锪锥孔
(k) 车外螺纹	(l) 车内螺纹	(m) 攻螺纹	(n) 车成形面	(o) 滚花

图 6-1-2 车床可完成的主要工作

6.2 车 床

6.2.1 车床的型号

车床型号是按 GB/T 15375—2008《金属切削机床 型号编制方法》规定的,由汉语拼音字母和阿拉伯数字组成。C6132 型卧式车床的型号含义如下:

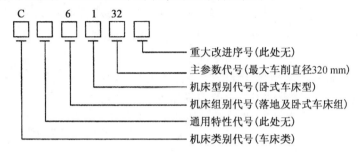

重大改进序号(此处无)
主参数代号(最大车削直径320 mm)
机床型别代号(卧式车床型)
机床组别代号(落地及卧式车床组)
通用特性代号(此处无)
机床类别代号(车床类)

6.2.2 卧式车床的组成

C6132 型卧式车床的主要组成部分如图 6-2-1 所示。

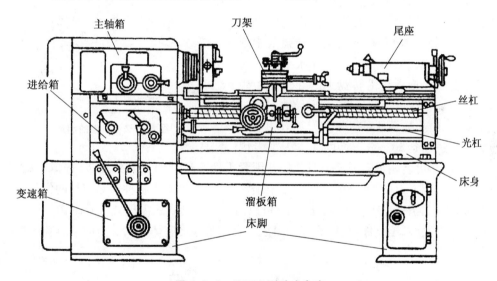

图 6-2-1 C6132 型卧式车床

① 床身 床身是车床的基础零件,用来支承和连接各主要部件并保证各部件之间有严格正确的相对位置。床身的上面有内、外两组平行的导轨。外侧的导轨用于大拖板的运动导向和定位,内侧的导轨用于尾座的移动导向和定位。床身的左右两端分别支承在左右床脚上。床脚固定在地基上。左右床脚内分别装有变速箱和电气箱。

② 变速箱 电机的运动通过变速箱内的变速齿轮,可变化成六种不同的转速从变速箱输出,并传递至主轴箱。车床主轴的变速主要在这里进行。这样的传动方式称为分离传动,其目的在于减小机械传动中产生的振动及热量对主轴的不良影响,提高切削加工质量。

③ 主轴箱 主轴箱安装在床身的左上端。主轴箱内装有一根空心的主轴及部分变速

机构。变速箱传来的六种转速通过变速机构,变成主轴十二种不同的转速。主轴的通孔中可以放入工件棒料。主轴右端(前端)的外锥面用来装夹卡盘等附件,内锥面用来装夹顶尖。车削过程中主轴带动工件旋转,实现主运动。

④ 进给箱 进给箱内装有进给运动的变速齿轮。主轴的旋转运动通过齿轮传入进给箱,经过变速机构带动光杠或丝杠以不同的转速转动,最终通过溜板箱而带动刀具移动,实现进给运动。

⑤ 光杠和丝杠 光杠和丝杠将进给箱的运动传给溜板箱。车外圆、车端面等自动进给时,用光杠传动;车螺纹时用丝杠传动。丝杠的传动精度比光杠高。光杠和丝杠不得同时使用。

⑥ 溜板箱 溜板箱与大拖板连在一起。它将光杠或丝杠传来的旋转运动通过齿轮、齿条机构(或丝杠、螺母机构)带动刀架上的刀具作直线进给运动。

⑦ 刀架 刀架是用来装夹刀具的。刀架能够带动刀具作多个方向的进给运动。为此,刀架做成多层结构,如图 6-2-2,从下往上分别是大拖板、中拖板、转盘、小拖板和四方刀架。

大拖板可带动车刀沿床身上的导轨作纵向移动。中拖板可以带动车刀沿大拖板上的导轨(与床身上导轨垂直)作横向运动。转盘与中拖板用螺栓相连,松开螺母,转盘可在水平面内转动任意角度。小拖板可沿转盘上的导轨做短距离移动。当转盘转过一个角度,其上导轨亦转过一个角度,此时小拖板便可以带动刀具沿相应的方向作斜向进给运动。最上面的四方刀架专门

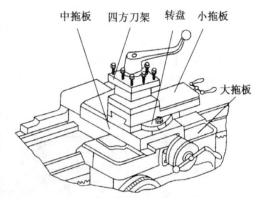

图 6-2-2 刀架的组成

夹持车刀,最多可装四把车刀。逆时针松开锁紧手柄可带动四方刀架旋转,选择所用刀具;顺时针旋转时四方刀架不动,但将四方刀架锁紧,以承受加工中各种力对刀具的作用。

⑧ 尾座 尾座装在床身内侧导轨上,可以沿导轨移动到所需位置。其结构如图 6-2-3所示。尾座由底座、尾座体、套筒等部分组成。套筒装在尾座体上。套筒前端有莫氏锥孔,

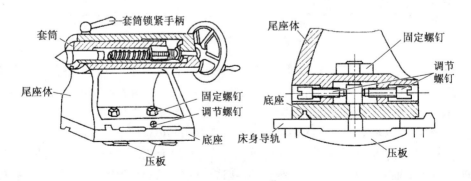

图 6-2-3 尾座的结构

用于安装顶尖支承工件或用来装钻头、铰刀、钻夹头。套筒后端有螺母与一轴向固定的丝杆相连接,摇动尾座上的手轮使丝杆旋转,可以带动套筒向前伸或向后退。当套筒退至终点位置时,丝杆的头部可将装在锥孔中的刀具或顶尖顶出。移动尾座及其套筒前均须松开各自的锁紧手柄,移到位置后再锁紧。松开尾座体与底座的固定螺钉,用调节螺钉调整尾座体的横向位置,可以使尾座顶尖中心与主轴顶尖中心对正,也可以使它们偏离一定距离,用来车削小锥度长锥面。

6.2.3　C6132 车床的传动系统

C6132 车床的传动系统(如图 6-2-4 所示)由主运动传动系统和进给运动传动系统两部分组成(图 6-2-5)。

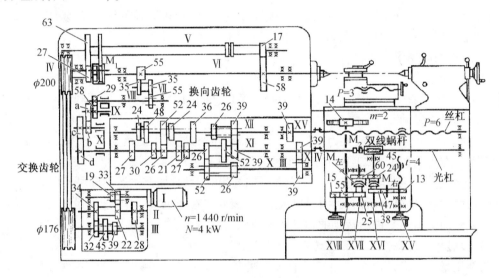

图 6-2-4　C6132 车床传动系统

1) 主运动传动系统

在车床上主运动是指主轴带动工件所作的旋转运动。主轴的转速常用 $n_主$ 来表示,单位为 r/min。主运动传动系统是指从电机到主轴之间的传动系统,如图 6-2-5 所示。

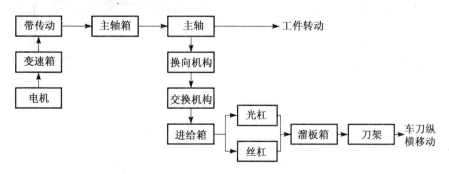

图 6-2-5　传动系统框图

2) 进给运动传动系统

车床上的进给运动是指刀具相对于工件的移动。进给运动用进给量 f 来描述,单位是

mm/r,意指主轴旋转一周,刀具相对工件沿纵向(或横向)移动的距离。进给量不是指进给速度的大小,而是指刀具运动与主轴运动的关系。进给运动传动系统是指从主轴到刀架之间的传动系统。

6.2.4 其他车床

在生产上,除了使用普通卧式车床外,还使用六角车床、立式车床、自动车床、数控车床等,以满足不同形状、不同尺寸和不同生产批量的零件的加工需要。

6.3 车削基础

在生产中,要以一定的生产率加工出质量合格的零件,就要合理选择切削加工工艺参数,合理地使用刀具、夹具、量具,并采用合理的加工方法。

6.3.1 切削用量

1) 车削加工运动

切削时,为了获得不同的加工表面、刀具与工件之间的相对运动称为切削运动。它可分为主运动和进给运动。

① 主运动 是由机床或人力提供的切下切屑所需的最基本的运动。它速度高、消耗机床功率大。在车削加工中,工件随车床主轴的旋转就是主运动。主运动必须有且只有一个。

② 进给运动 使刀具和工件之间产生附加的相对运动,加上主运动即可不断地或连续地切除切屑,并得到具有所需几何特性的已加工表面。在车削加工中,进给运动是刀具沿车床纵向或横向的运动。进给运动的运动速度较低。它可以有一个或几个、甚至一个也没有。

2) 切削用量三要素及其合理选用

切削用量三要素是指切削加工时的切削速度 v_c、进给量 f 和背吃刀量 a_p,如图 6-3-1 中所示。

① 切削速度 v_c 切削刃选定点相对于工件的主运动的瞬时速度。在车削加工中为工件旋转线速度

$$v_c = \pi Dn/(1\,000 \times 60) \quad (\text{m/s})$$

其中:n——工件的转速,单位:r/min;

D——工件待加工表面直径,单位:mm。

② 进给量 f 刀具在进给运动方向上相对工件的位移量,在车削加工时为工件每转一转刀具在进给方向的相对移动量,其单位为 mm/r。

③ 背吃刀量 a_p 切削刃基点并垂直于工件平面的方向上测量的吃刀量。在车削加工中,是指工件的已加工表面与待加工表面之间的垂直距离,即

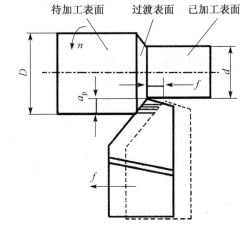

图 6-3-1 切削用量三要素

$$a_p = (D - d)/2 \quad (\text{mm})$$

切削速度、进给量和背吃刀量对切削加工质量、生产率、机床的动力消耗、刀具的磨损有着很大的影响,是重要的切削参数。粗加工时,为了提高生产率,尽快切除大部分加工余量,在机床刚度允许的情况下选择较大的背吃刀量和进给量,但考虑到刀具耐用度和机床功率的限制,切削速度不宜太高。精加工时,为保证工件的加工质量,应选用较小的背吃刀量和进给量,但可选择较高的切削速度。根据被加工工件的材料、切削加工条件、加工质量要求,在实际生产中可凭经验或参考《机械加工工艺人员手册》选择合理的切削用量三要素。

6.3.2　车刀及其安装

1)车刀的基本知识

车刀的种类很多,根据工件和被加工表面的不同,常用的车刀有外圆车刀、端面车刀、螺纹车刀、内孔镗刀等,如图 6-3-2 所示。

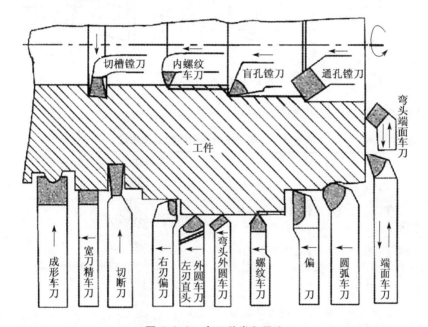

图 6-3-2　车刀种类和用途

(1)车刀的组成

车刀由刀头和刀杆组成,如图 6-3-3 所示。刀头直接参加切削工作,故又称切削部分。刀杆是用来将车刀夹持在刀架上的,故又称为夹持部分。

车刀的切削部分一般由三个面、两条切削刃和一个刃尖所组成,分别是:

前面　刀具上切屑流过的表面。

主后面　刀具上与工件上的过渡表面相对的表面。

副后面　刀具上与工件上的已加工表面相对的表面。

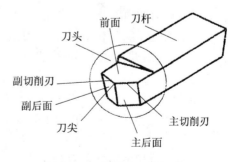

图 6-3-3　外圆车刀的组成

主切削刃　前面与主后面的交线。它担负主要的切削工作。

副切削刃　前面与副后面的交线。它担负辅助的切削工作,起一定的修光作用。

刀尖　指主切削刃与副切削刃的相交部分,通常是一小段圆弧或直线。

按照刀头与刀杆的连接形式可将车刀分为四种结构形式,如图 6-3-4 所示。

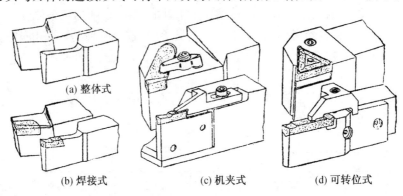

(a) 整体式

(b) 焊接式　　　　(c) 机夹式　　　　(d) 可转位式

图 6-3-4　车刀的结构

车刀结构类型的特点及用途见表 6-3-1。

表 6-3-1　车刀结构类型的特点及用途

名称	特　点	适用场合
整体式	用整体高速钢制造,刃口可磨得较锋利	小型车床或加工有色金属
焊接式	焊接硬质合金或高速钢刀片,结构紧凑,使用灵活	各类车刀特别是小刀具
机夹式	避免了焊接产生的应力、裂纹等缺陷,刀杆利用率高。刀片可集中刃磨获得所需参数,使用灵活方便	外圆,端面、镗孔、割断、螺纹车刀等
可转位式	避免了焊接刀的缺点,切削刃磨钝后刀片可快速转位,无需刃磨刀具,生产率高,断屑稳定,可使用涂层刀片	大中型车床加工外圆、端面、镗孔,特别适用于自动线、数控机床

(2) 车刀的角度及合理选用

为了确定车刀切削刃及前后刀面在空间的位置,即车刀的几何角度,必须建立一组辅助平面作为标注、刃磨和测量车刀角度的基准,称为静止参考坐标系。它是由基面、切削平面和正交平面三个相互垂直的平面所构成,如图 6-3-5 所示。

基面　过切削刃选定点的平面,它平行或垂直于刀具在制造、刃磨及测量时适合于装夹或定位的一个平面或轴线,一般说来其方位要垂直于

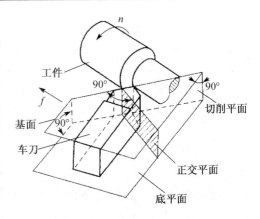

图 6-3-5　车刀的辅助平面

假定的主运动方向。

切削平面　通过切削刃上选定点与主切削刃相切并垂直于基面的平面。

正交平面　通过切削刃选定点并同时垂直于基面和切削平面的平面。

假定进给速度 $v_f = 0$，且主切削刃上选定点与工件旋转中心等高时，该点的基面正好是水平面，而该点的切削平面和正交平面都是铅垂面。

在刀具静止参考系内，车刀切削部分在辅助平面中的位置形成了车刀的几何角度。车刀的几何角度主要有前角 γ_0、后角 α_0、主偏角 k_r、副偏角 k_r' 和刃倾角 λ_s，见图 6-3-6 所示。

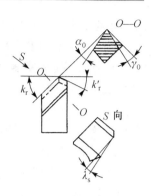

图 6-3-6　车刀的主要角度

前角 γ_0　它是在正交平面中测量的，是前面与基面的夹角。前角越大，刀刃越锋利，切削力减小，有利于切削，工件的表面质量好。但前角太大会降低切削刃的强度，容易崩刃。一般情况下，工件材料的强度、硬度较高，刀具材料硬脆时；工件材料为脆性材料或断续切削时；粗加工时，γ_0 均取小值。若反之，γ_0 可以取得大一些。用高速钢车刀车削钢件时，γ_0 取 $15° \sim 25°$；用硬质合金刀具车削钢件时，γ_0 取 $10° \sim 15°$；用硬质合金刀具车削铸铁件时，取 γ_0 为 $5° \sim 8°$。

后角 α_0　它也在正交平面中测量，是主后面与切削平面间的夹角。后角影响主后面与工件过渡表面的摩擦，影响刀刃的强度。α_0 一般取 $6° \sim 12°$。粗加工或切削较硬材料时取小些；精加工或切削较软材料时取大些。

主偏角 k_r　它是在基面中测量的，是主切削刃在基面上的投影与进给方向之间的夹角。主偏角的大小影响切削刃实际参与切削的长度及切削力的分解。通常 k_r 选择 $45°$、$60°$、$75°$ 和 $90°$。

副偏角 k_r'　它也在基面中测量，是副切削刃在基面上的投影与进给相反方向之间的夹角。副偏角影响副后面与工件已加工表面之间的摩擦以及已加工表面粗糙度数值的大小。通常 k_r' 取 $5° \sim 15°$，精加工时取小值。

刃倾角 λ_s　它在切削平面中测量，是主切削刃与基面的夹角。刃倾角主要影响切屑流出的方向和刀头的强度。当 $\lambda_s = 0$ 时，切屑沿垂直于主切削刃的方向流出，如图 6-3-7(a)；当刀尖为切削刃的最低点时，λ_s 为负值，切屑流向已加工表面，如图 6-3-7(b)；当刀尖为主切削刃上最高点时，λ_s 为正值，切屑流向待加工表面，如图 6-3-7(c)所示，此时刀头强度较低。一般 λ_s 取 $-5° \sim +5°$。精加工时取正值或零，以避免切屑划伤已加工表面；粗加工或切削硬、脆材料时取负值以提高刀尖强度。断续车削时 λ_s 可取 $-12° \sim -15°$。

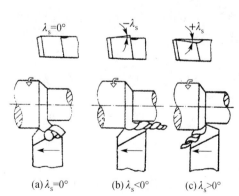

图 6-3-7　刃倾角对切屑流向的影响

(a)$\lambda_s = 0°$　　(b)$\lambda_s < 0°$　　(c)$\lambda_s > 0°$

刀具静止参考系角度主要在刀具的刃磨与测量时使用。在实际的工作过程中刀具的角度可能会有一定程度的改变。

（3）车刀材料及选用

车刀切削部分要承受很大的压力、摩擦、冲击和很高的温度。因此,车刀切削部分的材料必须具有如下的具体要求:

① 高硬度及良好的耐磨性　这是能作为刀具材料的基本要求。车刀材料的硬度必须在 60 HRC 以上。硬度越高,其耐磨性越好;

② 高的热硬性　即刀具材料在高温时保持原有强度、硬度的能力;

③ 足够的强韧性　保证刀具在一定的切削力或冲击载荷作用下不产生崩刃等损坏。

另外,刀具材料还要有较好的工艺性和经济性。

车刀材料用得最多的是高速钢和硬质合金。

高速钢是合金元素很多的合金工具钢,硬度在 63 HRC 以上,耐热 600 ℃,常用的牌号为 W18Cr4V。高速钢的强韧性好,刀具刃口锋利,可以制造各种形式的车刀,尤其是螺纹精车刀具、成形车刀等。高速钢车刀可以加工钢、铸铁、有色金属材料。高速钢车刀的切削速度不能太高。

硬质合金是由 WC、TiC、Co 等进行粉末冶金而成的。其硬度很高,达 89 ~ 94 HRA,耐热800 ℃ ~ 1 000 ℃。质脆,没有塑性,成形性差,通常制成硬质合金刀片装在 45 钢刀体上使用。由于其硬度高、耐磨性好、热硬性好,允许采用较大的切削用量。实际生产中大多数采用硬质合金车刀。

常用硬质合金有钨钴类(YG 类)和钨钴钛类(YT 类)两大类。YG 类硬质合金较 YT 类硬度略低,韧性稍好一些,一般用于加工铸铁件。YT 类常用来车削钢件。常用的硬质合金中:YG8 用于铸铁件粗车,YG6 用于半精加工,YG3 用于精车;YT5 用于钢件粗车,YT15 用于半精车,YT30 用于精车。

除上述材料外,车刀材料还有硬质合金涂层刀片、陶瓷刀片等。

（4）车刀的刃磨

未经使用的新刀或用钝后的车刀需要进行刃磨(不重磨车刀除外),得到所需的锋利刀刃后才能进行车削。车刀的刃磨一般在砂轮机上进行,也可以在车刀磨床或工具磨床上进行。刃磨高速钢车刀时应选用白刚玉(氧化铝晶体)砂轮,刃磨硬质合金车刀时则选用绿色碳化硅砂轮。

2）正确装夹车刀

车刀应正确地装夹在车床刀架上,这样才能保证刀具有合理的几何角度,从而提高车削加工的质量。

装夹车刀应注意下列事项:

① 车刀的刀尖应与车床主轴轴线等高。装夹时可根据尾座顶尖的高度来确定刀尖高度。

② 车刀刀杆应与车床轴线垂直,否则将改变主偏角和副偏角的大小。

③ 车刀刀体悬伸长度一般不超过刀杆厚度的两倍,否则刀具刚性下降,车削时容易产生振动。

④ 垫刀片要平整,并与刀架对齐。垫刀片一般使用 2 ~ 3 片,太多会降低刀杆与刀架的

接触刚度。

⑤ 车刀装好后应检查车刀在工件的加工极限位置时是否会产生运动干涉或碰撞。

6.3.3 工件的装夹

将工件装夹在车床上时,必须使要加工表面的回转中心和车床主轴的回转中心线重合,才能使工件处于正确的位置。为了保证工件在受重力、切削力、离心力等作用时仍能保持原有的正确位置,还需将工件夹紧。在车床上装夹工件常用的夹具有三爪定心卡盘、四爪单动卡盘、顶尖、中心架、跟刀架、心轴、花盘和压板等。

1) 用三爪定心卡盘装夹工件

三爪定心卡盘是车床上最常用的附件,其构造如图6-3-8所示。

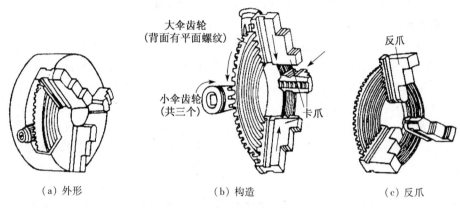

（a）外形　　　　　　（b）构造　　　　　　（c）反爪

图 6-3-8　三爪定心卡盘

当转动小伞齿轮时,与之相啮合的大伞齿轮随之转动,大伞齿轮背面的平面螺纹带动三个卡爪沿卡盘体的径向槽同时作向心或离心移动,以夹紧或松开不同直径的工件。由于三个卡爪是同时移动的,夹持圆形截面工件时可自行对中,其对中的准确度约为 0.05～0.15 mm。三爪定心卡盘装夹工件一般不需找正,方便迅速,但不能获得高的定心精度,而且夹紧力较小。其主要用来装夹截面为圆形、正六边形的中小型轴类、盘套类工件。当工件直径较大,用正爪不便装夹时,可换上反爪,如图6-3-8(c),进行装夹。

工件用三爪卡盘定心装夹必须装正夹牢。夹持长度一般不小于 10 mm,在机床开动时,工件不能有明显的摇摆、跳动,否则须要重新找正工件的位置,夹紧后方可进行加工。图6-3-9 为三爪定心卡盘装夹工件举例。

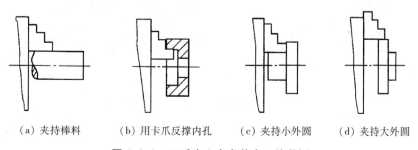

（a）夹持棒料　　（b）用卡爪反撑内孔　　（c）夹持小外圆　　（d）夹持大外圆

图 6-3-9　三爪定心卡盘装夹工件举例

三爪定心卡盘与机床主轴的联接如图6-3-10所示。卡盘以孔和端面与卡盘座相联接,并用螺钉紧固。卡盘座以锥孔与主轴前端的圆锥体配合定位,用键传递扭矩,并用环形螺母将卡盘座紧固在主轴轴端。此外,卡盘与主轴的联接还有其他形式。

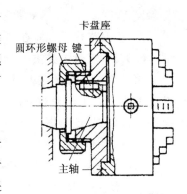

图6-3-10　卡盘与主轴的联接

2) 用四爪单动卡盘装夹工件

四爪单动卡盘的外形如图6-3-11所示,它的四个单动卡爪的径向位置是由四个螺杆单独调节的。因此,四个单动卡爪在装夹工件时不会自动定心。四爪单动卡盘可以用来装夹圆形工件,内、外圆偏心工件,方形工件,长方形工件,椭圆形或其他不规则形状的工件,如图6-3-12。

此外,四爪单动卡盘较三爪定心卡盘的夹紧力大,夹紧更可靠。

由于四爪单动卡盘的四个卡爪是独立移动的,在装夹工件时必须仔细找正。找正时可用划针按照工件的外圆表面或内孔表面找正,也可按预先在工件表面的划线找正,见图6-3-13(a)。一些装夹精度要求很高的回转体工件,三爪定心卡盘不能满足装夹精度要求,可采用四爪单动卡盘装夹。此时须用百分表找正,见图6-3-13(b),找正精度可达0.01 mm。一般情况下,粗加工用划针找正,精加工用百分表找正。由于四爪单动卡盘找正装夹花费时间多,其装夹效率较三爪定心卡盘低。

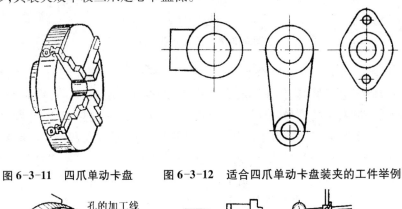

图6-3-11　四爪单动卡盘　　图6-3-12　适合四爪单动卡盘装夹的工件举例

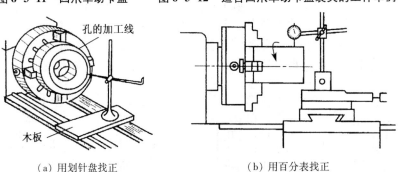

(a) 用划针盘找正　　　　　　　　(b) 用百分表找正

图6-3-13　用四爪单动卡盘装夹工件时的找正

3) 用顶尖装夹工件

在车床或磨床上加工较长或工序较多的轴类工件时,为保证各工序加工的表面的位置精度,通常采用工件两端的中心孔作为统一的定位基准,用两顶尖装夹工件。如图6-3-14所示,工件装在前后顶尖间,由卡箍(鸡心夹头)、拨盘带动其旋转。前顶尖装在主轴锥孔中,后顶尖装在尾座套筒中,拨盘同三爪定心卡盘一样装在主轴端部。卡箍的尾部伸入拨盘的槽中,拨盘带动其转动。卡箍套在工件的端部,靠摩擦力带动工件旋转。

　　生产中有时用一般钢料夹在三爪定心卡盘中车成60°圆锥体作前顶尖,用三爪定心卡盘代替拨盘,见图6-3-15。

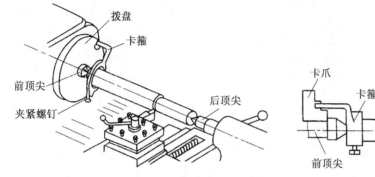

图6-3-14　双顶尖装夹工件

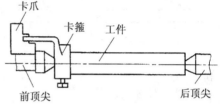

图6-3-15　用三爪定心卡盘代替拨盘

　　对于较重工件的粗车、半精车可采用一端卡盘、一端顶尖的装夹方法。

　　4)中心架与跟刀架

　　在加工细长轴时,为防止工件被车刀顶弯或防止工件振动,需要用中心架或跟刀架增加工件的刚性,减少工件的变形。

　　如图6-3-16所示,中心架固定在车床床身上,其三个爪支承在预先加工好的工件外圆上,起固定支承的作用。一般多用于加工阶梯轴及长轴的车端面、打中心孔及加工内孔等。与中心架不同的是跟刀架固定在大拖板上,并随之一起移动。使用跟刀架时,首先在工件的右端车出一小段圆柱面,根据它来调整支承爪的位置和松紧,然后车出被加工面的全长。跟刀架一般在车削细长光轴或丝杠时起辅助支承作用。跟刀架及其应用见图6-3-17所示。

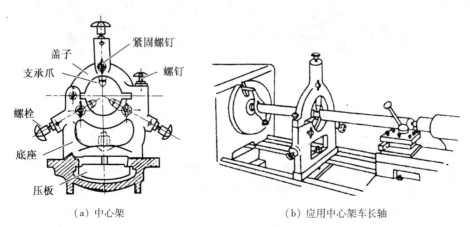

(a)中心架　　　　　　　　　　(b)应用中心架车长轴

图6-3-16　中心架及其应用

使用中心架或跟刀架时,工件被其支承的部分应是加工过的外圆表面,并且要加注机油进行润滑。工件的转速不能太高,以防工件与支承爪之间摩擦过热而烧坏工件表面以及造成支承爪的磨损。

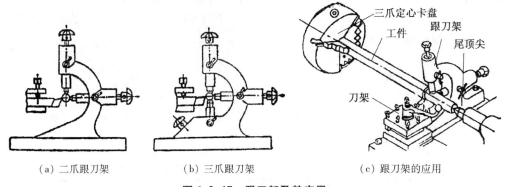

(a) 二爪跟刀架　　　(b) 三爪跟刀架　　　(c) 跟刀架的应用

图 6-3-17　跟刀架及其应用

5) 用心轴装夹工件

盘、套类零件的外圆和端面对内孔常有同轴度及垂直度要求,若有关的表面在三爪定心卡盘的一次装夹中不能与孔一起加工出来,则先将孔精加工出来(IT9～IT7),再以孔定位将工件装到心轴上加工其他有关表面,以保证上述要求。心轴在车床上的装夹方法如同轴类工件。

心轴种类很多,可根据工件的形状、尺寸、精度要求以及加工数量的不同选择不同结构的心轴。最常用的心轴有圆柱心轴和锥度心轴。

当工件的长度比孔径小时,常用圆柱心轴进行装夹,见图 6-3-18。工件左端紧靠心轴轴肩,右端由螺母和垫圈压紧,夹紧力较大。由于圆柱心轴装夹工件时,孔与心轴之间有一定的配合间隙,对中性较差。因此,应尽可能减小孔与心轴的配合间隙,提高加工精度。

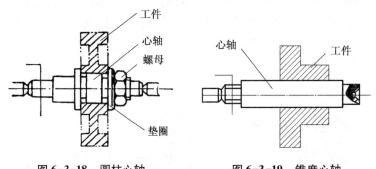

图 6-3-18　圆柱心轴　　　　　图 6-3-19　锥度心轴

当工件长度大于孔径时,常用锥度心轴安装,见图 6-3-19。锥度心轴的锥度为 1:1 000 至 1:5 000,因锥度很小,故又称之为微锥心轴。锥度心轴对中准确,拆卸方便,但由于切削力是靠心轴锥面与工件孔壁压紧后的摩擦力传递的,故背吃刀量不宜太大;主要用于盘、套类工件精车外圆和端面。

除上述两种心轴外,生产中还使用可胀心轴、伞形心轴等。可胀心轴是利用锥面的轴向移动使弹性心轴胀开而撑住孔壁进行装夹工件,见图6-3-20,也有用液压油的压力使空心心轴产生微量径向变形撑住孔壁进行装夹。可胀心轴的装夹效率十分高。伞形心轴是用来装夹以毛坯孔定位的工件的,见图6-3-21。

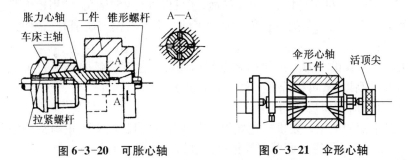

图6-3-20 可胀心轴   图6-3-21 伞形心轴

6)花盘装夹工件

花盘是一个装在车床主轴上的大直径铸铁圆盘。由于花盘的端面上开有许多穿压紧螺栓的槽,故称之为花盘。花盘的端面必须平整,并与主轴轴线垂直。

花盘适用于装夹待加工孔或外圆与装夹基准面垂直的工件,如图6-3-22所示。

当待加工孔或外圆与定位基准面平行或要求两孔垂直时,则可将工件配以弯板装夹,如图6-3-23。弯板上用以与工件定位基准和花盘表面接触的面必须垂直。

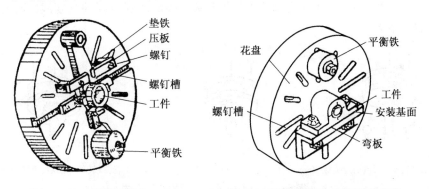

图6-3-22 用花盘装夹工件   图6-3-23 用花盘、弯板装夹工件

花盘装夹工件必须仔细找正。弯板必须有足够的强度和刚度。用花盘、弯板装夹工件,由于重心偏向一边,故要在另一边上加平衡铁进行平衡,这样可以减少由于质量偏心引起的切削加工振动。

6.4 车削的基本工作

6.4.1 基本车削加工

1)车外圆

将工件车削成圆柱形表面的加工称为车外圆。这是车削加工最基本,也是最常见的操作。

（1）外圆车刀

常用外圆车刀主要有以下几种：

① 尖刀　主要用于粗车外圆和车削没有台阶或台阶不大的外圆。

② 45°弯头刀　既可车外圆，又可车端面，还可以进行45°倒角，应用较为普遍。

③ 右偏刀　主要用来车削带直角台阶的工件。由于右偏刀切削时产生的径向力小，常用于车削细长轴。

④ 刀尖带有圆弧的车刀　一般用来车削母线带有过渡圆弧的外圆表面。这种刀车外圆时，残留面积的高度小，可以降低工件表面粗糙度。

（2）车削外圆时径向尺寸的控制

① 刻度盘手柄的使用　要准确地获得所车削外圆的尺寸，必须正确掌握好车削加工的背吃刀量 a_p，背吃刀量是通过调节中拖板横向进给丝杠获得的。

横向进刀手柄连着刻度盘转一周，丝杠也转一周，带动螺母及中拖板和刀架沿横向移动一个丝杠导程。由此可知，中拖板进刀手柄刻度盘每转一格，刀架沿横向的移动距离为：

$$S = 丝杠导程 \div 刻度盘总格数 \quad （mm）$$

对于 C6132 车床，此值为 0.02 mm/格。所以，车外圆时当刻度盘顺时针转一格，横向进刀 0.02 mm，工件的直径减小 0.04 mm。这样就可以按背吃刀量 a_p 决定进刀格数。

如果车外圆进刀时，稍微转过了应有的刻度，或试切后发现车出的尺寸太小而须将车刀退回时，由于丝杠与螺母之间有间隙，刻度盘不能直接退回到所要的刻度线，应按图 6-4-1 所示的方法进行纠正。

（a）要求手柄转至30，但摇过头成40　　（b）错误：直接退至30　　（c）正确：反转约一圈后，再转至所需位置30

图 6-4-1　手柄摇过头后的纠正方法

② 试切法调整加工尺寸　工件在车床上装夹后，要根据工件的加工余量决定走刀的次数和每次走刀的背吃刀量。因为刻度盘和横向进给丝杠都有误差，在半精车或精车时，往往不能满足进刀精度要求。为了准确地确定吃刀量，保证工件的加工尺寸精度，只靠刻度盘进刀是不行的，这就需要采用试切的方法。试切的方法与步骤如图 6-4-2 所示。

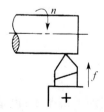 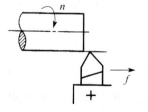 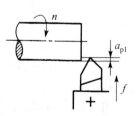

（a）开车对刀，使车刀和工件表面轻微接触　　（b）向右退出　　（c）按要求横向进给 a_{p1}

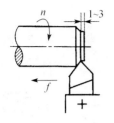 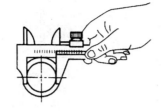 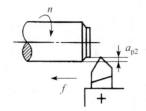

（d）试切1~3 mm　　　（e）向右退出,停车,测量　　　（f）调整背吃刀量至a_{p2}后,自动进给车外圆

图 6-4-2　车外圆试切法

如果按照背吃刀量a_{p1}试切后的尺寸合格,就按a_{p1}车出整个外圆面。如果尺寸还大,要重新调整背吃刀量a_{p2}进行试切,如此直至尺寸合格为止。

（3）外圆车削

工件的加工余量需要经过几次走刀才能切除,而外圆加工的精度要求较高,表面粗糙度值要求低,为了提高生产效率,保证加工质量,常将车削分为粗车和精车。这样可以根据不同阶段的加工,合理选择切削参数。两者加工特点如表 6-4-1。

表 6-4-1　粗车和精车的加工特点

	粗 车	精 车
目 的	尽快去除大部分加工余量,使之接近最终的形状和尺寸,提高生产率	切去粗车后的精车余量,保证零件的加工精度和表面粗糙度
加工质量	尺寸精度低:IT14~IT11 表面粗糙度值偏高,R_a 值 12.5~6.3 μm	尺寸精度较高:IT8~IT6 表面粗糙度值较低,R_a 值可达 1.6~0.8 μm
背吃力量	较大:1~3 mm	较小:0.3~0.5 mm
进给量	较大:0.3~1.5 mm/r	较小:0.1~0.3 mm/r
切削速度	中等或偏低的速度	一般取高速
刀具要求	切削部分有较高的强度	切削刃锋利、光洁

在粗车铸件、锻件时,因表面有硬皮,可先倒角或车出端面,然后用大于硬皮厚度的背吃刀量(图 6-4-3)粗车外圆,使刀尖避开硬皮,以防刀尖磨损过快或被硬皮打坏。

用高速钢车刀低速精车钢件时用乳化液润滑,用高速钢车刀低速精车铸铁件时用煤油润滑,都可降低工件表面粗糙度数值。

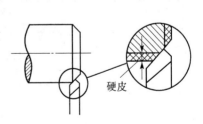

图 6-4-3　粗车铸、锻件的背吃刀量

2）车端面

轴类、盘、套类工件的端面经常用来作轴向定位、测量的基准,车削加工时,一般都先将端面车出。端面的车削加工见图 6-4-4。

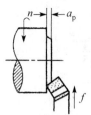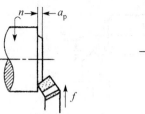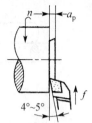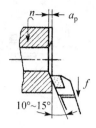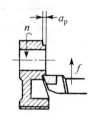

（a）弯头刀车端面　　（b）右偏刀车端面（由外向中心）　　（c）右偏刀车端面（由中心向外）　　（d）左偏刀车端面

图 6-4-4　车端面

弯头车刀车端面使用较多。弯头车刀车端面对中心凸台是逐步切除的,不易损坏刀尖,但45°弯头车刀车端面,表面粗糙度数值较大,一般用于车大端面,如图6-4-4(a)。右偏刀由外向中心车端面时,如图6-4-4(b),凸台是瞬时去掉的,容易损坏刀尖。右偏刀向中心进给切削时前角小,切削不顺利,而且背吃刀量大时容易引起扎刀,使端面出现内凹。所以,右偏刀一般用于由中心向外车带孔工件的端面,如图6-4-4(c),此时切削刃前角大,切削顺利,表面粗糙度数值小。有时还需要用左偏刀车端面,如图6-4-4(d)。

车端面时应注意以下几点:

① 车刀的刀尖应对准工件的回转中心,否则会在端面中心留下凸台;

② 工件中心处的线速度较低,为获得整个端面上较好的表面质量,车端面的转速要比车外圆的转速高一些;

③ 车削直径较大的端面时,应将大拖板锁紧在床身上,以防由大拖板让刀引起的端面外凸或内凹,此时用小拖板调整背吃刀量;

④ 精度要求高的端面,亦应分粗、精加工。

3）车台阶

很多的轴类、盘、套类零件上有台阶面。台阶面是由一定长度的圆柱面和端面的组合。台阶的高、低由相邻两段圆柱体的直径所决定。高度小于 5 mm 的为低台阶,加工时由正装的 90°偏刀车外圆时车出;高度大于 5 mm 的为高台阶,高台阶可以分层切削,然后用主偏角大于 90°的偏刀沿径向向外走刀车出,见图 6-4-5。

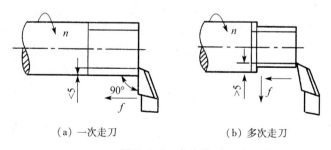

（a）一次走刀　　　　　　　　（b）多次走刀

图 6-4-5　车台阶

台阶位置的确定可视生产批量而定,批量较小时,可用如图6-4-6(a)所示钢尺,或如图6-4-6(b)所示用样板确定位置。车削时先用刀尖车出比台阶长度略短的刻痕作为加工界限。台阶的长度可用游标卡尺或深度尺作精密测量。进刀长度视加工要求高低分别用大拖板刻度盘或小拖板刻度盘控制。如果工件的加工数量多,工件台阶多,可以用行程挡块来控制走刀长度,如图6-4-7。

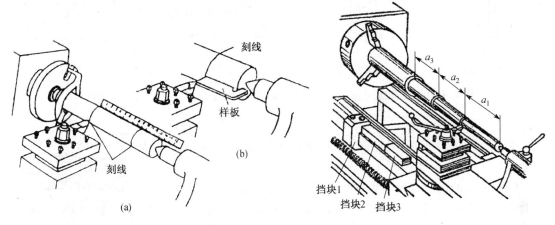

图6-4-6 台阶位置的确定　　　　　图6-4-7 挡块定位车台阶

4）车槽与切断

（1）车槽

回转体工件表面经常存在一些沟槽。这些槽有螺纹退刀槽、砂轮越程槽、油槽、密封圈槽等,分布在工件的外圆表面、内孔或端面上。车槽加工见图6-4-8。

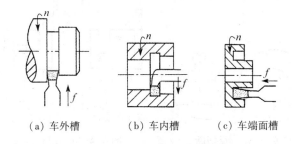

（a）车外槽　　　（b）车内槽　　　（c）车端面槽

图6-4-8 车槽的形式

在轴的外圆表面车槽与车端面有些类似。车槽所用的刀具为车槽刀,如图6-4-9所示。它有一条主切削刃、两条副切削刃、两个刀尖。加工时沿径向由外向中心进刀。宽度小于5 mm的窄槽,用主切削刃尺寸与槽宽相等的车槽刀一次车出;车削宽度大于5 mm的宽槽时,先沿纵向分段粗车,再精车,车出槽深及槽宽,如图6-4-10所示。

当工件上有几个同一类型的槽时,槽宽应一致,如图6-4-11所示,以便用同一把刀具切削。

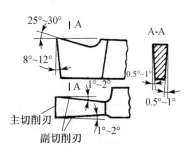

图6-4-9 车槽刀及其角度

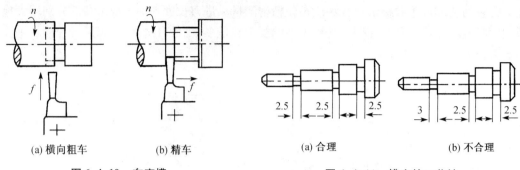

n
f
n
f
(a) 横向粗车
(b) 精车

图 6-4-10　车宽槽

2.5
2.5
2.5
3
2.5
2.5
(a) 合理
(b) 不合理

图 6-4-11　槽宽的工艺性

（2）切断

切断是将坯料或工件从夹持端上分离下来，如图 6-4-12 所示。

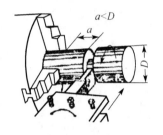

切断所用的切断刀与车槽刀极为相似，只是刀头更加窄长，刚性更差。由于刀具要切至工件中心，呈半封闭切削，排屑困难，容易将刀具折断。因此，装夹工件时应尽量将切断处靠近卡盘，以增加工件刚性。

a<D
a
D

图 6-4-12　切断

对于大直径工件有时采用反切断法，如图 6-4-13，目的在于排屑顺畅。此时卡盘与主轴联接处必须有保险装置，以防倒车使卡盘与主轴脱开。切断铸铁等脆性材料时常采用直进法切削，切断钢等塑性材料时常采用左、右借刀法切削，如图 6-4-14 所示。

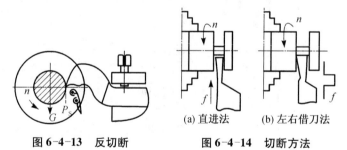

n
G
P_S

图 6-4-13　反切断

n
f
n
f
(a) 直进法
(b) 左右借刀法

图 6-4-14　切断方法

切断时应注意下列事项：

① 切断时刀尖必须与工件轴线等高，否则切断处将留有凸台，也容易损坏刀具，如图 6-4-15；

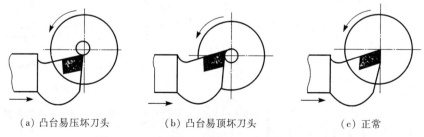

(a) 凸台易压坏刀头
(b) 凸台易顶坏刀头
(c) 正常

图 6-4-15　切断刀刀尖应与工件回转中心等高

② 切断处靠近卡盘,增加工件刚性,减小切削时的振动;

③ 切断刀伸出不宜过长,以增强刀具刚性;

④ 减小刀架各滑动部分的间隙,提高刀架刚性,减少切削过程中的变形与振动;

⑤ 切断时切削速度要低,采用缓慢均匀的手动进给,以防进给量太大造成刀具折断;

⑥切断钢件时应适当使用切削液,加快切断过程的散热。

切断时,外圆处的切削速度取 $v_c = 40 \sim 60 (\text{m/min})$,进给量取 $f = 0.05 \sim 0.15 \text{ mm/r}$。

6.4.2　孔加工

在车床上可以用钻头、扩孔钻、铰刀、镗刀分别进行钻孔、扩孔、铰孔和镗孔。

1)钻孔

在车床上钻孔时,工件的回转运动为主运动,尾座上的套筒推动钻头所作的纵向移动为进给运动。车床上的钻孔加工见图6-4-16。

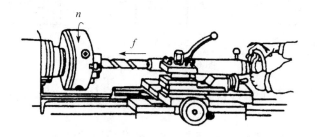

图6-4-16　车床上钻孔

钻孔所用的刀具为麻花钻(麻花钻的结构参见第8章钳工)。

车床上钻孔,孔与工件外圆的同轴度比较高,与端面的垂直度也较高。

车床钻孔的步骤如下:

① 车平端面　为便于钻头定心,防止钻偏,应先将工件端面车平。

② 预钻中心孔　用中心钻在工件中心处先钻出麻花钻定心孔,或用车刀在工件中心处车出定心小坑。

③ 装夹钻头　选择与所钻孔直径对应的麻花钻,麻花钻工作部分长度略长于孔深。如果是直柄麻花钻,则用钻夹头装夹后插入尾座套筒。锥柄麻花钻用过渡锥套或直接插入尾座套筒。

④ 调整尾座纵向位置　松开尾座锁紧装置,移动尾座直至钻头接近工件,将尾座锁紧在床身上。此时要考虑加工时套筒伸出不要太长,以保证尾座的刚性。

⑤ 开车钻孔　钻孔是封闭式切削,散热困难,容易导致钻头过热,所以,钻孔的切削速度不宜高,通常取 $v_c = 0.3 \sim 0.6 \text{ m/s}$。开始钻削时进给要慢一些,然后以正常进给量进给。钻盲孔时,可利用尾座套筒上的刻度控制深度,亦可在钻头上做深度标记来控制孔深。孔的深度还可以用深度尺测量。对于钻通孔,快要钻通时应减缓进给速度,以防钻头折断。钻孔结束后,先退出钻头,然后停车。

钻孔时,尤其是钻深孔时,应经常将钻头退出,以利于排屑和冷却钻头。钻削钢件时,应加注切削液。

2) 镗孔

镗孔是利用镗孔刀对工件上铸出、锻出或钻出的孔作进一步的加工。图 6-4-17 所示为车床上镗孔加工。在车床上镗孔,工件旋转作主运动,镗刀在刀架带动下作进给运动。镗孔主要用来加工大直径孔,可以进行粗加工、半精加工和精加工。镗孔可以纠正原来孔的轴线偏斜,提高孔的位置精度。镗刀的切削部分与车刀是一样的,形状简单,便于制造。但镗刀要进入孔内切削,尺寸不能大,导致镗刀杆比较细,刚性差,因此加工时背吃刀量和进给量都选得较小,走刀次数多,生产率不高。镗削加工的通用性很强,应用广泛。

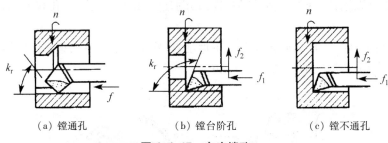

(a) 镗通孔　　　　　　(b) 镗台阶孔　　　　　　(c) 镗不通孔

图 6-4-17　车床镗孔

镗孔加工的精度接近于车外圆的精度,可达 IT8 ~ IT7。表面粗糙度 R_a 值为 1.6 ~ 0.8 μm。

车床镗孔的尺寸获得与外圆车削基本一样,也是采用试切法,边测量,边加工。孔径的测量也是用游标卡尺。精度要求高时可用内径百分尺或内径百分表测量孔径。在大批量生产时,工件的孔径可以用量规来进行检验。

镗孔深度的控制与车台阶及车床上钻孔相似,如图 6-4-18 所示。孔深度可以用游标卡尺或深度尺进行测量。

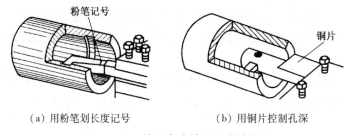

(a) 用粉笔划长度记号　　　　　　(b) 用铜片控制孔深

图 6-4-18　控制车床镗孔深度的方法

由于镗孔加工是在工件内部进行的,操作者不易观察到加工状况,所以操作比较困难。在车床上镗孔时应注意下列事项:

① 镗孔时镗刀杆应尽可能粗一些,但在镗不通孔时,镗刀刀尖到刀杆背面的距离必须小于孔的半径,否则孔底中心部位无法车平,见图 6-4-17(c);

② 镗刀装夹时,刀尖应略高于工件回转中心,以减少加工中的颤振和扎刀现象,也可以减少镗刀下部碰到孔壁的可能性,尤其在镗小孔的时候;

③ 镗刀伸出刀架的长度应尽量短些,以增加镗刀杆的刚性,减少振动,但伸出长度不得小于镗孔深度;

④ 镗孔时因刀杆相对较细,刀头散热条件差,排屑不畅,易产生振动和让刀,所以选用的切削用量要比车外圆小些,其调整方法与车外圆基本相同,只是横向进刀方向相反;

⑤ 开动机床镗孔前使镗刀在孔内手动试走一遍,确认无运动干涉后再开车切削。

车床上的孔加工主要是针对回转体工件中间的孔。对非回转体上的孔可以利用四爪单动卡盘或花盘装夹在车床上加工,但更多的是在钻床和镗床上进行加工。

6.4.3　螺纹加工

机械结构中带有螺纹的零件很多,如机器上的螺钉、车床的丝杠。按不同的分类方法可将螺纹分为多种类型:按用途可分为联接螺纹与传动螺纹;按标准分为公制螺纹、英制螺纹、模数制螺纹与径节制螺纹;按牙型分为三角螺纹、梯形螺纹、矩形(方牙)螺纹等等,见图6-4-19。其中,单线、右旋的公制三角螺纹应用最广,称为普通螺纹。

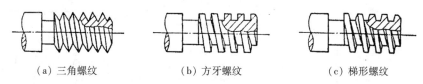

|（a）三角螺纹|（b）方牙螺纹|（c）梯形螺纹|

图 6-4-19　螺纹的种类

车床上加工螺纹主要是用车刀车削各种螺纹。对于小直径螺纹也可用板牙或丝锥在车床上加工。这里只介绍普通螺纹的车削加工。

1）螺纹车刀

各种螺纹的牙型都是靠刀具切出的,所以螺纹车刀切削部分的形状必须与将要车削的螺纹牙型相符。这就要求螺纹车刀的刀尖角 ε_r(即两切削刃的夹角)与螺纹的牙型角 α 相等(用对刀板检验)。车削普通螺纹的螺纹车刀几何角度如图6-4-20所示,刀尖角 $\varepsilon_r = 60°$,其前角 $\gamma_0 = 0°$,以保证工件螺纹牙型角的正确,否则将产生形状误差。粗加工螺纹或螺纹要求不高时,其前角 γ_0 取 $5° \sim 20°$。

螺纹车刀装夹时,刀尖必须与工件中心等高,并用样板对刀,保证刀尖角的角平分线与工件轴线垂直,以保证车出的螺纹牙形两边对称,如图6-4-21所示。

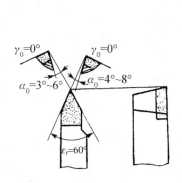

图 6-4-20　螺纹车刀的角度

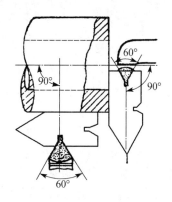

图 6-4-21　螺纹车刀的对刀方法

2）车床的调整

螺纹的直径可以通过调整横向进刀获得,螺距则需要由严格的纵向进给来保证。所以,车螺纹时,工件每转一周,车刀必须准确而均匀地沿进给运动方向移动一个螺距或导程(单头螺纹为螺距,多头螺纹为导程)。为了获得上述关系,车螺纹时应使用丝杠传动。

3）车削螺纹的方法与步骤

以车削外螺纹为例,在正式车削螺纹之前,先按要求车出螺纹外径,并在螺纹起始端车出45°或30°倒角。通常还要在螺纹末端车出退刀槽。退刀槽比螺纹槽略深。螺纹车削的加工余量比较大,为整个牙型高度,应分几次走刀切完。每次走刀的背吃刀量由中拖板上刻度盘来控制。精度要求高的螺纹应以单针法或三针法边测量边加工。对于一般精度螺纹可以用螺纹环规进行检查。图6-4-22为正、反车法车削螺纹的步骤,此法适合于车削各种螺纹。

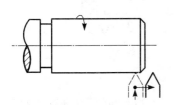

（a）开车,使车刀与工件轻微接触记下刻度盘读数,向右退出车刀

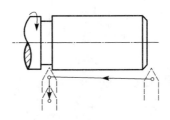

（b）合上对开螺母,在工作表面上车出一条螺旋线,横向退出车刀,停车

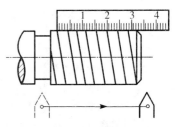

（c）开反车使刀退到工件右端,停车,用钢尺检查螺距是否正确

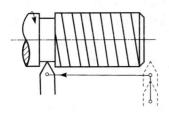

（d）利用刻度调整 a_p,开车切削

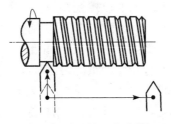

（e）车刀将至行程终了时,应做好退刀停车准备,先快速退出车刀,然后停车,开反车退回刀架

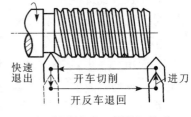

（f）再次横向进 a_p,继续切削,其切削过程路线如上图所示

图6-4-22　螺纹车削方法与步骤

另外一种车螺纹的方法为抬闸法,就是利用开合螺母的压下或抬起来车削螺纹。车削螺纹的进刀方式主要有以下两种,如图6-4-23所示:

① 直进法　用中拖板垂直进刀,两个切削刃同时进行切削。此法适用于小螺距或最后精车。

② 左右进给法　除用中拖板垂直进刀外,同时用小拖板使车刀左、右微量进刀(借刀),只有一个刀刃切削,因此车削比较平稳。此法适用于塑性材料和大螺距螺纹的粗车。

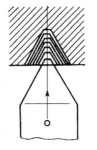 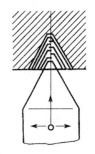

（a）直进法　　　（b）左右进给法

图6-4-23　车螺纹时的进刀方式

车削内螺纹时先车出螺纹内径 d，螺纹本身切削的方法与车外螺纹基本相同，只是横向进给时手柄的进退刀转向不同。车削左旋螺纹时，需要调整换向机构，使主轴正转，丝杠反转，车刀从左向右走刀切削。

4）车削螺纹的注意事项

① 车螺纹时，每次走刀的背吃刀量要小，通常只有 0.1 mm 左右，并记住横向进刀的刻度，作为下次进刀时的基数。特别要记住刻度手柄进、退刀的整数圈数，以防多进一圈导致背吃刀量太大，刀具崩刃损坏工件。

② 应该按照螺纹车削长度及时退刀。退刀过早，使得下次车至末端时背吃刀量突然增大而损坏刀尖，或使螺纹的有效长度不够。退得过迟，会使车刀撞上工件，造成车刀损坏，工件报废，甚至损坏设备。

③ 当工件螺纹的螺距不是丝杠螺距的整数倍时，螺纹车削完毕之前不得随意松开开合螺母。加工中需要重新装刀时，必须将刀头与已有的螺纹槽仔细吻合，以免产生乱扣。

④ 车削精度较高的螺纹时应适当加注切削液，减少刀具与工件的摩擦，降低螺纹表面的粗糙度值。

6.4.4 成形面的加工

1）锥面的车削

车削锥面的方法常用的有宽刀法、小拖板旋转法、偏移尾座法和靠模法。

（1）宽刀法

宽刀法就是利用主切削刃横向直接车出圆锥面，如图 6-4-24。此时，切削刃的长度要略长于圆锥母线长度，切削刃与工件回转中心线成半锥角 α。这种加工方法方便、迅速，能加工任意角度的内、外圆锥。车床上倒角实际就是宽刀法车圆锥。此种方法加工的圆锥面很短，而且要求切削加工系统有较高的刚性，适用于批量生产。

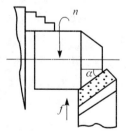

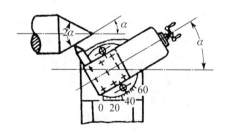

图 6-4-24　宽刀法车锥面　　　　图 6-4-25　小拖板旋转法车锥面

（2）小拖板旋转法

车床中拖板上的转盘可以转动任意角度，松开上面的紧固螺钉，使小拖板转过半锥角 α，如图 6-4-25，将螺钉拧紧后，转动小拖板手柄，沿斜向进给，便可以车出圆锥面。这种方法操作简单方便，能保证一定的加工精度，能加工各种锥度的内、外圆锥面，应用广泛。但受小拖板行程的限制，不能车太长的圆锥面。而且，小拖板只能手动进给，锥面的表面粗糙度值大。小拖板旋转法在单件、小批生产中用得较多。

（3）偏移尾座法

如图 6-4-26 所示，将尾座带动顶尖横向偏移距离 S，使得安装在两顶尖间的工件回转轴线与主轴轴线成半锥角 α，这样车刀作纵向走刀车出的回转体母线与回转体中心线成 α 斜角，形成锥角为 2α 的圆锥面。

尾座的偏移量 $\qquad\qquad S = L \cdot \sin \alpha$

当 α 很小时 $\qquad\qquad S = L\tan\alpha = L(D - d)/(2l)$

偏移尾座法能切削较长的圆锥面，并能自动走刀，表面粗糙度值比小拖板旋转法小，与自动走刀车外圆一样。由于受到尾部偏移量的限制，一般只能加工小锥度圆锥，也不能加工内锥面。

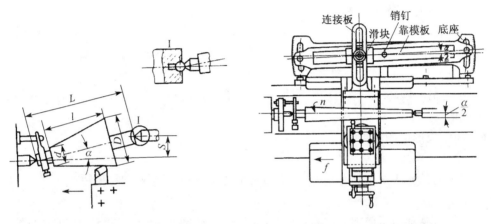

图 6-4-26　偏移尾座法车锥面　　　　图 6-4-27　靠模法车锥面

（4）靠模法

在大批量生产中还经常用靠模法车削圆锥面，如图 6-4-27 所示。

靠模装置的底座固定在床身的后面，底座上装有锥度靠模板。松开紧固螺钉，靠模板可以绕定位销钉旋转，与工件的轴线成一定的斜角。靠模上的滑块可以沿靠模滑动，而滑块通过连接板与拖板连接在一起。中拖板上的丝杠与螺母脱开，其手柄不再调节刀架横向位置，而是将小拖板转过 90°，用小拖板上的丝杠调节刀具横向位置，以调整所需的背吃刀量。

如果工件的锥角为 α，则将靠模调节成 $\alpha/2$ 的斜角。当大拖板作纵向自动进给时，滑块就沿着靠模滑动，从而使车刀的运动平行于靠模板，车出所需的圆锥面。

靠模法加工进给平稳，工件的表面质量好，生产效率高，可以加工 $\alpha < 12°$ 的长圆锥面。

2）成形面车削

在回转体上有时会出现母线为曲线的回转表面，如手柄、手轮、圆球等。这些表面称为成形面。成形面的车削方法有手动法、成形车刀法、靠模法、数控法等。

（1）手动法

如图 6-4-28 所示，操作者双手同时操纵中拖板和小拖板手柄移动刀架，使刀尖运动的轨迹与要形成的回转体成形面的母线尽量相符合。车削过程中还经常用成形样板检验，如图 6-4-29 所示。通过反复的加工、检验、修正，最后形成要加工的成形表面。手动法加工简单方便，但对操作者技术要求高，而且生产效率低，加工精度低，一般用于单件小批生产。

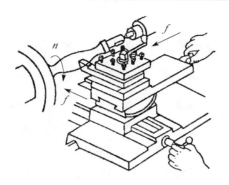 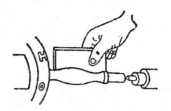

图 6-4-28　双手控制法车成形面　　　　图 6-4-29　用成形样板度量

（2）成形车刀法

切削刃形状与工件表面形状一致的车刀称为成形车刀（样板车）。用成形车刀切削时，只要作横向进给就可以车出工件上的成形表面，如图 6-4-30 所示。用成形车刀车削成形面，工件的形状精度取决于刀具的精度，加工效率高，但由于刀具切削刃长，加工时的切削力大，加工系统容易产生变形和振动，要求机床有较高的刚度和切削功率。成形车刀制造成本高，且不容易刃磨。因此，成形车刀法宜用于成批、大量生产。

（3）靠模法

用靠模法车成形面与靠模法车圆锥面的原理是一样的。只是靠模的形状是与工件母线形状一样的曲线，如图 6-4-31 所示。大拖板带动刀具作纵向进给的同时靠模带动刀具作横向进给，两个方向进给形成的合成运动产生的进给运动轨迹就形成工件的母线。靠模法加工采用普通的车刀进行切削，刀具实际参加切削的切削刃不长，切削力与普通车削相近，变形小，振动小，工件的加工质量好，生产效率高，但靠模的制造成本高。靠模法车成形面主要用于成批或大量生产。

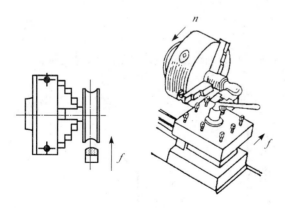 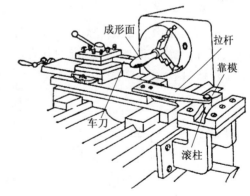

图 6-4-30　用成形车刀车成形面　　　　图 6-4-31　靠模法车成形面

（4）数控法

将在第 11 章数控加工中详细介绍。

6.4.5　车床的其他加工

在车床上不但可以进行回转表面加工，还可进行滚花、车凸轮、铲背、滚压等加工。

1）滚花

许多工具和机器零件的手握部分,为了便于握持和增加美观,常常在表面滚压出各种不同的花纹,如百分尺的套管,铰杠扳手及螺纹量规等。这些花纹一般都是在车床上用滚花刀滚压而成的,如图6-4-32所示。

滚花的实质是用滚花刀在原本光滑的工件表面挤压,使其产生塑性变形而形成凸凹不平但均匀一致的花纹。由于工件表面一部分下凹,而另一部分凸出,从大的范围来说,工件的直径有所增加。滚花时工件所受的径向力大,工件装夹时应使滚花部分靠近卡盘。滚花时工件的转速要低,并且要有充分的润滑,以减少塑性流动的金属对滚花刀的摩擦和防止产生乱纹。

滚花的花纹有直纹和网纹两种。滚花刀也分如图6-4-33(a)所示的直纹滚花刀和如图6-4-33(b)、(c)所示的网纹滚花刀。花纹亦有粗细之分,工件上花纹的粗细取决于滚花刀上滚轮花纹的粗细。

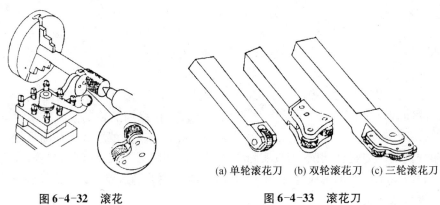

图6-4-32　滚花

(a) 单轮滚花刀　(b) 双轮滚花刀　(c) 三轮滚花刀

图6-4-33　滚花刀

2）滚压

滚压是利用滚轮或滚珠等工具在工件的表面施加压力进行加工的。在车床上用滚轮滚压工件外圆与滚花的加工形式十分接近。滚压加工可以加工外圆、内孔、端面、过渡圆弧等,如图6-4-34所示。

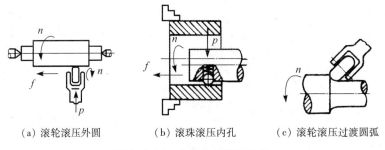

（a）滚轮滚压外圆　　（b）滚珠滚压内孔　　（c）滚轮滚压过渡圆弧

图6-4-34　车床上的滚压加工

在车床上滚压时,工具可以装在刀架上或装在尾座上,工件作低速旋转,滚压工具作缓慢进给。

滚压加工时,工件表面产生微量塑性变形,表面硬化,硬度提高,形成残余应力,疲劳强度提高。经过滚压加工的零件表面粗糙度 R_a 值达 0.4~0.1 μm,精度达 IT7~IT6,可代替精密磨削。

6.5 车削的质量检验

由于各种因素的影响,车削加工可能会产生多种质量缺陷。每个工件车削完毕都需要对其进行质量检验。经过检验,及时发现加工存在的问题,分析质量缺陷产生的原因,提出改进措施,保证车削加工的质量。

车削加工的质量主要是指外圆表面、内孔及端面的表面粗糙度、尺寸精度、形状精度和位置精度。

经过检验后,车削加工外圆、内孔和端面可能发现的质量缺陷及产生原因和解决措施见表 6-5-1,表 6-5-2 和表 6-5-3。

表 6-5-1 车外圆质量缺陷分析及防止

质量缺陷	产生原因	预防措施
尺寸超差	看错进刀刻度	看清并记住刻度盘读数刻度,记住手柄转过的圈数
	盲目进刀	根据余量计算背吃刀量,并通过试切法加以修正
	量具有误差或使用不当 量具未校零 测量、读数不准	使用前检查量具和校零,掌握正确的测量和读数方法
圆度超差	主轴轴线漂移	调整主轴组件
	毛坯余量或材质不均,产生误差复映	采用多次走刀
	质量偏心引起离心惯性力	加平衡块
圆柱度超差	刀具磨损	合理选用刀具材料,降低工件硬度,使用切削液
	工件变形	使用顶尖、中心架、跟刀架、减小刀具主偏角
	尾座偏移	调整尾座
	主轴轴线角度摆动	调整主轴组件
阶梯轴同轴度超差	定位基准不统一	用中心孔定位或减少装夹次数
表面粗糙度数值大	切削用量选择不当	提高或降低切削速度,减小走刀量和背吃刀量
	刀具几何参数不当	增大前角和后角,减少副偏角
	破碎的积屑瘤	使用切削液
	切削振动	提高工艺系统刚性
	刀具磨损	及时刃磨刀具并用油石磨光;使用切削液

表 6-5-2　车端面质量缺陷分析及防止

质量缺陷	产生原因	预防措施
平面度超差	主轴轴向窜动引起端面不平	调整主轴组件
	主轴轴线角度摆动引起端面内凹或外凸	调整主轴组件
垂直度超差	二次装夹引起工件轴线偏斜	二次装夹时严格找正或采用一次装夹加工
阶梯轴同轴度超差	定位基准不统一	用中心孔定位或减少装夹次数
表面粗糙度数值大	切削用量选择不当	提高或降低切削速度,减小走刀量和背吃刀量
	刀具几何参数不当	增大前角和后角,减小副偏角,右偏刀由中心向外进给

表 6-5-3　车床镗孔质量缺陷分析及防止

质量缺陷	产生原因	预防措施
尺寸超差	看错进刀刻度	看清并记住刻度盘读数刻度,记住手柄转过的圈数
	盲目进刀	根据余量计算背吃刀量,并通过试切法加以修正
	镗刀杆与孔壁产生运动干涉	重新装夹镗刀并空行程试走刀,选择合适的刀杆直径
	工件热胀冷缩	粗精加工相隔一段时间或加切削液
	量具有误差或使用不当	使用前检查量具和校零,掌握正确的测量和读数方法
圆度超差	主轴轴线漂移	调整主轴组件
	毛坯余量或材质不均,产生误差复映	采用多次走刀
	卡爪引起夹紧变形	采用多点夹紧,工件增加法兰
	质量偏心引起离心惯性力	加平衡块
圆柱度超差	刀具磨损	合理选用刀具材料,降低工件硬度,使用切削液
	主轴轴线角度摆动	调整主轴组件
与外圆同轴度超差	二次装夹引起工件轴线偏移	二次装夹时严格找正或在一次装夹加工出外圆和内孔
表面粗糙度数值大	切削用量选择不当	提高或降低切削速度,减小走刀量和背吃刀量
	刀具几何参数不当	增大前角和后角,减小副偏角
	破碎的积屑瘤	使用切削液
	切削振动	减少镗杆悬伸量,增加刚性
	刀具装夹偏低引起扎刀或刀杆底部与孔壁摩擦	使刀尖高于工件中心,减小刀头尺寸
	刀具磨损	及时刃磨刀具并用油石磨光;使用切削液

7 刨削、铣削、磨削及其他加工

7.1 概　述

机械加工的主要方法除了车削加工外,还有刨、铣、磨、插、拉、镗等加工方法。所用的机床为刨床、铣床、磨床、插床、拉床和镗床等。不同的加工方法有其不同特点,因而,适用于有不同要求的工件的加工。正确选用加工方法及设备,对提高劳动生产率和降低成本有着重要的意义。

7.2　刨削加工

刨削是在刨床上用刨刀加工工件的过程。刨削的加工精度一般可达 IT10 ~ IT7,表面粗糙度 R_a 值一般为 12.5 ~ 1.6 μm。

7.2.1　刨床和插床

刨削类机床一般指牛头刨床、龙门刨床和插床。

1）牛头刨床

牛头刨床是刨削类机床中应用较广的一种。牛头刨床的主运动是滑枕带动刀架作往复运动,进给运动由工作台横向运动实现。它适用于刨削长度不超过 1 000 mm 的中、小型工件,图 7-2-1 为 B6065 牛头刨床的外形。

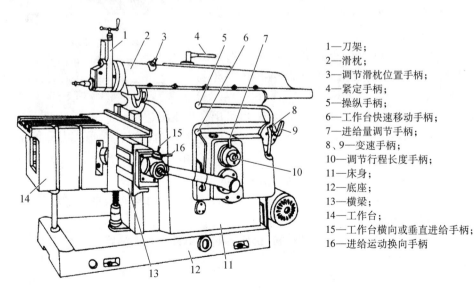

1—刀架;
2—滑枕;
3—调节滑枕位置手柄;
4—紧定手柄;
5—操纵手柄;
6—工作台快速移动手柄;
7—进给量调节手柄;
8、9—变速手柄;
10—调节行程长度手柄;
11—床身;
12—底座;
13—横梁;
14—工作台;
15—工作台横向或垂直进给手柄;
16—进给运动换向手柄

图 7-2-1　牛头刨床外形

2）龙门刨床

龙门刨床主要用于加工大型工件上长而窄的平面、大平面或同时加工多个小型工件的平面。图 7-2-2 是 B2010A 型龙门刨床的外形。

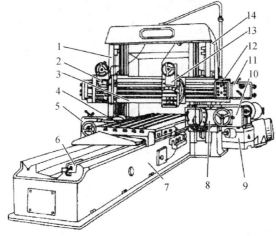

1—左立柱；
2—左垂直刀架；
3—横梁；
4—工作台；
5—左侧刀架进给箱；
6—液压安全器；
7—床身；
8—右侧刀架；
9—工作台减速箱；
10—右侧刀架进给箱；
11—垂直刀架进给箱；
12—悬挂按钮站；
13—右垂直刀架；
14—右立柱

图 7-2-2　B2010A 型龙门刨床

龙门刨床的主运动是工作台的往复直线运动。进给运动由刀架完成，刀架除垂直刀架外还有侧刀架。垂直刀架可沿横梁导轨作横向进给，用以加工工件的水平面；侧刀架可沿立柱导轨作垂直进给，用以加工工件的垂直面。刀架亦可绕转盘旋转和沿滑板导轨移动，用来调整刨刀的工作位置和实现进刀运动。

在龙门刨床上加工箱体、导轨等狭长平面时，可采用多工件、多刀刨削以提高生产率。如在刚性好、精度高的机床上，正确装夹工件，用宽刃进行大进给量精刨平面，可以得出平面度在 1 000 mm 内不大于 0.02 mm，表面粗糙度 R_a 值为 1.6 ~ 0.8 μm 的平面，并且生产率也较高。

3）插床

插床主要用来加工孔内的键槽、花键等，也可用来加工多边形孔。

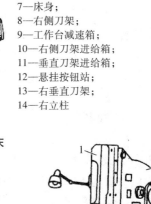

图 7-2-3　B5020 型插床
1—滑枕；2—刀架；3—工作台；
4—底座；5—床身

它的结构原理与牛头刨床属同一类型。不同的是主运动为滑枕在垂直方向的上、下往复运动。工作台由下拖板、上拖板和圆工作台等部分组成。下拖板可作横向进给，上拖板可作纵向进给，圆工作台的回转可作圆周进给和圆周分度。

插削精度如平面的平直度、侧面对基面的垂直度及加工面间的垂直度可达 0.025 mm/300 mm，表面粗糙度 R_a 值为 6.3 ~ 1.6 μm。

插削生产率低，一般多用于工具车间、机修车间和单件小批量生产中。

7.2.2　刨刀及其装夹

1）刨刀

刨刀的结构、几何形状与车刀相似，但由于刨削过程有冲击力，刀具易损坏，所以刨刀截面通常比车刀大。为了避免刨刀扎入工件,刨刀刀杆常做成弯头的,见图7-2-4。刨刀的种类很多,常用的刨刀及其应用如图7-2-5所示,其中,平面刨刀用来刨平面;偏刀用来刨垂直面或斜面;角度偏刀用来刨燕尾槽和角度;弯切刀用来刨 T 形槽及侧面槽;切刀及割槽刀用来切断工件或刨沟槽。此外,还有成形刀,用来刨特殊形状的表面。

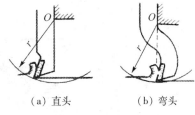

(a) 直头　　(b) 弯头

图 7-2-4　刨刀的形状

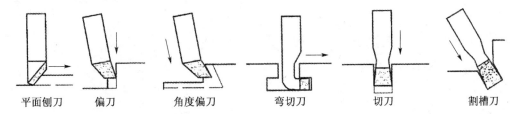

平面刨刀　　偏刀　　　角度偏刀　　　弯切刀　　　切刀　　　割槽刀

图 7-2-5　刨刀的种类及应用

2) 刨刀的装夹

装夹刨刀时,不要把刀头伸出过长,以免产生振动。直头刨刀的刀头伸出长度为刀杆厚度的一倍半,弯头刀伸出量可长些。装刀和卸刀时,必须一手扶刀,一手用扳手夹紧或放松。无论装或卸,扳手的施力方向均需向下。

7.2.3　工件的装夹

1) 用平口钳装夹

平口钳是通用工具,用于装夹小型工件。加工前工件先轻夹在平口钳上,用钢尺、划针等或凭眼力直接找正工件的位置,然后夹紧。图7-2-6(a)是用划针找正工件上、下两平面对工作台面的平行度。如果是毛坯,可先划出加工线,然后按划线找正工件的位置,如图7-2-6(b)。

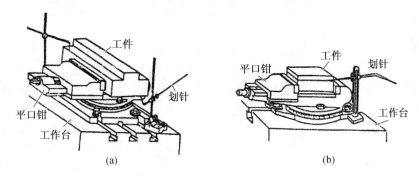

(a)　　　　　　　　　　　　(b)

图 7-2-6　平口钳装夹

2) 在工作台上装夹

在工作台上装夹工件时,可根据工件的外形尺寸采用不同的装夹工具。例如图 7-2-7(a)是用压板和压紧螺栓装夹工件;图 7-2-7(b)是用撑板装夹薄板工件;图 7-2-7(c)是用 V 形铁装夹圆形工件;图 7-2-7(d)是将工件装在角铁上,用 C 形夹或压板压紧。

在工作台上装夹工件时,根据工件装夹精度要求,也用划针、百分表等找正工件或先划好加工线再进行找正。

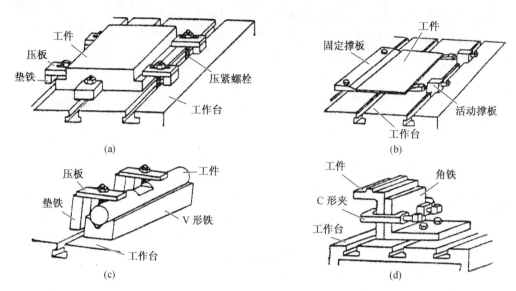

图 7-2-7　工作台上装夹工件

7.3　铣削加工

铣削加工是在铣床上利用铣刀的旋转（主运动）和工件的移动（进给运动）来加工工件的。铣削加工的范围比较广泛，可加工平面（水平面、垂直面、台阶面、斜面）、沟槽（包括键槽、直槽、角度槽、燕尾槽、T形槽、V形槽、圆弧槽、螺旋槽）和凸、凹圆弧面、凸轮轮廓等成形面。此外还可进行孔加工，钻孔、扩孔、铰孔、镗孔和齿轮、花键等有分度要求的零件加工。图 7-3-1 为铣削加工的主要工作。铣削加工的尺寸公差等级一般可达 IT9 ~ IT7，表面粗糙度 R_a 值一般为 6.3 ~ 1.6 μm。

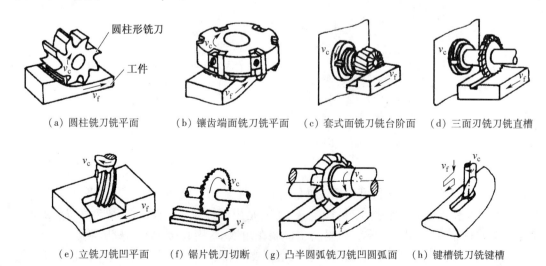

（a）圆柱铣刀铣平面　　（b）镶齿端面铣刀铣平面　　（c）套式面铣刀铣台阶面　　（d）三面刃铣刀铣直槽

（e）立铣刀铣凹平面　　（f）锯片铣刀切断　　（g）凸半圆弧铣刀铣凹圆弧面　　（h）键槽铣刀铣键槽

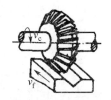

（i）立铣刀铣圆弧槽　　（j）双角铣刀铣 V 形槽　　（k）燕尾槽铣刀铣燕尾槽　　（l）T 形槽铣刀铣 T 形槽

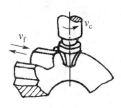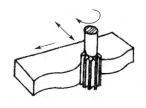

（m）指状齿轮铣刀铣齿轮　　（n）盘状齿轮铣刀铣齿轮　　（o）凹圆弧铣刀铣凸圆弧　　（p）立铣刀铣成形面

图 7-3-1　铣削加工

7.3.1　铣床及其附件

1）铣床

在现代机器制造中,铣床约占金属切削机床总数的 25% 左右。铣床的种类很多,常用的是卧式万能升降台铣床、立式升降台铣床、龙门铣床及数控铣床等。

（1）卧式万能升降台铣床

卧式万能升降台铣床简称万能铣床,如图 7-3-2 所示,是铣床中应用最多的一种。它的主轴是水平放置的,与工作台面平行。

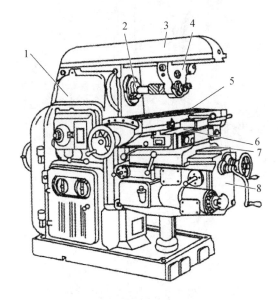

图 7-3-2　X6132 型卧式万能升降台铣床

1—床身；2—主轴；3—横梁；4—挂架；
5—工作台；6—转台；7—横向溜板；8—升降台

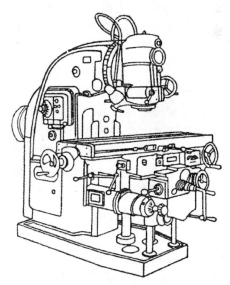

图 7-3-3　X5032 型立式升降台铣床

（2）立式升降台铣床

立式升降台铣床简称立式铣床,如图7-3-3。立式铣床与卧式铣床的主要区别是主轴与工作台台面相垂直。有时根据加工需要,可将立铣头(包括主轴)左右扳转一定的角度,以便加工斜面等。由于操作时观察、检查和调整铣刀位置等都比较方便,又便于装夹硬质合金端铣刀进行高速铣削,立式铣床生产率较高,故应用很广。

（3）龙门铣床

龙门铣床(见图7-3-4)是一种大型、高效的通用机床,主要加工各种大型工件的平面、沟槽的粗、精加工,借助于附件能完成斜面、孔等加工。图中工作台1(固定工件)只作往复直线运动,横梁3上两个垂直铣头4、8可沿其水平方向调整位置,横梁可沿立柱5、7作垂直移动,以满足加工要求。两立柱上的铣削头2、9可沿立柱导轨垂直移动。四个铣削头可同时加工,都有独立的主电动机及传动系统,能分别调整加工位置,铣削头主轴可随主轴套筒作轴向调整并锁紧。工作台上可安装多个零件进行加工,其生产率较高。

除常用铣床外,还有花键铣床、螺纹铣床、工具铣床等专用铣床。

（4）数控铣床

数控铣床的优点如下:

① 加工精度高,加工质量稳定可靠

数控铣床(图7-3-5)的机械传动系统和结构本身都有较高的精度和刚度,加工精度和质量是由机床来保证,完全排除了操作者的人为误差影响,所以,数控铣床具有较高的加工精度,加工误差一般能控制在 $1\sim5\ \mu m$ 之内,重复定位精度可达 $2\ \mu m$。另外,由于数控铣床是自动进行加工的,故而提高了同批数量零件加工尺寸的一致性,使得加工质量

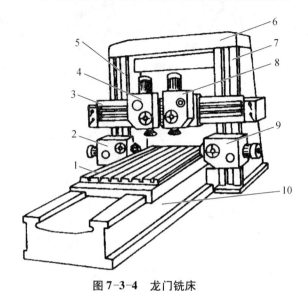

图 7-3-4　龙门铣床

1—工作台；2、9—侧铣头；3—横梁；4、8—垂直铣头；
5、7—立柱；6—龙门架；10—床身

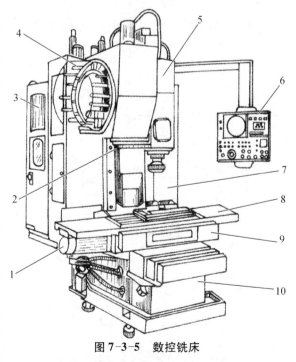

图 7-3-5　数控铣床

1—伺服电机；2—换刀机械手；3—数控柜；
4—盘式刀库；5—主轴箱；6—操作面板；
7—驱动电源；8—工作台；9—滑座；10—床身

稳定,产品合格率高。

② 生产效率高

数控铣床能缩短生产准备时间,增加切削加工时间的比率。数控铣床具有良好的结构刚性,可进行强力切削,从而有效地缩短了机加工时间。由于数控铣床重复定位精度高,还可省去零件加工过程中的多次检测时间。所以说,数控铣床的生产率比一般普通铣床高得多。

③ 减轻工人的劳动强度,改善劳动条件

数控铣床的加工是输入事先编好的加工程序后由机床自动加工完成,除了装卸零件,操作键盘,观察机床运行之外,工人不需要进行繁重的重复手工操作,使其劳动强度得以减轻,工作条件也相应得到改善。

④ 有广泛的适应性和较大的灵活性

通过改变程序,数控铣床就可以加工新品种的零件,能够完成很多普通铣床难以完成,或者就根本不能加工的复杂型面的零件加工。

2) 铣床附件

(1) 万能铣头

万能铣头装在卧式铣床上,不仅能完成各种立铣的工作,而且还可以根据铣削的需要,将铣头主轴扳转成任意角度。其底座用四个螺栓固定在铣床垂直导轨上,如图 7-3-6(a)。铣床主轴的运动可以通过铣头内的两对齿数相同的锥齿轮传递到铣头主轴,因此铣头主轴的转速级数与铣床的转速级数相同。

铣头的壳体 1 可绕铣床主轴轴线偏转任意角度,如图 7-3-6(b)。铣头主轴的壳体 2 还能在壳体 1 上偏转任意角度,如图 7-3-6(c)。因此,铣头主轴就能在空间偏转成所需要的任意角度,这样就可以扩大卧式铣床的加工范围。

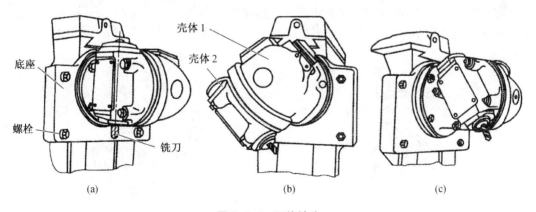

(a)　　　　　　　　　　(b)　　　　　　　　　　(c)

图 7-3-6　万能铣头

(2) 回转工作台

回转工作台又称转盘或圆工作台。它分为手动和机动进给两种,主要功用是大工件的分度及铣削带圆弧曲线的外表面和圆弧沟槽的工件。手动回转工作台如图 7-3-7 所示。它的内部有一套蜗杆、蜗轮,摇动手轮,通过蜗杆轴,就能直接带动与转台相连接的蜗轮传动。转台周围有0°~360°刻度,可用来观察和确定转台位置。拧紧固定螺钉,转台就固定不动。转台中央有一基准孔,利用它可方便地确定工件的回转中心。铣圆弧槽时,工件装夹在回转工作台上,铣刀旋转,用手均匀缓慢地摇动回转工作台而在工件上铣出圆弧槽来,如图7-3-8。

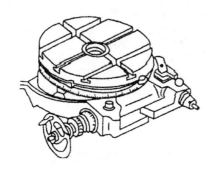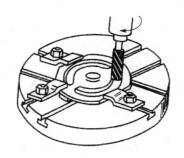

图7-3-7　回转工作台　　　　图7-3-8　在回转工作台上铣圆弧槽

（3）万能分度头

分度头是对工件在圆周、水平、垂直、倾斜方向上进行等分或不等分地铣削的铣床附件,可铣四方、六方、齿轮、花键和刻线等,见图7-3-9,图7-3-10,图7-3-11。分度头有许多类型,最常见的是万能分度头。

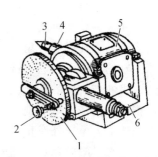

图7-3-9　FW250型万能分度头

1—分度盘；2—旋转手柄；3—顶尖；4—主轴；5—回转体；6—机座

① 万能分度头的结构　万能分度头由底座、转动体、主轴和分度盘等组成。工作时,它的底座用螺钉紧固在工作台上,并利用导向键与工作台中间一条T形槽相配合,使分度头主轴轴心线平行于工作台纵向进给。分度头的前端锥孔内可安放顶尖,用来支撑工件；主轴外部有一短定位锥体与卡盘的法兰盘锥孔相连接,以便用卡盘来装夹工件。

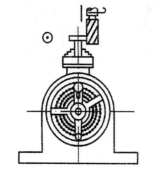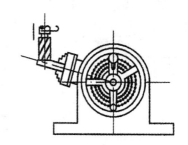

图7-3-10　分度头卡盘在垂直位置装夹工件　　　图7-3-11　分度头卡盘在倾斜位置装夹工件

分度头的侧面有分度盘和分度手柄。分度时摇动分度手柄,通过蜗杆、蜗轮带动分度头主轴旋转进行分度。

②分度方法　图7-3-12所示为分度头的传动系统图。分度头蜗杆、蜗轮的传动比

1:40，即手柄通过一对齿轮(传动比为 1:1)带动蜗杆转动一圈，蜗轮只带动主轴转过 1/40 圈。若工件在整个圆周上的分度数目 z 为已知，则每转过一个等分，主轴需转过 1/z 圈。这时手柄所需的转数可由下列比例关系式确定：

$$1:40 = 1/Z:n \quad 即 \quad n = 40/Z$$

式中：n 为手柄转数；Z 为工件的等分数；40 为分度头的定数。

例如：铣削 $z = 23$ 的齿轮，$n = \dfrac{40}{23} = 1\dfrac{17}{23} = 1\dfrac{34}{46}$ 圈，即每铣一齿，手柄需要转过 $1\dfrac{34}{46}$ 圈。

分度手柄的准确转数是借助分度盘来确定的(图 7-3-13)，分度盘正、反两面有许多孔数不同的孔圈。例如国产 FW250 型分度头备有两块分度盘，其各圈孔数如下：

第一块正面：24、25、28、30、34、37；反面：38、39、41、42、43。

第二块正面：46、47、49、52、53、54；反面：57、58、59、62、66。

需要转过 $1\dfrac{34}{46}$ 圈，先将分度盘固定，再将分度手柄的定位销调整到孔数为 46 的孔圈上，手柄转过 1 圈后，再沿孔数为 46 的孔圈上转过 34 个孔距即可。这叫做简单分度法。

利用万能分度头分度的方法还有直接分度法、角度分度法、差动分度法、近似分度法等。

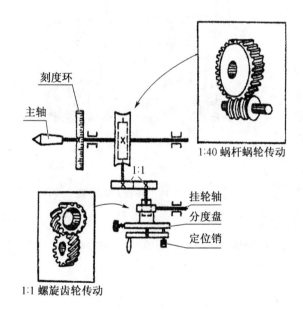

图 7-3-12　万能分度头的传动系统　　　　　图 7-3-13　分度盘

7.3.2　铣刀的装夹

1）圆柱铣刀、圆盘铣刀和角度铣刀的装夹

在卧式铣刀上多使用刀杆安装刀具，如图 7-3-14 所示。刀杆的一端为锥体，装入机床前端的锥孔中，并用拉杆螺丝穿过机床主轴将刀杆拉紧。主轴的动力通过锥面和前端的键，带动刀杆旋转。铣刀装在刀杆上尽量靠近主轴的前端，以减少刀杆的变形。

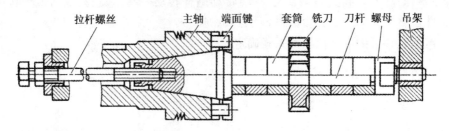

图7-3-14 利用刀杆安装铣刀

2）立铣刀的装夹

对于直径为 3~20 mm 的直柄立铣刀，可使用弹簧夹头装夹，弹簧夹头可装入机床的主轴孔中，如图 7-3-15(a)所示。对于直径为 10~50 mm 的锥柄铣刀，可借助过渡套筒装入机床主轴孔中，如图 7-3-15(b)所示。

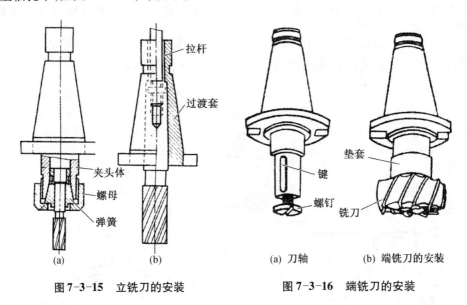

图7-3-15 立铣刀的安装　　　　　图7-3-16 端铣刀的安装

3）端铣刀的装夹

端铣刀一般中间带有圆孔，先将铣刀装在如图 7-3-16 所示的短刀轴上，再将刀轴装入机床的主轴并用拉杆螺丝拉紧。

7.3.3 工件的装夹

1）用附件装夹

（1）用平口钳装夹工件

矩形工件（如平行垫铁）要求相对两面互相平行、相邻两面互相垂直。这类工件一般可以铣削，也可以刨削。但工件采用平口钳装夹时，无论是铣削还是刨削，精加工1~4 个面的步骤不能按照 1、2、3、4 的顺序进行加工，而要按照 1、2、4、3 的顺序进行，如图 7-3-17 所示。这样可以减少加工误差的累积，遵循了基准选择中的基准统一原则。

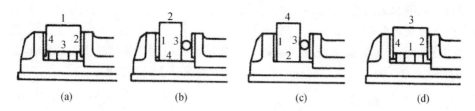

图 7-3-17 矩形工件的装夹

（2）用工作台装夹工件,如图 7-3-7。

（3）用分度头装夹工件,如图 7-3-18。

分度头多用于装夹有分度要求的工件。它既可用分度头卡盘（或顶尖）与尾座顶尖一起使用来装夹轴类零件,也可以只用分度头卡盘直接装夹工件。

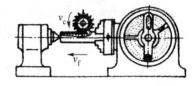

图 7-3-18 用分度头装夹工件铣键槽

（4）用回转工作台装夹

带有圆弧状的工件,可以在回转工作台上进行加工,如图 7-3-8 所示。

2）用专用夹具装夹

为了保证零件的加工质量,常用各种专用夹具装夹工件,如图 7-3-19 所示。专用夹具就是根据工件的几何形状及加工方式特别设计的工艺设备。它不仅可以保证加工质量,提高劳动生产率,减轻劳动强度,而且使许多通用机床可以加工形状复杂的工件。

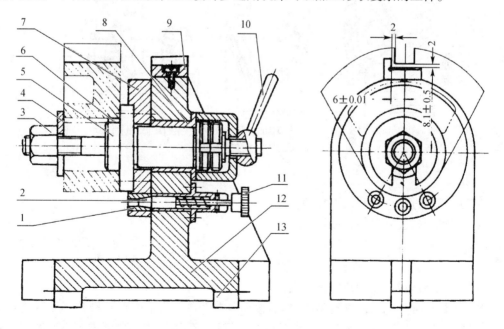

图 7-3-19 铣三通槽的专用夹具

1—定位套；2—定位销；3—螺母；4—开口垫圈；5—定位心轴；6—键；
7—分度盘；8—衬套；9—对刀块；10—手柄；11—手把；12—夹具体；13—定向键

7.3.4 铣削加工的基本工作

1）铣平面及垂直面

铣平面可在立铣或卧铣上进行，如图7-3-20所示：（a）为镶齿端铣刀在立铣上铣平面；（b）为用圆柱铣刀在卧铣上铣平面；（c）为用端铣刀在卧铣上铣垂直面。

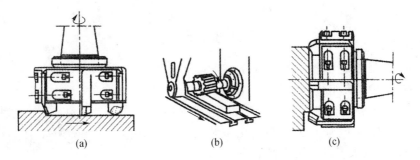

（a）　　　　　　　　（b）　　　　　　　　（c）

图7-3-20　铣平面及垂直面

2）铣台阶面

台阶面可用三面刃盘铣刀在立式铣床上铣削，如图7-3-21（a），也可用大直径的立铣刀在立式铣床上铣削，如图7-3-21（b）。在成批生产中，则用组合铣刀在卧铣上同时铣削几个台阶面，如图7-3-21（c）。

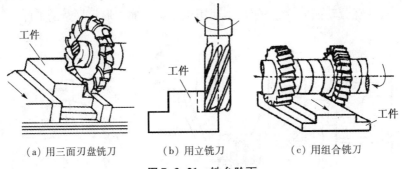

（a）用三面刃盘铣刀　　　（b）用立铣刀　　　（c）用组合铣刀

图7-3-21　铣台阶面

3）铣斜面

斜面的铣削方法主要有以下几种：

（1）把铣刀转成所需的角度铣斜面

通常在装有立铣头的卧式铣床上或在立式铣床上使用。转动立铣头，如图7-3-22（a），将主轴倾斜一定的角度，工作台作横向进给即可实现对斜面的加工。

（2）把工件转成所需的角度铣斜面

先将工件要加工的斜面进行划线，然后按划线在平口钳或工作台上校平工件，夹紧后即可铣出斜面，如图7-3-22（b）所示；也可利用可回转的平口钳、分度头等带动工件转一角度铣斜面，如图7-3-22（c）所示。

（3）用角度铣刀铣斜面

当有角度相符的角度铣刀时，可用来直接铣削斜面，如图7-3-22（d）所示。

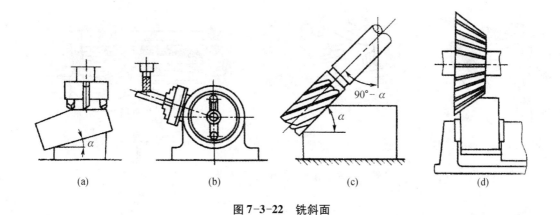

(a)	(b)	(c)	(d)

图 7-3-22　铣斜面

4）铣键槽

在铣床上可以加工各种沟槽。轴上的键槽通常是在铣床上加工的。图 7-3-23(a) 是用盘铣刀在卧式铣床上用三面刃铣刀加工开口式键槽,工件可用平口钳或分度头进行装夹,由于三面刃铣刀参与铣削的刀刃数多、刚性好、散热条件好,其生产率比键槽铣刀高。对于封闭式键槽,一般在立式铣床上铣削,见图 7-3-23(b)。批量较大时则常在键槽铣床上加工。

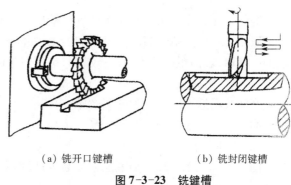

（a）铣开口键槽　　　（b）铣封闭键槽

图 7-3-23　铣键槽

5）铣圆弧槽

铣圆弧槽要在回转工作台上进行,见图 7-3-8。工件用压板螺栓直接装在圆形工作台上或用三爪卡盘装夹在回转工作台上。装夹时,工件上圆弧槽的中心必须与回转工作台的中心重合。摇动回转工作台手轮带动工件作圆周进给运动,即可铣出圆弧槽。

6）铣成形面、曲面、齿形

（1）铣成形面

成形面一般在卧式铣床上用成形铣刀来加工,如图 7-3-24 所示。成形铣刀的形状与加工面相吻合。

（2）铣曲面

曲面一般在立式铣床上加工,其方法有以下两种:

① 按划线铣曲面　对于要求不高的曲面,可按工件上划出的线迹,移动工作台进行加工,如图 7-3-25 所示。

② 用靠模铣曲面　在成批及大量生产时,可以采用靠模铣曲面。图 7-3-26 所示为圆形工作台上用靠模铣曲面。铣削时,立铣刀上面的圆柱部分始终与靠模接触,从而加工出与靠模一致的曲面。

图 7-3-24 铣成形面

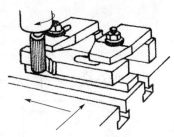

图 7-3-25 划线铣曲面

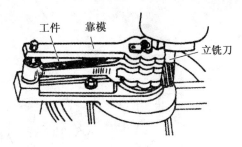

图 7-3-26 靠模法铣曲面

在铣床上还可以进行齿轮齿形的加工,请参阅7.5节。

7.4 磨削加工

磨削是在磨床上用砂轮对工件进行精加工和超精加工。除了磨削普通材料外,还常用于一般刀具难以切削的高硬度材料的加工,如淬硬钢、硬质合金等。磨削的加工精度一般可达 IT6 ~ IT4,表面粗糙度 R_a 值一般为 $1.6 \sim 0.2~\mu m$。

7.4.1 磨床

磨床按用途不同可分为外圆磨床、内圆磨床、平面磨床、无心磨床、工具磨床、螺纹磨床、齿轮磨床以及其他各种专用磨床等。

1)外圆磨床

图 7-4-1 为 M1432A 型万能外圆磨床,可用来磨削内、外圆柱面,圆锥面和轴、孔的台阶端面。

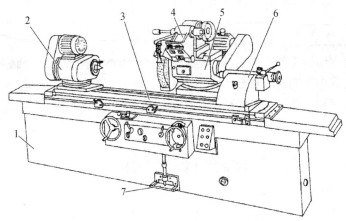

图 7-4-1 M1432A 型万能外圆磨床

1—床身;2—头架;3—工作台;4—内磨装置;5—砂轮架;6—尾座;7—脚踏操纵板

2)内圆磨床

内圆磨床主要用于磨削圆柱孔、圆锥孔及端面等。图 7-4-2 是 M2120 型内圆磨床的外形图。头架可以绕垂直轴线转动一个角度,以便磨削锥孔。工件转速能作无级调整,砂轮架安放在工作台上,工作台由液压传动作往复运动,也能作无级调速,而且砂轮趋近及退出时能自动变为快速,以提高生产率。M2120 型磨床磨削孔径范围为 50~200 mm。

3)平面磨床

平面磨床用来磨削工件的平面。图 7-4-3 为 M7120A 型平面磨床的外形图。工作台上装有电磁吸盘或其他夹具,用以装夹工件。工作台的往复运动是平面磨床的主要进给运动。

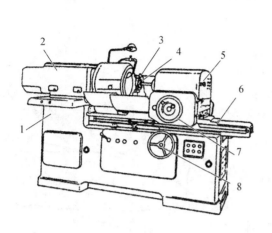

图 7-4-2　内圆磨床

1—床身;2—头架;3—砂轮修整器;4—砂轮;
5—砂轮架;6—工作台;7—操纵砂轮架手轮;
8—操纵工作台手轮

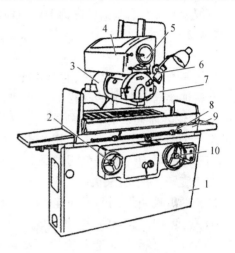

图 7-4-3　平面磨床

1—床身;2—驱动工作台手轮;3—磨头;
4—拖板;5—轴向进给手轮;
6—砂轮修整器;7—立柱;8—行程挡块;
9—工作台;10—径向进给手轮

砂轮架沿拖板的水平导轨可作轴向进给运动,这可由液压带动或手轮移动;拖板可沿立柱导轨垂直移动,以调整磨头的高低位置及完成径向进给运动。这一运动亦可通过转动手轮实现。

4)无心磨床

无心外圆磨床的结构完全不同于一般的外圆磨床,其工作原理如图 7-4-4 所示。磨削时工件不需要夹持,而是放在砂轮与导轮之间,由托板支持着;工件轴线略高于砂轮与导轮轴线,以避免工件在磨削时产生圆度误差;工件由橡胶结合剂制成的导轮带着作低速旋转($v_0 = 0.2 \sim 0.5$ m/s),并由高速旋转着的砂轮进行磨削。

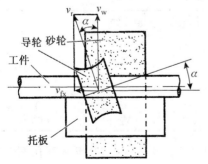
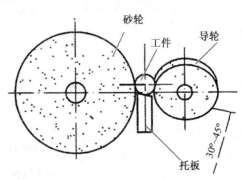

图 7-4-4　无心外圆磨床原理

导轮的外圆表面为双曲面,导轮安装时轴线与工件轴线不平行,倾斜一个角度 α($\alpha =$ 1°~4°),因而导轮旋转时所产生的线速度 $v_w = v_r \cdot \cos\alpha$ 垂直于工件的轴线,使工件产生旋转运动,而 $v_{fx} = v_r \cdot \sin\alpha$ 则平行于工件的轴线,使工件作轴向进给运动。

无心外圆磨削的生产率高,主要用于成批及大量生产中磨削细长轴和无中心孔的短轴等。一般无心外圆磨削的精度为 IT6~IT5 级,表面粗糙度 R_a 值为 0.8~0.2 μm。

7.4.2 砂轮

1)砂轮

砂轮是磨削的主要工具,它是由细小而坚硬的磨料加结合剂制成的疏松的多孔体,见图 7-4-5。砂轮表面上杂乱地排列着许多磨粒,磨粒的每一个棱角都相当于一个切削刃,整个砂轮相当于一把具有无数切削刃的铣刀,磨削时砂轮高速旋转,切下粉末状切屑。

砂轮的特性由下列因素决定:磨料、粒度、结合剂、硬度、组织、形状及尺寸。

① 磨料 磨料是制造砂轮的主要原料,直接担负着切削工作。它必须具有高的硬度以及良好的耐热性,并具有一定的韧性。常用磨料有棕刚玉(A)、白刚玉(WA)、黑碳化硅(C)和绿碳化硅(GC)。

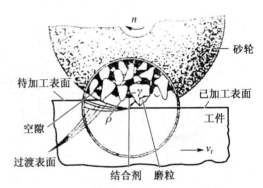

图 7-4-5 砂轮的组成

② 粒度 粒度表示磨粒的大小程度,粒度越大,颗粒越小。粗颗粒用于粗加工,细颗粒用于精加工。磨软材料时,为防止砂轮堵塞,用粗磨粒;磨削脆、硬材料时,用细磨粒。

③ 结合剂 结合剂的作用是将磨粒粘结在一起,使之成为具有一定形状和强度的砂轮。常用的结合剂有陶瓷结合剂(V)、树脂结合剂(B)和橡胶结合剂(R)三种。除切断砂轮外,大多数砂轮都采用陶瓷结合剂。

④ 硬度 砂轮的硬度是指砂轮上的磨粒在磨削力的作用下,从砂轮表面上脱落的难易程度。磨粒易脱落,表明砂轮硬度低;反之,则表明砂轮硬度高。工件材料越硬,磨削时砂轮硬度应选得软些;工件材料越软,砂轮的硬度应选得硬些。常用的砂轮硬度在 K~R 之间。

表 7-4-1 砂轮的硬度代号

名称	超软	软1	软2	软3	中软1	中软2	中1
代号	D、E、F (CR)	G (R1)	H (R2)	J (R3)	K (ZR1)	L (ZR2)	M (Z1)
名称	中2	中硬1	中硬2	中硬3	硬1	硬2	超硬
代号	N (Z2)	P (ZY1)	Q (ZY2)	R (ZY3)	S (Y1)	T (Y2)	Y (CY)

⑤ 组织 砂轮的组织表示砂轮结构的松紧程度。它是指磨粒、结合剂和气孔三者所占体积的比例。砂轮组织分为紧密、中等和疏松三大类,共16级(0~15)。常用的是5、6级,级数越大,砂轮越松。

⑥ 形状、尺寸　为了适应磨削各种形状和尺寸的工件,砂轮可以做成各种不同的形状和尺寸。表 7-4-2 为常用砂轮的形状、型号及用途。

表 7-4-2　常用砂轮的形状、型号及用途

砂轮名称	型号	简　图	主要用途
平形砂轮	1	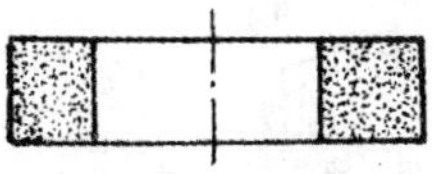	用于磨外圆、内圆、平面、螺纹及无心磨床
薄片砂轮	41	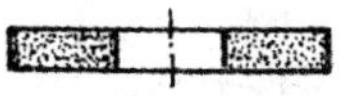	主要用于开槽和切断等
筒形砂轮	2	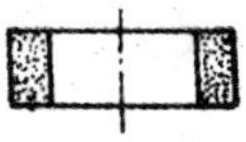	用于立轴端面磨
双面凹砂轮	7	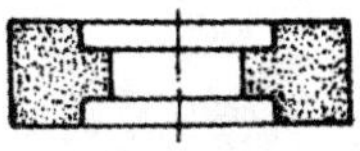	主要用于外圆磨削和刃磨刀具;无心磨床砂轮和导轮
杯形砂轮	6	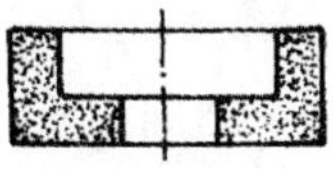	用于磨平面、内圆及刃磨刀具
双斜边形砂轮	4	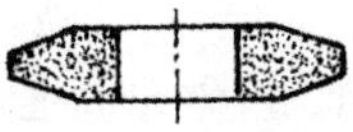	用于磨削齿轮和螺纹
碗形砂轮	11	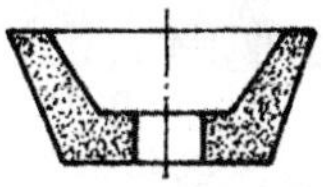	用于导轨磨及刃磨刀具
碟形砂轮	12	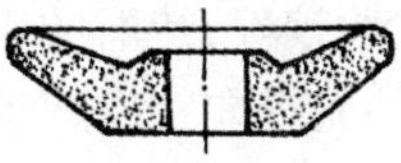	用于磨铣刀、铰刀、拉刀等,大尺寸的用于磨齿轮端面

砂轮按 GB/T 2484—2006 的规定进行标注。

2) 砂轮的安装及修整

砂轮因在高速下工作,安装前必须经过外观检查,不应有裂纹,并经过平衡试验(如图 7-4-6)。砂轮安装方法如图 7-4-7 所示。大砂轮通过台阶法兰盘装夹,如图 7-4-7(a);不太大的砂轮用法兰盘直接装在主轴上,如图 7-4-7(b);小砂轮用螺母紧固在主轴上,如图 7-4-7(c);更小的砂轮可粘固在轴上,如图 7-4-7(d)。

砂轮工作一定时间后,磨粒逐渐变钝,砂轮工作表面空隙被堵塞,砂轮的正确几何形状被破坏。这时必须进行修整,将砂轮表面一层变钝了的磨粒切去,以恢复砂轮的切削能力及正确的几何形状,如图 7-4-8 所示。

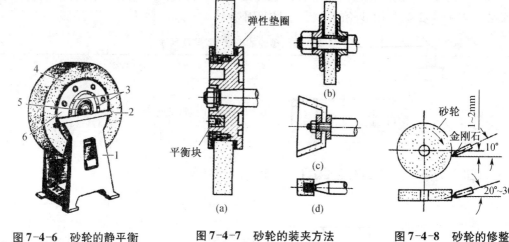

图7-4-6　砂轮的静平衡

1—平衡架；2—平衡轨道；
3—平衡铁；4—砂轮；
5—心轴；6—砂轮套筒

图7-4-7　砂轮的装夹方法

图7-4-8　砂轮的修整

7.4.3　磨削加工的基本工作

1）磨外圆

工件的外圆一般在普通外圆磨床或万能外圆磨床上磨削。常用的磨削外圆的方法有纵磨法和横磨法两种。

（1）纵磨法

此法用于磨削长度与直径之比较大的工件。磨削时,砂轮高速旋转,工件低速旋转并随工作台作纵向往复运动,在工件改变移动方向时,砂轮作间歇性径向进给,如图7-4-9。

纵磨法的特点是可用同一砂轮磨削长度不同的各种工件,且加工质量好。在单件、小批量生产以及精磨时广泛采用这种方法。

（2）横磨法

此法又称径向磨削法或切入磨削法。当工件刚性较好,待磨的表面较短时,可以选用宽度大于待磨表面长度的砂轮进行横磨。横磨时,工件无纵向往复运动,砂轮以很慢的速度连续地或断续地向工件作径向进给运动,直到磨去全部余量为止,如图7-4-10。

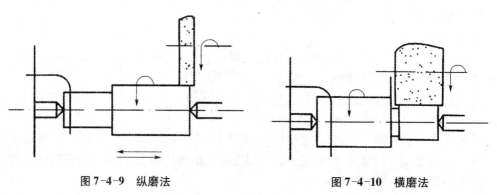

图7-4-9　纵磨法　　　　　　　　　图7-4-10　横磨法

横磨法的特点是充分发挥了砂轮的切削能力,生产率高。但在横磨时,工件与砂轮的接触面积大,工件易发生变形和烧伤,故这种磨削法仅适用于磨削短的工件、阶梯轴的轴颈和粗磨等。

2)磨内孔和内圆锥面

内圆和内圆锥面可在内圆磨床或万能外圆磨床上用内圆磨头进行磨削,如图 7-4-11。磨内圆和内圆锥面使用的砂轮直径小,尽管它的转速很高(一般 10 000 ~ 20 000 r/ min),但切削速度仍比磨外圆时低,使工件表面质量不易提高。砂轮轴细而长,刚性差,磨削时易产生弯曲变形和振动,故切削用量要低一些。此外,内圆磨削时的磨削热大,而冷却及排屑条件较差,工件易发热变形,砂轮易堵塞,因而内圆和内圆锥面磨削的生产率低,而且加工质量也不如外圆磨削高。

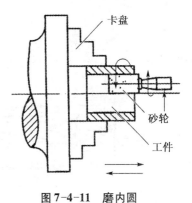

图 7-4-11 磨内圆

3)磨平面

磨平面一般使用平面磨床。平面磨床工作台通常采用电磁吸盘来安装工件,对于钢、铸铁等导磁性工件可直接安装在工作台上,对于铜、铝等非导磁性工件,要通过精密平口钳等装夹。

根据磨削时砂轮工件表面的不同,平面磨削的方式有两种,即周磨法和端磨法,如图 7-4-12 所示。

周磨法 用砂轮圆周面磨削平面,见图 7-4-12(a)。周磨时,砂轮与工件接触面积小,排屑及冷却条件好,工件发热量少,因此磨削易翘曲变形的薄片工件,能获得较好的加工质量,但磨削效率较低。

端磨法 用砂轮端面磨削平面,见图 7-4-12(b)。端磨时,由于砂轮轴伸出较短,而且主要是受轴向力,因而刚性较好,能采用较大的磨削用量。此外,砂轮与工件接触面积大,因而磨削效率高。但发热量大,也不易排屑和冷却,故加工质量较周磨法低。

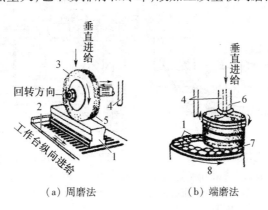

(a)周磨法　　　　　(b)端磨法

图 7-4-12 磨平面的方法

1—工件;2—磁性吸盘;3—砂轮;4—冷却液管;

5—砂轮周边;6—砂轮轴;7—砂轮端面;8—磁性吸盘

4）磨外圆锥面

磨外圆锥面与磨外圆的主要区别是工件和砂轮的相对位置不同。磨外圆锥面时,工件轴线必须相对于砂轮轴线偏斜一圆锥斜角。常用转动上工作台或转动头架的方法磨外锥面,如图7-4-13所示。

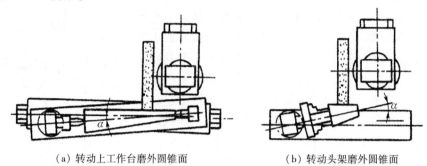

（a）转动上工作台磨外圆锥面　　　　　　（b）转动头架磨外圆锥面

图7-4-13　磨外圆锥面

7.4.4　精密磨料加工

对钢、铁、玻璃及陶瓷等材料多采用磨料加工,即磨削和研磨、抛光,并在加工表面已经接近最后要求的条件下作为其最后的精密或超精密加工方法。

1）金刚石砂轮和CBN（立方氮化硼）砂轮磨削

金刚石砂轮精密磨削主要应用于玻璃、陶瓷等硬脆材料,可实现精密镜面磨削。砂轮形式主要有金属结合剂、陶瓷结合剂、树脂结合剂砂轮和电镀金刚石砂轮等。由于金刚石砂轮磨粒很硬,因此砂轮修整较困难。常用的修整方法有放电修整法（图7-4-14）、碳化硅杯形砂轮修整法（图7-4-15）等。对钢铁材料则可采用CBN砂轮精密磨削。

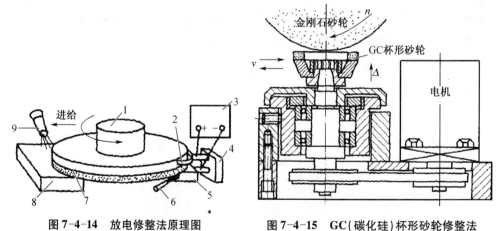

图7-4-14　放电修整法原理图　　　　图7-4-15　GC（碳化硅）杯形砂轮修整法

1—主轴；2—电刷；3—电源；4—绝缘体；
5—工具电极；6—工作液喷嘴；7—金刚石砂轮；
8—工件；9—冷却液喷嘴

2）精密砂带抛光

用细粒度磨料制成的砂带加工出的表面粗糙度 R_a 值可达 0.02 μm。目前砂带的带基用聚氨酯薄膜材料,有较高的强度,用静电植砂法制作的砂带,砂粒的等高性和切削性能更好。精密砂带抛光一般采用开式砂带加工方式。图 7-4-16 所示是开式砂带精密研抛硬磁盘涂层表面的情况,与闭合环形砂带高速循环磨削不同,砂带由卷带轮低速卷绕,始终有新砂带缓慢进入加工区,砂带经一次性使用即报废。这种开式砂带加工方法保持了加工工况的一致性,从而提高了生产过程中加工表面质量的稳定性。

3）游离磨料研磨抛光

如图 7-4-17 所示,在研磨抛光工具与工件之间加入研磨抛光剂,并施加一定的压力做相对运动,对工件进行研磨抛光,精度可达 $0.01~\mu m$,表面粗糙度 R_a 可达 $0.005~\mu m$。研磨抛光剂根据粗研、精研、镜面研磨的不同要求选择颗粒大小为 W40～W0.5 的磨料和润滑剂混合而成,研具选用比工件软的材料,如铸铁、铜、青铜、巴氏合金、硬木和软钢等。研磨时部分磨粒悬浮于研具与工件表面之间,部分嵌入研具表面层,当研具与工件在一定压力下做相对运动时,磨粒就在工件表面研去极薄的金属层。

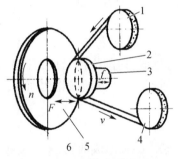

图 7-4-16　超精镜面砂带抛光硬
磁盘涂层表面

1—砂带轮;2—接触轮;
3—激振器;4—卷带轮;
5—磁盘(工件);6—真空吸盘

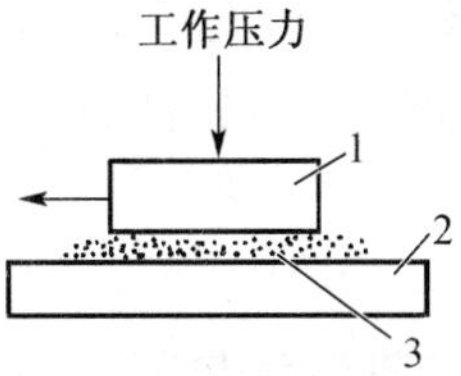

图 7-4-17　研磨原理
1—工件;2—研具;3—研磨剂

4）珩磨

珩磨是一种在成批和大量生产中应用普遍的孔的精加工方法。例如汽车发动机缸套常采用珩磨工艺进行精加工。珩磨所用的磨具,是由几根粒度很细的油石砂条所组成的珩磨头。珩磨时,珩磨头具有 3 种运动(图 7-4-18),即旋转运动、往复运动和垂直于加工表面的径向加压运动。旋转和往复运动的合成使砂条上的磨粒在孔的表面上的切削轨迹呈交叉而不重复的网纹,因而易获得低粗糙度的加工表面。为了能使砂条与孔表面均匀接触,以保证切去小而均匀的余量,珩磨头相对于安装工件的夹具一般有少量的浮动。因此珩磨前的精加工工序应保证孔的位置精度。

珩磨的应用范围很广,可以加工铸铁、淬火或不淬火的钢件,但不宜加工易堵塞砂条的韧性有色金属零件。

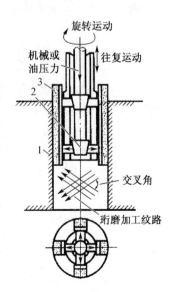

图 7-4-18　珩磨加工示意图
1—工件;2—顶杆;3—磨条

7.4.5 超精研

超精研是超精密加工的重要工艺方法之一。与珩磨相似,超精研加工中也有3种运动(图7-4-19),即工件低速回转运动1、研磨头轴向进给运动2、油石磨条高速往复振动3,这3种运动使磨粒在工件表面走过的轨迹呈余弦波曲线。

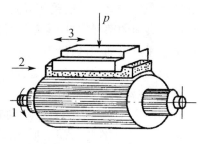

图7-4-19 超精研加工运动

超精研加工的切削过程大致可分为4个阶段:

(1)强烈切削阶段

超精研时虽然油石磨粒细、压力小,工件与磨条之间的油膜易形成,但工件粗糙表面的凸峰划破了油膜,单位面积上的压力很大,故切削作用强烈。

(2)正常切削阶段

当少数凸峰磨平后,接触面积增加,单位面积上的压力降低,切削作用及磨条自锐作用都减弱,进入正常切削阶段。

(3)微弱切削阶段

随着切削面积逐渐增加,单位面积上的压力更低,切削作用微弱,且细小的切屑形成氧化物而嵌入油石的空隙中,使油石产生光滑表面,具有摩擦抛光作用而降低工件表面的粗糙度。

(4)自动停止切削阶段

工件磨平,单位面积上压力极低,工件与磨条之间又形成油膜,不再接触,切削作用自动停止。

超精研的磨粒运动轨迹复杂,能由切削过程过渡到光整抛光过程,可获得 R_a 0.04 ~ 0.01 μm的低粗糙度表面。

7.5 齿轮齿形加工

齿轮齿形加工方法有切屑加工与无屑加工。无屑加工是近年来发展起来的新工艺,如热轧、冷轧、精锻及粉末冶金等方法形成齿轮。它具有生产效率高,耗材少,成本低等特点。但由于受材料塑性和加工精度的限制,目前应用还不广泛。对于精度要求低、表面较粗糙的齿轮也可以用铸造方法铸造。

下面仅介绍有切屑加工齿形的方法。按其加工齿形原理可以分为两大类:

1)仿形法

或称成形法,是用与被切齿轮齿间形状相符的成形铣刀直接铣出齿槽的加工方法。如:铣齿。

2)展成法

俗称范成法,是根据一对齿轮啮合原理,把其中一个齿轮制成齿轮刀具,利用齿轮刀具与被切齿轮的啮合运动(或展成运动)切出齿形的加工方法。如:滚齿、剃齿、插齿和展成法磨齿。

7.5.1 铣齿、滚齿、插齿

1）铣齿

在铣床上铣齿时,工件安装在分度头和后顶尖之间(图7-5-1),用合适的齿轮铣刀对齿轮齿间进行铣削。铣完一个齿间后,刀具退出,进行分度,再继续铣下一个齿间。铣齿用的铣刀称为齿轮铣刀或模数铣刀。该铣刀有两种形式,一种是指形齿轮铣刀(图7-3-1(m)),适于加工模数 $m > 10$ 的齿轮;另一种是盘形齿轮铣刀(图7-3-1(n)),适于加工模数 $m < 10$ 的齿轮。

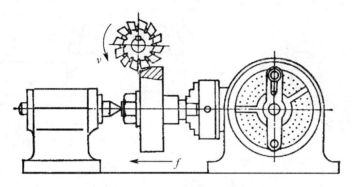

图7-5-1 铣直齿圆柱齿轮

即使齿轮的模数相同,若齿数不同,齿形也不相同。从理论上讲,为了得到准确的齿形,同一模数不同齿数的齿轮,都应该用专门的铣刀加工,这就需要很多规格的铣刀。因而使生产成本大为提高。为了减少实际生产中铣刀的种类,一般把齿轮的齿数由少到多地分成8个组或15个组。每一组齿数范围的齿轮,用同一把铣刀加工。这样虽产生一些齿形误差,但铣刀的数目可大大减少。由于齿轮铣刀的刀齿轮廓是根据每组齿数中最少齿数的齿轮设计和制造的,所以在加工其他齿数的齿轮时,只能获得近似的齿形。表7-5-1列出了齿数分成8组时每组齿数范围和所用铣刀的刀号。

表7-5-1 铣刀的刀号及其加工齿数的范围

刀号	1	2	3	4	5	6	7	8
加工齿数范围	12 ~ 13	14 ~ 16	17 ~ 20	21 ~ 25	26 ~ 34	35 ~ 54	55 ~ 134	≥135 及齿条

铣齿所用设备简单,刀具成本低,但生产效率较低,加工出的齿轮精度只能达到11 ~ 9级,仅适用于修配或单件生产中制造某些转速低、精度要求不高的齿轮。

2）滚齿

滚齿是利用齿轮滚刀在滚齿机上加工齿轮齿形的方法,其加工原理相当于一对螺旋齿轮的啮合原理,如图7-5-2。滚刀可以看成齿数很少的螺旋齿轮。滚刀有齿条形的切削刃,它可以和同一模数齿数的齿轮相啮合,因此用同一把滚刀可以加工任意齿数的齿轮。与铣齿相比,滚齿加工的齿形精度高,生产效率高,齿表面粗糙度数值小,一般滚齿精度可达9 ~ 8级,齿表面粗糙度 R_a 值可达 6.3 ~ 3.2 μm。滚齿可以加工外啮合的直齿轮或斜圆柱齿轮,也可以加工蜗轮,但不能加工内齿轮和相距太近的多联齿轮。

3）插齿

插齿是用插齿刀在插齿机上加工齿轮齿形的一种方法,其加工原理如一对齿轮啮合,如图 7-5-3。插齿与滚齿相比,插齿加工精度高,表面质量高,精度一般可达 8～7 级,表面粗糙度 R_a 值可达 16 μm。插齿一般用于加工直齿圆柱齿轮,特别适用于滚刀不能加工的内齿轮和多联齿轮。

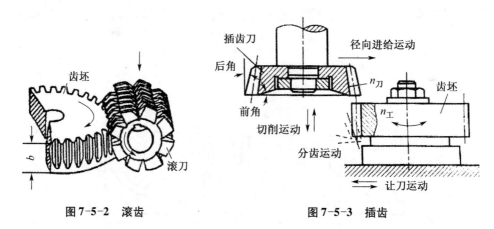

图 7-5-2　滚齿　　　　　　　　　　　图 7-5-3　插齿

7.5.2　齿轮的精加工

滚齿和插齿后的精度不高,经热处理后还会产生附加的变形。因此,7 级精度以上的齿轮还需要进行精加工。齿轮精加工的方法有剃齿、珩齿和磨齿等。

1）剃齿

主要适用于滚齿、插齿后未经淬火(HRC≤35)的直齿或斜齿圆柱齿轮。剃齿刀结构如图 7-5-4 所示。剃齿加工精度可达 7～6 级,齿表面粗糙度 R_a 值可达 0.8～0.4 μm,且平稳性也有显著提高。

2）珩齿

加工原理与剃齿完全相同。珩齿所用的珩齿轮,是由金刚砂与环氧树脂浇注或热压而成,具有很高的齿形精度。珩齿轮结构如图 7-5-5 所示。珩齿过程具有磨、剃、抛光的综合加工性质,所以当珩齿轮高速旋转时,就在被加工齿轮齿面上切除一层很薄的金属层。

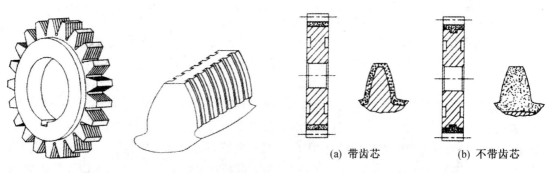

　　　　　　　　　　　　　　　　　　　　　（a）带齿芯　　　　（b）不带齿芯

图 7-5-4　剃齿刀　　　　　　　　　　　图 7-5-5　珩齿轮

珩齿适用于加工淬火齿面硬度较高的齿轮,其齿面表面粗糙度值 R_a 不大于 $0.4~\mu m$。由于加工余量小于 $0.08~\mu m$,故珩齿对齿形精度改善不大,主要是降低齿面的表面粗糙度值。

3) 磨齿

磨齿是在磨齿机上用高速旋转的砂轮对经过淬硬的齿面进行加工的方法。磨齿按其加工原理不同可分为成形法(图7-5-6)和展成法两种;而展成法又根据所用砂轮和机床的不同,可分为连续分度磨齿(图7-5-7(a))和单齿分度磨齿(图7-5-7(b)、(c)、(d)),或者分为蜗杆砂轮磨齿(图7-5-7(a))、锥形砂轮磨出(图7-5-7(b))、碟形砂轮磨齿(图7-5-7(c)、(d))。

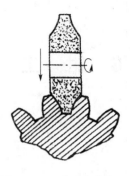

图7-5-6 成形法磨齿

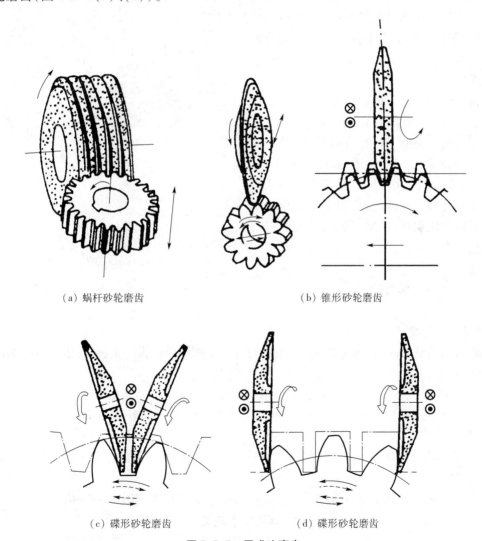

(a) 蜗杆砂轮磨齿　　　　　　　　(b) 锥形砂轮磨齿

(c) 碟形砂轮磨齿　　　　　　　　(d) 碟形砂轮磨齿

图7-5-7 展成法磨齿

8 钳 工

8.1 概 述

钳工是以手工操作为主,使用工具来完成零件的加工、装配和修理工作,其基本操作有划线、錾削、锯削、锉削、刮削、研磨、钻孔、扩孔、铰孔、锪孔、攻螺纹、套螺纹和装配等。

钳工技艺性强,具有"万能"和灵活的优势,可以完成机械加工不方便或无法完成的工作,所以在机械制造工程中仍起着十分重要的作用。

钳工根据其加工内容的不同,又有普通钳工、工具钳工、模具钳工和机修钳工等。

钳工劳动强度大,生产率低,但设备简单,一般只需钳工工作台、台虎钳(图8-1-1)及简单工具即能工作,因此,应用很广。

随着机械工业的发展,钳工操作也将不断提高机械化程度,以减轻劳动强度和提高劳动生产率。

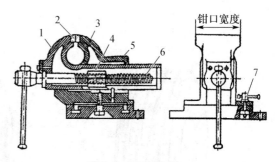

图8-1-1 台虎钳

1—活动钳;2—钳口;3—固定钳;
4—螺母;5—砧面;6—丝杠;7—固紧螺钉

8.2 基本操作方法

8.2.1 划线

根据图纸要求,在毛坯或半成品上划出待加工轮廓线或作为找正、检查依据的尺寸界线的操作,叫划线。

1)划线的作用

① 明确地表示出加工余量、加工位置或划出加工位置的找正线,作加工工件或装夹工件的依据。

② 借划线来检查毛坯的形状和尺寸是否合乎要求,避免不合格的毛坯投入机械加工而造成浪费。

③ 通过划线使加工余量合理分配(又称借料),保证加工时不出或少出废品。

2)划线前准备

(1)清理工件

铸件的浇冒口、粘砂,锻件的飞边、气化皮等都要去掉。

(2)找中心和孔心

为了将零件的轮廓线全部划出,首先应找出零件的中心线。对有孔的零件,要找正其孔心,以便用圆规划圆。找孔心时,可在毛坯孔中填塞已钉上铜皮的木块或铅块。

（3）涂色

零件上需要划线的部位应涂色。铸锻件毛坯上涂石灰水或抹上粉笔灰;已加工表面用紫色涂料（龙胆紫加虫胶和酒精）或绿色涂料（孔雀绿加虫胶和酒精）,以保证划线清晰。

3）划线基准

基准是零件上用来确定点、线、面位置的依据。作为划线依据的基准称为划线基准。当选定工件上已加工表面为基准时,则称为光基准;当工件为毛坯时,可选用零件图上较为重要的几何要素为基准,如重要孔的中心或平面等为划线基准,并力求划线基准与零件的设计基准一致,如图 8-2-1。

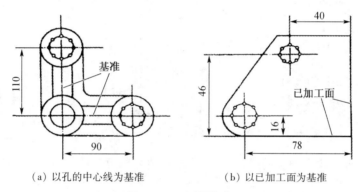

（a）以孔的中心线为基准　　　（b）以已加工面为基准

图 8-2-1　划线基准

4）划线的类型

划线有平面划线和立体划线之分。

（1）平面划线

在工件的一个平面上划线称为平面划线,如图 8-2-2 所示,其方法类似平面作图。

（2）立体划线

在工件的长宽高三个方向上划线称为立体划线,如图 8-2-3 所示。

图 8-2-2　平面划线

5）划线步骤和注意事项

① 对照图纸,检查毛坯及半成品尺寸和质量,剔除不合格件,并了解工件上需要划线的部位和后续加工的工艺。

② 毛坯在划线前要去除残留型砂及氧化皮、毛刺、飞边等。

③ 确定划线基准。如以孔为基准,则用木块或铅块堵孔,以便找出孔的圆心。确定基准时,尽量考虑让划线基准与设计基准一致。

④ 划线表面涂上一层薄而均匀的涂料。

⑤ 选用合适的工具和安放工件位置,并注意在一次支承中应把需要划的平行线划全。

工件支承要牢固。

⑥ 注意不要有疏漏。

⑦ 在线条上打样冲眼。

轴承座立体划线方法的划线步骤如图 8-2-3(b) ~ (f)。

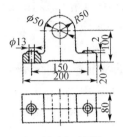

（a）轴承座零件图

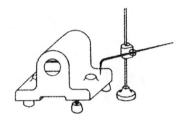

（b）根据孔中心及上平面,调节
千斤顶使工件水平

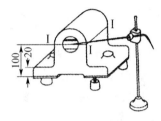

（c）划底面加工线和大孔的水平
中心线

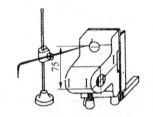

（d）转90°用角尺找正,划大孔的
垂直中心线及螺钉中心线

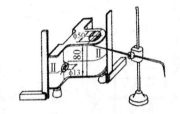

（e）再翻90°,用直尺两个方向找
正,划螺钉孔另一方向的中心
线及大端面加工线

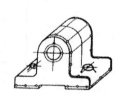

（f）打样冲眼

图 8-2-3　轴承座的立体划线

8.2.2　锯削

钳工用手锯锯断工件、锯出沟槽、去除多余材料、修整工件形状等操作称锯削。

手锯具有结构简单、使用方便、操作灵活等特点。但锯削精度低,锯后表面常需进一步加工。

1）手锯

手锯是手工锯削的工具,包括锯弓和锯条两部分。

（1）锯弓

锯弓是用来夹持和拉紧锯条的工具。有固定式和可调式两种,如图 8-2-4。

（a）固定式　　　　　　　　　　　　　（b）可调式

图 8-2-4　手锯

可调式锯弓的弓架分前后两段。由于前段在后段套内可以伸缩,因此可以安装不同长度的锯条。

（2）锯条及使用

锯条常用 T10A 钢制成,规格以锯条两端安装孔间的距离表示。常用的锯条长300 mm、宽 12 mm、厚 0.8 mm。

锯齿的粗、细,按锯条上每25 mm 长度内的齿数来表示。根据锯齿的粗、细,锯条可分为粗齿、中齿和细齿三种。应根据加工材料的硬度、厚薄来选择。锯削软材料或厚工件时,因锯屑较多,要求有较大的容屑空间,故应选用粗齿锯条。锯削硬材料或薄工件时,因材料硬,锯齿不易切入,锯屑量少,不需要大的容屑空间。另外,薄工件在锯削中锯齿易被工件勾住而崩裂,一般至少要有三个齿同时接触工件,使锯齿承受的力量减少,故应选用细齿锯条。

锯齿粗细的划分及用途见表8-2-1。

表 8-2-1　锯齿粗细及用途

锯齿粗细	每25.4 mm 齿数	用　途
粗	14 ~ 16	锯软钢、铝、紫铜、成层材、人造胶质材料
中	18 ~ 22	一般适用于中等硬性钢、硬性轻合金、黄铜、厚壁管子
细	24 ~ 32	锯板材、薄壁管子等

2）锯削的步骤和注意事项

① 选择锯条　根据工件材料的硬度和厚度选择合适齿数的锯条。

② 装夹锯条　将锯齿朝前装夹在锯弓上,注意锯齿方向,保证前推时进行切削,锯条的松紧要合适,一般用两个手指的力能旋紧为止。另外,锯条不能歪斜和扭曲,否则锯削时易折断。

③ 装夹工件　工件应尽可能装夹在台虎钳的左边,以免操作时碰伤左手;工件伸出钳口要短,锯切线离钳口要近,否则锯削时会颤动;工件装夹要稳固,不可有抖动。

④ 起锯　起锯时应以左手拇指靠住锯条,右手稳推手柄,如图 8-2-5(a),起锯角应稍小于15°。过大,锯齿被工件棱边卡住,碰落锯齿;过小,锯齿不易切入工件,还可能打滑,损坏工件表面,如图 8-2-5(b)。起锯时锯弓往复行程应短,压力要小,锯条要与工件表面垂直。

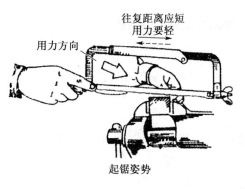

(a) 姿势

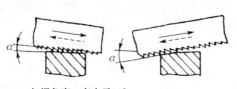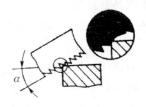

起锯角度α应小于15°　　　　　　　　　　　α角度太大易碰断锯齿

（b）起锯角度

图 8-2-5　起锯

⑤ 锯削动作　锯削时右手握锯柄,左手轻扶弓架前端,锯弓应直线往复,不可摆动。前推时加压要均匀,返回时锯条从工件上轻轻滑过。锯削时尽量使用锯条全长(至少占全长的2/3)工作,以免锯条中部迅速磨损。快锯断时用力要轻,以免碰伤手臂和折断锯条。

3）锯削示例

锯削不同的工件,需要采用如下不同的锯削方法:

（1）锯削圆钢

若断面要求较高,应从起锯开始由一个方向锯到结束,如图8-2-6(a);若断面要求不高,则可以从几个方向起锯,使锯削面变小,容易锯入,工作效率高。

（2）锯削扁钢

为了得到整齐的锯缝,应从扁钢较宽的面下锯,这样,锯缝深度较浅,锯条不致被卡住。锯削方法如图8-2-6(b)所示。

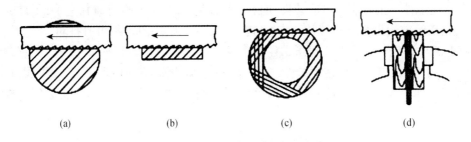

(a)　　　　　　(b)　　　　　　(c)　　　　　　(d)

图 8-2-6　锯削圆钢、扁钢、钢管、薄板的方法

（3）锯削钢管

薄壁管子应夹持在两块 V 形木衬垫之间,以防夹扁或夹坏表面。锯削方法如图8-2-6(c)所示。

（4）锯削薄板

将薄板工件夹在两木块之间,以防振动和变形。锯削方法如图8-2-6(d)所示。

（5）锯削型钢

角钢和槽钢的锯法与锯扁钢基本相同,但工件应不断改变夹持位置。锯削方法如图8-2-7所示。

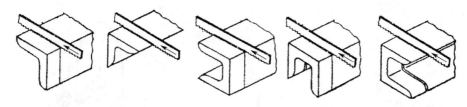

图 8-2-7　型钢的锯削

（6）锯削深缝

当锯缝的深度超过锯弓高度时,称这种缝为深缝。在锯弓快要碰到工件时,应将锯弓相对锯条转过90°重新安装,把锯弓转到工件旁边,如图8-2-8(b)。当锯弓高度仍不够时,可将锯条转过180°安装在锯弓内进行锯削,如图8-2-8(c)。

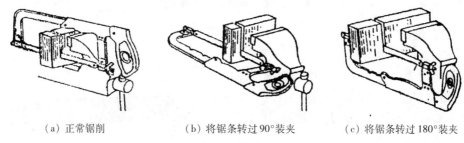

（a）正常锯削　　　　　　（b）将锯条转过90°装夹　　　（c）将锯条转过180°装夹

图 8-2-8　深缝的锯削方法

4）锯削机械化

手工锯削劳动强度大,生产率低,为此生产中常用带锯机进行锯削,如图8-2-9。带锯机的锯带薄而狭(厚0.5 mm,宽8 mm,甚至更薄更狭),工作台可以纵横向平移或转向,应用灵活,操作方便,故容易保证加工质量。

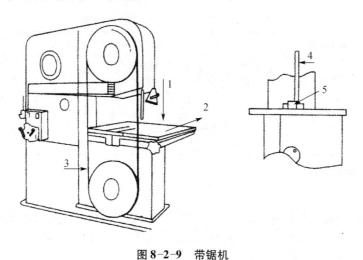

图 8-2-9　带锯机

1—运锯方向；2—进给方向；3、4—锯带；5—工件

图8-2-10为带锯机的应用示例。

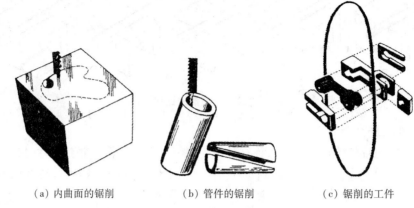

（a）内曲面的锯削　　　　　　（b）管件的锯削　　　　　　（c）锯削的工件

图8-2-10　带锯机的应用示例

8.2.3　锉削

1）锉削的应用

锉削是用锉刀对工件表面进行切削加工的方法，是钳工最基本的操作方法之一。锉刀的结构如图8-2-11所示，锉刀刀齿粗细的划分及特点和应用见表8-2-2。

锉削加工操作简单，但技艺要求较高，工作范围广。锉削可对工件表面上的平面、曲面、内外圆弧面、沟槽以及其他复杂表面进行加工，还

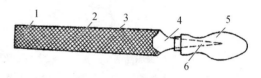

图8-2-11　锉刀的结构

1—锉齿；2—锉刀面；3—锉刀边；
4—锉刀尾；5—锉刀木柄；6—锉刀舌

可用于成形样板、模具、型腔以及部件、机器装配时的工件修整等。锉削加工尺寸精度可达IT8~IT7，表面粗糙度R_a值可达0.8 μm。

表8-2-2　锉刀刀齿粗细的划分及特点和应用

锉齿粗细	齿数（10 mm长度内）	特点和应用	加工余量/mm	表面粗糙度R_a值/μm
粗　齿	4~12	齿间大，不易堵塞，适宜粗加工或锉铜、铝等有色金属	0.5~1	50~12.5
中　齿	13~23	齿间适中，适于粗锉后加工	0.2~0.5	6.3~3.2
细　齿	30~40	锉光表面或锉硬金属	0.05~0.2	1.6
油光齿	50~62	精加工时修光表面	0.05以下	0.8

2）锉削操作方法

（1）工件装夹

工件必须牢固地装夹在台虎钳钳口的中间，并略高于钳口。夹持已加工表面时，应在钳口与工件间垫以铜片或铝片。易于变形和不便于直接装夹的工件，可以用其他辅助材料设法装夹。

（2）选择锉刀

锉削前，应根据金属材料的硬度、加工余量的大小、工件的表面粗糙度要求来选择锉刀。

加工余量小于 0.2 mm 时,宜用细锉。

（3）锉刀的握法

大平锉刀的握法见图 8-2-12(a)、(b)、(c)所示。右手紧握锉刀柄,柄端抵在拇指根部的手掌上,大拇指放在锉刀柄上部,其余手指由下而上握着锉刀柄,左手拇指的根部肌肉压在锉刀头上,拇指自然伸直,其余四指弯向手心,用中指、无名指握住锉刀前端。右手推动锉刀,并决定推动方向,左手协同右手使锉刀保持平衡。中平锉刀、小锉刀及细锉刀的握法分别如图 8-2-12(d)、(e)、(f)、(g)所示。

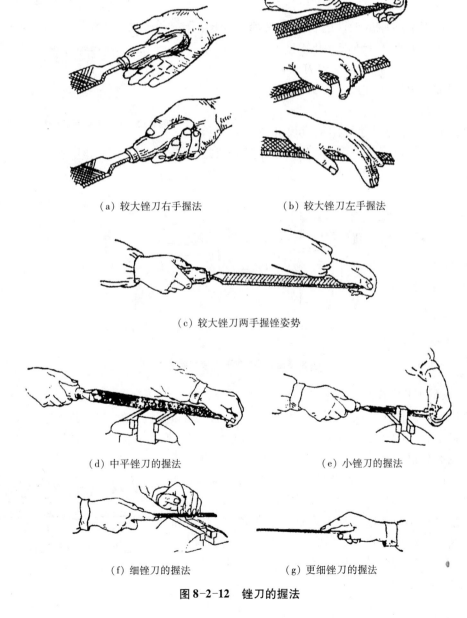

(a) 较大锉刀右手握法　　　　　　(b) 较大锉刀左手握法

(c) 较大锉刀两手握锉姿势

(d) 中平锉刀的握法　　　　　　(e) 小锉刀的握法

(f) 细锉刀的握法　　　　　　(g) 更细锉刀的握法

图 8-2-12　锉刀的握法

使用不同大小的锉刀,有不同的姿势及施力方法。

（4）锉削姿势

锉削时的站立位置及身体运动要自然并便于用力,以能适应不同的加工要求为准。

（5）施力变化

锉削平面时保持锉刀的平直运动是锉削的关键。锉削力量有水平推力和垂直压力两种。推力主要由右手控制,其大小必须大于切削阻力才能锉去切屑。压力是由两手控制的,其作用是使锉齿深入金属表面。

由于锉刀两端伸出工件的长度随时都在变化,因此两手压力大小必须随着变化。使两手压力对工件中心的力矩相等,这是保证锉刀平直运动的关键。锉平面时的施力情况如图 8-2-13 所示。

（6）检验

锉削时,工件的尺寸可用钢直尺和游标卡尺检查。工件的平直及直角可用 90°角尺根据是否能透过光线来检查,如图 8-2-14。

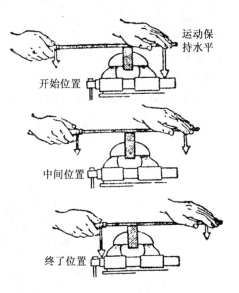

图 8-2-13　锉平面时的施力情况

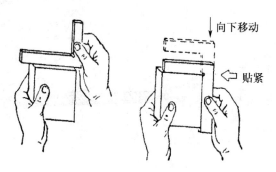

图 8-2-14　检查平直度和垂直度

3）锉削工艺的发展

锉削是手动操作,劳动强度大,生产效率低,加工质量随机性大,操作技术要求高。随着科技的进步,已有条件创制一些新的工艺,既达到锉削的加工质量,又克服其缺点。如机械化的锉削装置已用于平面的粗锉,砂带磨削也获得广泛的使用。图 8-2-15 所示为砂带的结构,其原理不同于砂轮磨削,砂轮是刚性工具,而砂带如锉刀一样是弹性刀具。切削过程也与锉削一样是在加工面上滑擦、犁沟和使切屑脱落的过程。砂带上的磨粒尺寸均匀、等高性好、容屑空间大、切屑刃锋利,起着多刃微切削作用。砂带磨削示意如图 8-2-16 所示。

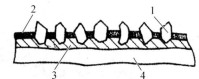

图 8-2-15　砂带的结构

1—砂粒；2—表层结合剂；
3—底层结合剂；4—基体

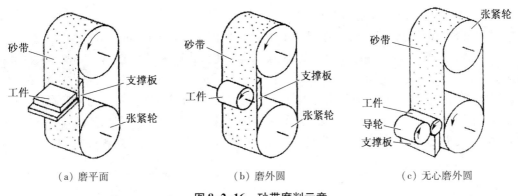

|（a）磨平面|（b）磨外圆|（c）无心磨外圆|

图 8-2-16　砂带磨削示意

由于砂带薄而长,易散热,工件在加工过程中如锉削一样处在室温状态,故可不用冷却液。它不受工件材料限制,可以加工各种特形面。其加工表面粗糙度与锉削相当,劳动生产率远远高于锉削。

8.2.4　孔及螺纹的加工

各种零件上的孔加工,除一部分由车、镗、铣等机床完成外,很大一部分是由钳工利用各种钻床和工具来完成的。钳工加工孔的方法一般指的是钻孔、扩孔、铰孔和锪孔等。如图8-2-17 所示。

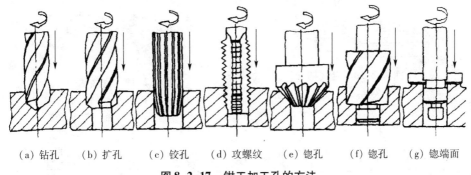

|（a）钻孔|（b）扩孔|（c）铰孔|（d）攻螺纹|（e）锪孔|（f）锪孔|（g）锪端面|

图 8-2-17　钳工加工孔的方法

1）钻孔

用钻头在实体材料上加工出孔称为钻孔。在钻床上钻孔时,一般工件是固定不动的。钻头装夹在钻床主轴上作旋转运动称为主运动,同时钻头沿轴线方向移动称为进给运动。

钻削时背吃刀量 a_p 的数值等于钻头的半径,即 $a_p = D/2$,D 为钻头直径。

由于钻头刚性较差,加之钻孔时钻头是在半封闭状态下工作的,钻头工作部分大都处在已加工表面的包围之中。因此,钻削排屑较困难,切削热不易传散,钻头容易引偏(指加工时由于钻头弯曲而引起的孔径扩大,孔不圆或孔的轴线歪斜等),导致加工精度低,一般尺寸公差在 IT10 以下,表面粗糙值 R_a 大于 12.5 μm。

（1）钻床

主要用钻头在工件上加工孔的机床称为钻床。钻床有台式钻床、立式钻床、摇臂钻床及其他钻床等。

① 台式钻床　简称台钻(如图8-2-18),是一种放在工作台上使用的钻床,主轴由手动进给,质量轻,移动方便,转速高,适于加工小型工件上直径小于 13 mm 的孔。

② 立式钻床　简称立钻(如图8-2-19),结构上比台式钻床多了变速箱和进给箱,因此主轴的转速和走刀量变化范围较大,而且可以自动进刀。此外,立钻刚性好,功率大,允许采用较大的切削用量,生产率较高,加工精度也较高,适于用不同的刀具进行钻孔、扩孔、铰孔、锪孔、攻螺纹等多种加工。由于立钻的主轴对于工作台的位置是固定的,加工时需要移动工件,对大型或多孔工件的加工十分不便,因此立钻适合于在单件小批量生产中加工中、小工件。

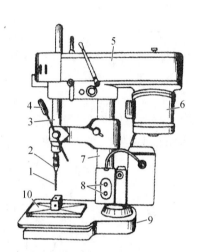

图 8-2-18　台式钻床

1—钻头;2—钻头夹;3—主轴;4—进给手柄;
5—主轴箱;6—电动机;7—立柱;8—开关按钮;
9—底座;10—工作台

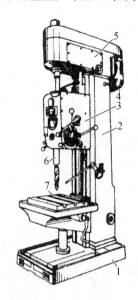

图 8-2-19　立式钻床

1—底座;2—立柱;3—进给箱;4—电动机;
5—主轴箱;6—主轴;7—工作台

③ 摇臂钻床　结构如图8-2-20所示。它有一个能绕立柱旋转的摇臂,摇臂带动主轴箱可沿立柱垂直移动。主轴箱还能在摇臂上横向移动。这样就能方便地调整刀具位置,以对准被加工孔的中心。此外,主轴转速范围和走刀量范围很大,因此适用于笨重的大型、复杂工件及多孔工件的加工。

④ 其他钻床　其他钻床中用得较多的有深孔钻床和数控钻床等。

(2) 钻头

用于钻削加工的一类刀具称为钻头。主要有麻花钻、中心钻、扁钻及深孔钻等,其中应用最广泛的是麻花钻。

麻花钻由刀柄、颈部和刀体组成,如图8-2-21(a)。刀柄用来夹持和传递钻头动力,有直柄和锥柄两种。当

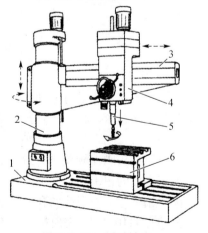

图 8-2-20　摇臂钻床

1—底座;2—立柱;3—摇臂;
4—主轴箱;5—主轴;6—工作台

扭矩较大时直柄易打滑,因而直柄只适用于直径 12 mm 以下的小钻头;而锥柄定心准确,不易打滑,适用于直径大于 12 mm 的钻头。颈部是刀体与刀柄的连接部分,加工钻头时当退刀槽用,并在其上刻有钻头的直径、材料等标记。刀体包括切削部分和导向部分。导向部分有两条对称的螺旋槽,槽面为钻头的前面,螺旋槽外缘为窄而凸出的第一副后面(刃带),第一副后面上的副切削刃起修光孔壁和导向作用。钻头的直径从切削部分向刀柄方向略带倒锥度,以减少第一副后面与孔壁的摩擦。切削部分由两个前面、两个后面及两条主切削刃与连接两条主切削刃的横刃和两条副切削刃组成。两条主切削刃的夹角称为顶角,通常为116°~118°,见图 8-2-21(b)。

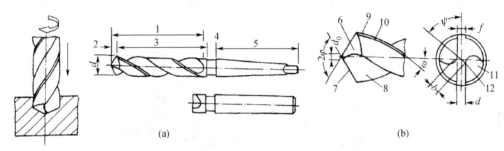

(a)   (b)

图 8-2-21　标准麻花钻头

1—工作部分;2—切削部分;3—导向部分;4—钻颈;5—柄部;6—后刀面;
7—主切削刃;8—前刀面;9—棱边;10—刃带;11—刃沟(螺旋槽);12—横刃

（3）钻头的装夹

直柄钻头的直径小,切削时扭矩较小,可用钻夹头(图 8-2-22)装夹,夹头用固紧扳手拧紧,钻夹头再和钻床主轴配合,由主轴带动钻头旋转。这种方法简便,但夹紧力小,容易产生跳动。

锥柄钻头可直接或通过钻套(或称过渡套)将钻头和钻床主轴锥孔配合,如图 8-2-23。这种方法配合牢靠,同轴度高。锥柄末端的扁尾用以增加传递的力量,避免刀柄打滑,并便于卸下钻头。更换钻头要停车。

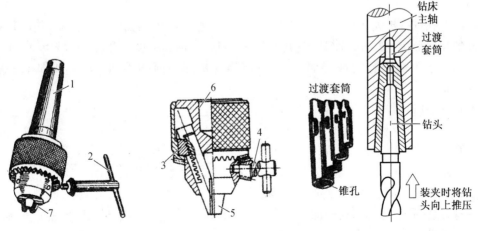

图 8-2-22　钻夹头及其应用　　　　图 8-2-23　锥柄钻头装夹

1—锥柄;2—扳手;3—环形螺纹;4—扳手;
5、7—自动定心夹爪;6—锥柄安装孔

（4）工件的装夹

为保证工件的加工质量和操作的安全,钻削时工件必须牢固地装夹在夹具或工作台上,常用的装夹方法如图8-2-24所示。

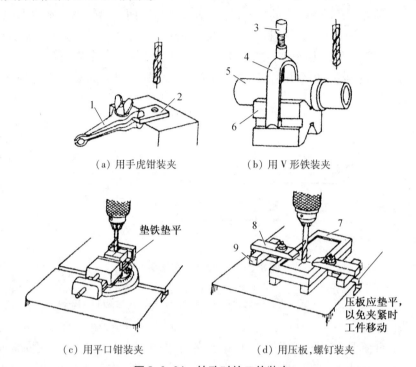

（a）用手虎钳装夹　　　　　　　（b）用V形铁装夹

（c）用平口钳装夹　　　　　　　（d）用压板,螺钉装夹

图8-2-24　钻孔时的工件装夹

1—手虎钳；2—工件；3—压紧螺钉；4—弓架；5—工件；6—V形铁；7—工件；8 压板；9—垫铁

2）扩孔、铰孔和锪孔

（1）扩孔

对已有孔进行扩大孔径的加工方法称为扩孔。它可以校正孔的轴线偏差,并使其获得较正确的几何形状,加工尺寸精度一般为 IT10～IT9,表面粗糙度 R_a 值为 3.2～6.3 μm。扩孔可作为要求不高的孔的最终加工,也可以作为精加工前的预加工。扩孔加工余量为 0.5～4 mm。

麻花钻一般可作扩孔用,但在扩孔精度要求较高或生产批量较大时,应采用专用的扩孔钻(图8-2-25)。它有3～4条切削刃,无横刃,平顶端,螺旋槽较浅,故钻心粗实,刚性好,不易变形。导向性好,切削较平稳,经扩孔后能提高孔的加工质量。

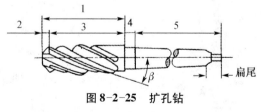

图8-2-25　扩孔钻

1—刀体；2—切削部分；3—导向部分；4—颈部；5—柄部

（2）铰孔

铰孔是用铰刀对孔进行精加工的操作。其加工尺寸精度为 IT7～IT6,表面粗糙度 R_a 值为 0.8 μm,加工余量很小,一般粗铰 0.15～0.35 mm,精铰 0.05～0.15 mm。

铰刀是用于铰削加工的刀具。它有手用铰刀(直柄,刀体较长)和机用铰刀(多为锥柄,刀体较短)之分,如图 8-2-26 所示。铰刀比扩孔钻切削刃多(6～12 个),且切削刃前角为 0°,并有较长的修光部分,因此加工精度高,表面粗糙度值低。

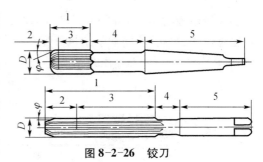

图 8-2-26 铰刀

1—刀体;2—切削部分;3—修光部分;
4—颈部;5—柄部

铰刀多为偶数刀刃,并成对地位于通过直径的平面内,便于测量直径的尺寸。

手铰切削速度低,不会受到切削热和振动的影响,故是对孔进行精加工的一种方法。

铰孔时铰刀不能倒转,否则,切屑会卡在孔壁和切削刃之间,划伤孔壁或使切削刃崩裂。铰通孔时,铰刀修光部分不可全露出孔外,以免把出口处划伤。

(3)锪孔

用锪钻进行孔口形面的加工称为锪孔。在工件的连接孔端锪出柱形或锥形埋头孔,以埋头螺钉埋入孔内把有关的零件连接起来,使外观整齐,装配位置紧凑;将孔口端面锪平并与孔中心线垂直,能使连接螺栓或螺母的端面与连接件接触良好。锪孔的形式有:

① 锪锥形埋头孔 如图 8-2-17(e),锪钻锥顶角多为 90°,并有 6～12 个刀刃。

② 锪圆柱形埋头孔 如图 8-2-17(f),圆柱形埋头孔锪钻的端刃起主要切削作用,周刃为副切削刃起修光作用。为保持原有孔与埋头孔的同轴度,锪钻前端带有导柱,与已有孔相配,起定心作用。

③ 锪孔端平面 如图 8-2-17(g)所示,端面锪钻用于锪与孔垂直的孔口端面,也有导柱起定心作用。

锪孔时,切削速度不宜过高,锪钢件时需加润滑油,以免锪削表面产生径向振纹或出现多棱形等质量问题。

8.2.5 攻螺纹与套螺纹

攻螺纹(攻丝)是利用丝锥(又称螺丝攻)加工出内螺纹的操作。套螺纹(套扣)是用板牙在圆杆上加工出外螺纹的操作。

1)攻螺纹

(1)丝锥

① 丝锥 丝锥是加工螺纹的工具。手用丝锥是用碳素工具钢 T12A 或合金工具钢 9SiCr 经滚牙(或切牙)、淬火回火制成的。丝锥的结构如图 8-2-27 所示,工作部分有 3～4 条轴向容屑槽,可容纳切屑,并形成刀刃和前角;切削部分呈圆锥形,切削刃分布在圆锥表面上;校准部分的齿形完整,可校正已切出的螺纹,并起修光和导向作用;柄部末端有方头,以便用铰杠装夹和旋转。

② 铰杠(铰手) 铰杠是用来夹持丝锥、铰刀的手工旋转工具。图 8-2-28 为两手握住的铰杠。常用的是可调式铰杠,即转动一端手柄,可调节方孔大小,以便夹持各种不同尺寸的丝锥。

丝锥须成组使用,每组 2～3 支丝锥组成的成组丝锥分次切削,依次分担切削量,以减轻每支丝锥单齿切削负荷。M6 ~ M24 的丝锥 2 支一组,小于 M6 和大于 M24 的 3 支一组。小丝锥强度差,易折断,将切削余量分配在三个等径的丝锥上。大丝锥切削的金属量多,应逐渐切除,分配在三个不等径的丝锥上。

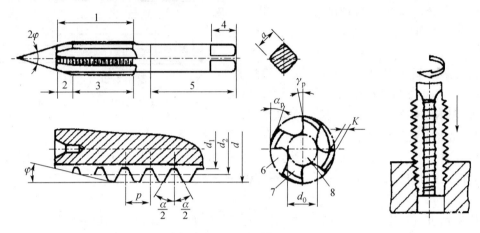

图 8-2-27　丝锥及其应用

1—工作部分;2—切削部分;3—校准部分;4—方头;5—柄部;6—槽;7—齿;8—心部

（2）螺纹底孔的确定

攻丝前要钻孔,并在孔口处倒角。钻孔直径可查表或按下列经验公式进行计算:

加工钢料和塑性金属时

$$钻孔直径 D = 螺纹外径 d - 螺距 p \quad （mm）$$

加工铸铁和脆性金属时

$$钻孔直径 D = 螺纹外径 d - (1.05 \sim 1.1) 螺距 p \quad （mm）$$

攻盲孔时,由于丝锥不能攻到孔底,因此孔的深度应大于螺纹长度。盲孔深度可按下式计算:

$$盲孔的深度 H = 要求的螺纹长度 L + 0.7 螺纹外径 d \quad （mm）$$

（3）攻螺纹操作方法

攻丝时,先将头锥头部垂直放入孔内,适当加些压力,旋入 1 ~ 2 圈,检查丝锥是否与孔的端面垂直,再继续使铰手轻压旋入,当丝锥的切削部分已经切入工件后,可只转动而不加压,每转一圈,应反转 1/4 圈,以便切屑断落(图 8-2-28)。用二锥攻丝时,先将丝锥放在孔内,旋入几圈后,再用铰手转动,旋转铰手时不需加力。

攻盲孔螺纹时,要及时注意丝锥顶端碰到孔底,并及时清除积屑。

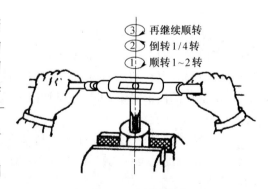

③ 再继续顺转
② 倒转 1/4 转
① 顺转 1 ~ 2 转

图 8-2-28　攻螺纹操作

攻普通碳素钢工件时,常加注 N46 机械油润滑;攻不锈钢工件时可用极压润滑油润滑,以减少刀具磨损,改善工件加工质量;攻铸铁工件时,采用手攻不必加注润滑油,采用机攻可加注煤油,以清洗切屑。

2)套螺纹

(1)板牙和板牙架

① 板牙 加工外螺纹的工具,常用合金工具钢 9SiCr、9Mn2V 或高速钢并经淬火回火制成。板牙的构造如图 8-2-29 所示,由切削部分、校准部分和排屑孔组成。它本身就像一个圆螺母,只是在它上面钻有几个排屑孔,并形成切削刃。切削部分是板牙两端带有切削锥角(2φ)的部分,起着主要的切削作用。板牙的中间是校准部分,也是套螺纹的导向部分。板牙的外圈有一条深槽和四个锥坑。深槽可微量调节螺纹直径大小;锥坑用来定位和紧固板牙。

② 板牙架 板牙架是用来夹持圆板牙并传递扭矩的工具,如图 8-2-30。

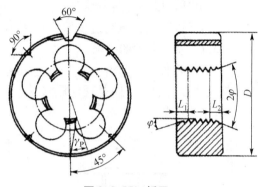

图 8-2-29 板牙

(2)套螺纹前圆杆直径的确定

套螺纹前应检查圆杆直径,太大难以套入;太小则套出的螺纹不完整。圆杆直径可用下面经验公式计算:

圆杆直径 ≈ 螺纹外径 $d - 0.13$ 螺距 p

图 8-2-30 板牙架
1—紧固螺钉;2—调节螺钉

(3)套螺纹操作方法

套螺纹前的圆杆端部应倒角,使板牙容易对准工件中心,同时也容易切入。工件伸出钳口的长度,在不影响螺纹要求长度的前提下,应尽量短一些。套螺纹过程与攻螺纹相似。

8.3 机械的装配

将合格的零件按规定的技术要求连接成部件或机器并经过调整、试验,使之成为合格的产品的过程称为装配。装配是机器制造过程中的最后一道工序,对产品质量起着决定性的作用。它对机器的性能和使用寿命有很大影响。

任何一台机器都可以分解为若干零件、组件和部件。零件是机器的最基本单元。组件由若干零件组合而成,如车床主轴箱中的一根传动轴,就是由轴、齿轮、键等零件装配成的。部件是由若干零件和组件装配而成的,如车床主轴箱、进给箱、溜板箱、尾座等。装配可分为组件装配、部件装配和总装配三个阶段。把部件、组件和零件连接组合而成为整台机器的操作过程就称为总装配。

装配中所有的零件按来源不同,可分为:自制件(在本厂制造),如床身、箱体、轴、齿轮等;标准件(由标准件厂制造),如螺钉、螺母、垫圈、销、轴承、密封圈等;外购件(由其他工厂协作加工),如电器元件等。

由于各种机器的性能、结构及生产批量不同,它们的装配工艺也各有特点,但装配的基本方法是大致相同的。例如,为保证装配质量,装配前必须研究和熟悉装配图的技术条件,了解产品的结构和零件的作用,以及相互连接的关系;确定装配方法、程序和所需的工具等;对所需装配的零件全部集中并清洗干净,清除零件上的毛刺,涂防护润滑油等。

装配方法可以分为四种类型:完全互换法、选配法(不完全互换法)、调整法和修配法。这些将在后续课程《机械制造技术基础》中作详细的讲解。

8.3.1 基本元件的装配

1) 螺纹的装配

螺纹联接(图 8-3-1)是现代机械制造业中应用最广泛的一种形式。它具有装拆、更换方便,宜于多次装拆等优点。

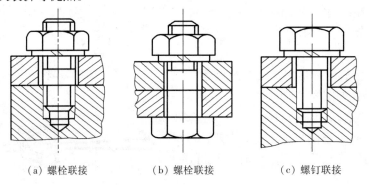

(a) 螺栓联接   (b) 螺栓联接   (c) 螺钉联接

图 8-3-1　螺纹联接的形式

螺纹联接装配的基本要求是:

① 螺纹配合应能自由旋入,然后用扳手拧紧;

② 螺母端面应与螺纹轴线垂直,以使受力均匀;

③ 零件与螺母的贴合面应平整光洁,否则螺纹联接容易松动;

④ 装配一组螺纹联接时,应按图 8-3-2 所示的顺序拧紧,以保证零件贴合面受力均匀,同时,每个螺母应分 2~3 次拧紧,这样才能使各个螺栓受力均匀。

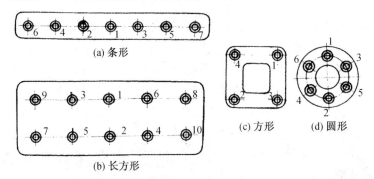

(a) 条形

(b) 长方形

(c) 方形　　(d) 圆形

图 8-3-2　成组螺母旋紧次序

对于在交变载荷及振动条件下工作的螺纹联接,必须采用防松装置(图 8-3-3)。

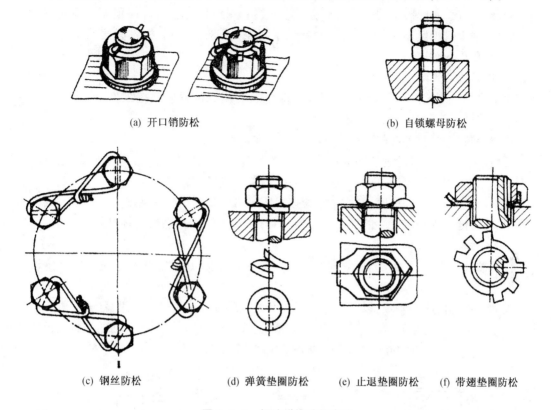

(a) 开口销防松　　　　　　　　　　　　(b) 自锁螺母防松

(c) 钢丝防松　　　　(d) 弹簧垫圈防松　　(e) 止退垫圈防松　　(f) 带翅垫圈防松

图 8-3-3　螺纹联接防松方法

2)键联接的装配

在机器的传动轴上,往往要装上齿轮、带轮、蜗轮等零件,并需用键联接来传递扭矩。

装配时,先去键槽锐边毛刺,选取键长并修锉两头使之与轴上键槽相配,将键配入键槽,然后试装轮毂。若轮毂键槽与键配合太紧时,可修键槽,但不许有松动。

键装配时应注意:

(1)键的侧面是传递扭矩的表面,一般不应修锉。装配后,键底面应与轴上键槽底部接触。键的两侧与轴应有一定过盈量,键顶面和轮毂间应有一定间隙(图 8-3-4)。

(2)装配键的顺序应该是:先将轴与孔试配,再将键与轴及轮孔的键槽试配,然后将键轻轻打入轴的键槽内,最后对准轮孔的键槽将带键的轴推进轮孔中。

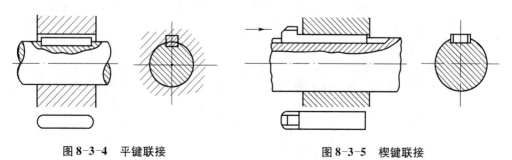

图 8-3-4　平键联接　　　　　　　　　图 8-3-5　楔键联接

楔键的形状与平键相似,不同的是楔键面带有1:100的斜度。装配时,相应的轮毂上也要有同样的斜度。此外,键的一端有钩头,便于装拆。楔键装配后,应使顶面和底面分别与轮毂键槽、轴上键槽紧贴,两侧面与键槽有一定间隙(图8-3-5)。楔键联接除了传递扭矩外,还能承受单向轴向力。

3) 销联接的装配

销主要用来固定两个(或两个以上)零件之间的相对位置或联接零件、传递不大的载荷。常用的销分为圆柱销和圆锥销两种。

销联接装配时,被连接的两孔需同时钻、铰,并达到较高精度。

圆柱销依靠其少量的过盈固定在孔中,用以固定零件,传递动力做定位元件。装配时,在销子上涂油,用铜棒轻轻打入。但不宜多次装拆,否则影响精度。

圆锥销具有1:50的锥度,多用于定位以及需经常拆装的场合。装配时,一般边铰孔、边试装,以销钉能自由插入孔中的长度约占销钉总长的80%为宜,然后轻轻打入。

4) 滚动轴承的装配

在机械装备中,使用滚动轴承可以把滑动摩擦变成滚动摩擦,有效地提高机械传动效率,减少发热量。

滚动轴承的内圈与轴颈,以及外圈与机体孔之间的配合多为较小的过盈配合,常用锤子或压力机压装。采用垫套可以使轴承圈受力均匀(图8-3-6)。若轴承与轴的配合过盈较大时,最好将轴承浸在80~90℃的热油中加热,然后进行热装。

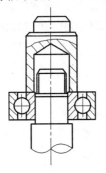 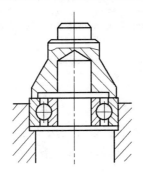 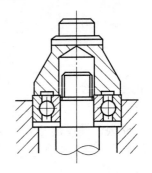

(a) 压到轴上时,内圈　　　　(b) 压到机体孔中时,外圈　　　　(c) 同时压到轴和机体孔中时,
　　　端面受力　　　　　　　　　　端面受力　　　　　　　　　　　内外圈端面都受力

图8-3-6　用垫套压滚珠轴承

滚动轴承磨损到一定程度时,要更换新的轴承。更换时可用拉出器的卡爪卡住轴承的内圈端面将其拉出,如图8-3-7所示。

5) 圆柱齿轮的装配

齿轮是机械传动中应用最多的零件。圆柱齿轮的装配要保证齿轮传递运动的准确性和平稳性,载荷分布的均匀性和规定的齿侧间隙。

为了保证齿轮的运动精度,首先要使齿轮正确安装到轴上,使齿圈的径向圆跳动和端面圆跳动控制在公差范围之

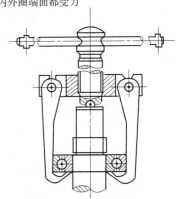

图8-3-7　滚动轴承拉出器(拉马)

内。根据不同的生产规模,可采用打表或用标准齿轮检查装到轴上的齿轮的运动精度(图 8-3-8)。若发现不合要求时,可将齿轮取下,相对于轴转过一定角度,再装到轴上。如果齿轮和轴用单键连接,就需要进行选配。

为保证载荷分布的均匀性,可用着色法检查齿轮齿面的接触情况(图 8-3-9)。先在主动轮的工作齿面涂红丹漆,使相啮合的齿轮缓慢转动,然后查看被动轮啮合齿面上的接触斑点。如齿轮中心距过大或过小(或轮齿切得过薄或过厚),可换一对齿轮,也可以将箱体的轴承套(滑动轴承)压出,换上新的轴承套重新镗孔。如齿轮中心线歪斜,则必须提高箱体孔的中心线平行度或齿轮副的加工精度。

齿侧间隙一般用塞规插入轮齿间隙进行检查。

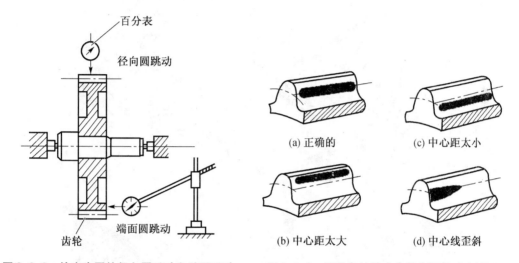

图 8-3-8　检查齿圈的径向圆跳动和端面跳动　　图 8-3-9　用着色法检查齿轮齿面的啮合情况

8.3.2　组件的装配

前面提到的齿轮、滚动轴承的装配,实际上都是组件装配。下面具体介绍摆线转子泵(图 8-3-10)的装配过程。

摆线转子泵的装配过程可以用图解的方法来表示,这种图称为装配单元系统图。其绘制方法如下:

① 先划一条横线。

② 横线的左端画一个小长方格,代表基准件(在组件中用来装配其他零件的零件)。在长方格中要注明装配单元的编号、名称和数量。

③ 横线的右端画一个小长方格,代表装配的成品。

④ 横线自左至右表示装配的顺序。直接进入装配的零件画在横线的上面,直接进入装配的组件画在横线的下面。

按此法绘制的摆线转子泵装配单元系统图如图 8-3-11 所示。装配单元系统图可以一目了然地表示出成品的装配过程、装配所需的零件名称、编号和数量,并可以根据它划分装配工序。因此,它可起到指导和组织装配工艺的作用。同理,也可以画出部件和机器的装配单元系统图。

8.3.3 对装配工作的要求

① 装配时,应检查零件与装配有关的形状与尺寸精度是否合格,检查有无变形、损坏等。应注意零件上的各种标记,防止错装。

② 固定连接的零部件,不允许有间隙。活动的零件能在正常的间隙下,灵活均匀地按规定方向运动。

③ 在组件的装配阶段,可用选配法或修配法来达到配合技术要求。组件装好后不再分开,以便一起装入部件内。机器的装配,应按从里到外,从下到上,以不影响下道工序为原则的次序进行。

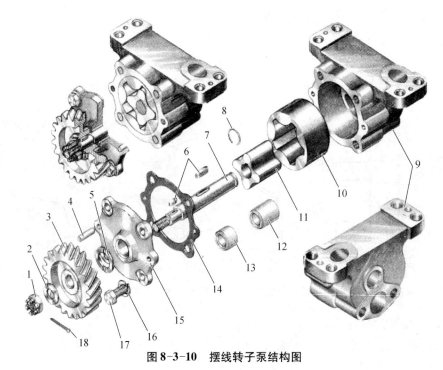

图 8-3-10　摆线转子泵结构图

1—六角槽形螺母;2—垫圈;3—斜齿轮;4—圆柱销;5—止推轴衬;6—平键;
7—泵轴;8—钢丝挡圈;9—泵体;10—外转子;11—内转子;12—轴套1;
13—轴套2;14—垫片;15—泵盖;16—弹簧垫圈;17—螺栓;18—开口销

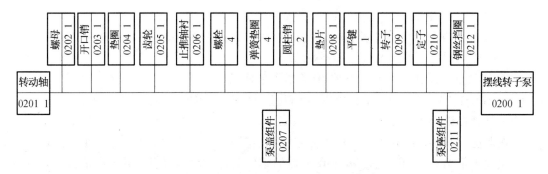

图 8-3-11　摆线转子泵装配单元系统图

④ 装配时不得让异物进入机器的部件、组件或零件内,特别是在油孔及管口处要严防污物进入。

⑤ 应检查各种运动部件的接触表面,保证润滑状况良好。若有油路,则必须畅通。

⑥ 各种管道和密封部件,装配后不得有渗漏现象。

⑦ 高速运动机构的外面,不得有凸出的螺钉头、销钉头。

⑧ 试车前,应检查各部件连接的可靠性和运动的灵活性,检查各种变速和变向机构的操纵是否灵活,手柄是否在正确的位置。试车时,从低速到高速逐步进行,并根据试车情况进行必要的调整,使其达到运转要求,但要注意,不能在运转中进行调整。

8.4 装配自动化

为提高效率,减轻劳动强度,装配可以实现自动化。装配自动化的主要内容,一般包括:给料自动化、传送自动化、装配、连接自动化、检测自动化等。

适应自动化装配的基本条件是要有一定的生产批量。产品和零、部件结构须具有良好的装配工艺性,即:装配零件能互换;零件易实现自动定向;便于零件的抓取、装夹和自动传输调节并可使装配夹具简单;便于选择工艺基准面,保证装配定位精度可靠;结构简单并容易组合。

装配自动化的主体是装配线和装配机。根据产品对象不同,装配线有:带式装配线、板式装配线、辊道装配线、车式装配线、步伐式装配线、拨杆式装配线、推式悬链装配线和气垫装配线等类型;装配机的类型也有:单工位装配机、回转型自动装配机、直进式自动装配机和环行式自动装配机等。图 8-4-1 为带式装配线。

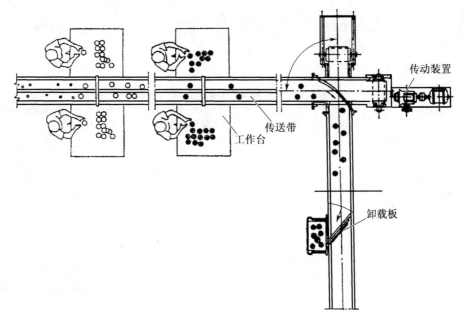

图 8-4-1 带式装配线

9 特 种 加 工

9.1 特种加工的概念

特种加工是指非传统性加工(Non-Traditional Machining，NTM)。特种加工的特点是：

① 不是主要依靠机械能，而是主要用其他能量(如电、化学、光、声、热能等)加工工程材料；

② 工具硬度可以低于被加工材料的硬度；

③ 加工过程中工具和工件之间不存在显著的机械切削力。

因此，就总体而言，特种加工可以解决普通机械加工方法无法解决或难以解决的问题，如各种难加工材料的加工问题；具有各种特殊、复杂表面的加工问题；各种具有特殊要求的零件的加工问题等。有些方法还可用于进行超精加工、镜面光整加工和纳米级(原子级)加工。

根据加工机理和所采用的能源，特种加工可以分为以下几类：

①力学加工　应用机械能来进行加工，如超声波加工、(磨料、液体)喷射加工；

②电物理加工　利用电能转换为热能、机械能和光能等进行加工，如电火花成形加工、电火花线切割加工、激光加工、电子束加工、离子束加工、等离子弧加工；

③电化学加工　利用电能转换为化学能进行加工，如电解加工、电解抛光、电镀、电铸加工；

④复合加工　将机械加工和特种加工叠加在一起就形成复合加工，如电解磨削、超声电解磨削、阳极机械磨削等。

表 9-1-1 介绍了几种常用特种加工方法的比较。

表 9-1-1　几种常用特种加工方法比较

加工方法	可加工材料	可达到尺寸精度 /mm (平均/最高)	可达到表面粗糙度 R_a/μm (平均/最低)	主要用途
电火花成形加工	任何导电的金属材料如硬质合金、耐热钢、淬硬钢、钛合金等	0.03/0.003	10/0.04	型腔加工:加工各类型腔模及各种具有复杂型腔的零件 穿孔加工:加工各种冲模、塑料模、压铸模、各种异形孔及微孔
电火花线切割加工		0.02/0.002	5/0.32	切割各种冲模和具有直纹面的零件以及进行下料、切割和窄缝的加工
电解加工		0.1/0.01	1.25/0.16	加工各种异形孔、锻造模、铸造模及抛光、去毛刺等
电解磨削		0.02/0.001	1.25/0.04	硬质合金等难加工材料的磨削及超精光整研磨、珩磨

加工方法	可加工材料	可达到尺寸精度/mm（平均/最高）	可达到表面粗糙度 R_a/μm（平均/最低）	主要用途
超声波加工	任何脆性材料	0.03/0.005	0.63/0.16	加工、切割脆硬材料,如玻璃、石英、金刚石等;可加工型孔、型腔、小孔、深孔
激光加工		0.01/0.001	10/0.4	精密加工小孔、窄缝以及切割、焊接、热处理
电子束加工	任何材料	0.01/0.001	10/0.4	在各种难加工材料上打微孔、切缝、蚀刻、抛光、焊接等
离子束加工		/0.01μm	/0.01	对零件表面进行超精密、超微量加工、抛光、蚀刻等

9.2　电火花成形加工

9.2.1　电火花成形加工的基本原理

在绝缘的工作液中工具和工件之间不断产生脉冲性火花放电,靠放电时局部、瞬时产生的高温,使工件表面的金属熔化、气化、抛离工件表面,而将工件逐步加工成形。图 9-2-1 为电火花成形加工的原理图。工件 1 与工具 4 分别与脉冲电源 2 的两输出端相联接,自动进给调节装置 3 使工具与工件间经常保持一很小的放电间隙,当脉冲电压加到两极之间时,在局部会产生火花放电,瞬时高温使工具和工件表面都蚀除掉一小部分金属,各自形成一个小凹坑(图 9-2-2)。经过每秒成千上万次的连续不断地重复放电,工具电极不断地向工件进给,就可将工具的形状复制在工件上,直到加工完成为止。

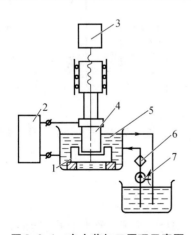

图 9-2-1　电火花加工原理示意图

1—工件;2—脉冲电源;3—自动进给调节装置;
4—工具;5—工作液;6—过滤器;7—工作液泵

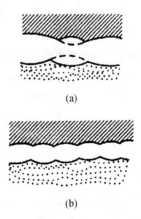

(a)

(b)

图 9-2-2　电火花加工表面局部放大图

9.2.2 电火花成形加工必须具备的条件

① 必须使工具电极和工件被加工表面之间保持一定的放电间隙。通常约为几微米至几百微米,以便形成火花放电的条件,间隙过大,不会击穿极间介质产生放电;间隙过小,很容易形成短路也不能产生放电。

② 火花放电必须是瞬时的脉冲性放电。放电延续一段时间($10^{-7} \sim 10^{-3}$s)后,需停歇一段时间,这样才能使放电所产生的热量来不及传导到其余部分,从而能局部地蚀除金属。

③ 火花放电必须在有一定绝缘性能的液体介质(又称工作液,如煤油、皂化液等)中进行。工作液既能压缩放电通道的区域,提高放电的能量密度,又能加剧放电时液体动力过程,加速蚀除物的排出,同时,对工具电极和工件表面有较好的冷却作用。

9.2.3 电火花成形加工的特点

① 电火花成形加工是不接触加工,加工过程中没有宏观切削力。火花放电时局部、瞬时爆炸力的平均值很小,不足以引起工件的变形和位移。

② 可以"以柔克刚"。由于电火花加工直接利用电能和热能去除金属,与工件材料的强度和硬度关系不大,因此可以用软的工具电极加工硬的工件。电火花成形加工常采用熔沸点高、比热容大的石墨作为工具电极。

此外,电火花加工主要用于加工金属等导电材料,加工速度比较慢,加工过程中存在电极损耗。

9.2.4 影响电火花加工精度的主要因素

与普通的机械加工一样,机床本身的各种误差以及工件和工具电极的定位、安装误差都会影响到加工精度,这里主要讨论与电火花加工工艺有关的因素。

① 放电间隙的大小及其一致性。放电间隙的大小可以通过修正工具电极的尺寸进行补偿,以提高加工精度,但间隙大小的一致性与加工过程的稳定性有密切关系,如电参数对放电间隙的影响就非常显著。

② 工具电极的损耗及稳定性。工具电极的损耗对尺寸精度和形状精度都有影响。

③ "二次放电"影响加工的形状精度。二次放电是指已加工表面上由于电蚀产物的介入而再次进行的不必要的放电。

④ 电火花加工时,工具的尖角或凹角很难精确地复制在工件上,如图9-2-3。

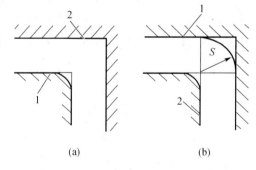

图9-2-3 电火花加工时尖角变圆
1—工件; 2—工具

9.2.5 电火花加工的应用

① 穿孔加工 电火花加工可加工各种型孔(圆孔、方孔、多边形孔、异形孔等),小孔(直径为0.1~1 mm)和微孔(直径小于0.1 mm)等,例如拉丝模上的丝孔及油泵油嘴上的喷嘴小孔等,其原理见图9-2-4。

② 型腔加工 电火花型腔加工主要用于锻模、挤压模、压铸模等的加工。

③ 线切割及电火花磨削等。

④ 电火花同步共轭回转加工　即工具与工件均作旋转运动,二者的角速度相等或成整倍数,相对应接近的放电点可有切向相对运动速度。工具相对工件有纵、横向进给运动。工具、工件可以同步回转、展成回转、倍角速度回转等。能加工复杂型面,如高精度的异形齿轮(椭圆齿轮、不完全齿轮等)、精密螺纹环规、卫星对接螺孔等,还可加工高精度的内、外回转体表面及球面等。

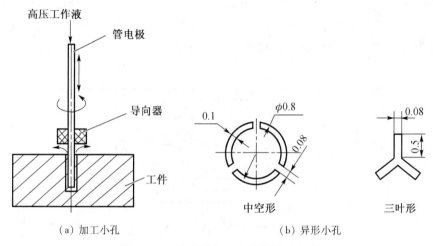

图 9-2-4　电火花加工小孔及异形小孔

9.2.6　电火花加工的典型机床

图 9-2-5 为最常见的电火花成形加工机床,它包括主机、脉冲电源、自动进给调节系统和工作液循环过滤系统四大部分。

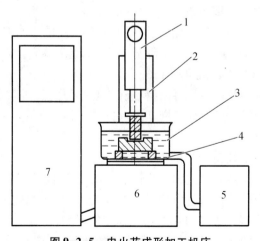

图 9-2-5　电火花成形加工机床

1—主轴头;2—立柱;3—工作液槽;4—纵、横向拖板;
5—工作液箱;6—床身;7—电源箱

9.3 电火花线切割加工

9.3.1 电火花线切割加工的原理

电火花线切割加工的原理如图 9-3-1 所示。

用连续移动的导电金属丝(钨丝、钼丝、铜丝)接脉冲电源的负极,工件接脉冲电源的正极。当两极通以直流高频脉冲电流时在电极丝和工件之间产生火花放电,高达 5 000 ℃ 的瞬时高温使工件局部金属熔化,从而实现对工件材料进行电蚀切割加工。根据电极丝的移动速度可分为快速走丝(8～10 m/s)和慢速走丝(一般低于 0.2 m/ s)两类机床。

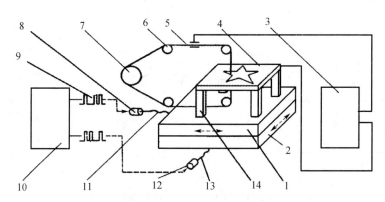

图 9-3-1 线切割加工原理图

1—上工作台;2—下工作台;3—脉冲电源;4—工件;5—电极钼丝;
6—导轮;7—贮丝轮;8—步进电机;9—信号;10—数控装置;
11—丝杠;12—步进电机;13—丝杠;14—垫铁

9.3.2 线切割加工的主要特点

① 不需要制造成形电极,用简单的电极丝即可对工件进行加工。

② 由于电极丝比较细,可以加工微细异型孔,窄缝和复杂形状的工件。尺寸精度达 0.02～0.01 mm,表面粗糙度 R_a 值可达 1.6 μm。

③ 由于切缝很窄,切割时只对工件材料进行"套料"加工,所以余料可以利用。

④ 自动化程度高,操作方便,加工周期短。目前,国内外的线切割机床已占电加工机床的 60% 以上。

9.3.3 影响电火花线切割加工的主要因素

① 工作液   工作液应具有一定的绝缘性能、较好的洗涤性能和冷却性能。

② 电极丝   快速走丝的机床的电极丝主要用钼丝、钨丝和钨钼丝,慢速走丝的机床一般用黄铜丝,电极丝的直径过大或过小对加工速度的影响较大。

③ 穿丝孔   穿丝孔的作用:用于加工凹模前的穿丝;减少凸模加工中的变形量和防止因材料变形而发生夹丝现象;保证被加工部分与其他有关部位的位置精度。

④ 工件的装夹   工件装夹的形式对加工精度也有直接影响。一般采用压板螺栓固定工件。

9.3.4 线切割加工的应用范围

应用于各类模具加工(凸模、凹模)(图9-3-2)、二维直纹曲面的零件(图9-3-3)、三维直纹曲面的零件(图9-3-4)以及各种导电材料和半导体材料的切断等。

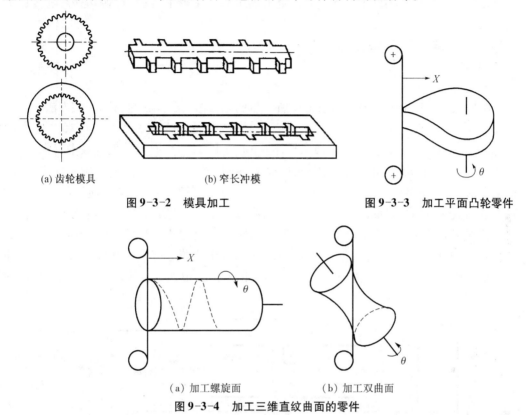

(a) 齿轮模具	(b) 窄长冲模	
图9-3-2 模具加工		图9-3-3 加工平面凸轮零件

（a）加工螺旋面　　　（b）加工双曲面

图9-3-4 加工三维直纹曲面的零件

9.3.5 线切割加工机床

线切割加工机床可分为两大类:快速走丝机床和慢速走丝机床。

快速走丝线切割机床如图9-3-5所示。电极丝绕在储丝筒上,并通过导丝轮形成锯弓状,电动机带动储丝筒进行正、反转,储丝筒装在走丝溜板上,与走丝溜板一起作往复移动,使电极丝周期往复移动,走丝速度一般为10 m/s左右,电极丝使用一段时间后要更换新丝。

慢速走丝线切割机床是成卷铜丝作电极丝,机床在结构组成上与快速走丝线切割机床基本一致,不同之处主要在于走丝机构,慢速走丝机构由张紧机构和导丝轮将电极丝张紧,没有储丝筒,走丝速度一般低于0.2 m/s,为单方向走丝,电极丝由上向下运行,只使用一次,以消除电极丝损耗对加工精度的影响。这种低速恒张力走丝机构的电极丝走丝平稳,无振动,损耗小,加工精度高,所以现在慢速走丝线切割机床是发展方向。

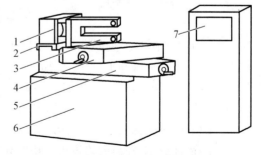

图9-3-5 DK7725型高速走丝线切割
机床结构简图

1—储丝筒；2—走丝溜板；3—丝架；4—上工作台；
5—下工作台；6—床身；7—脉冲电源及微机控制柜

9.4 电化学加工

电化学加工包括从工件上去除金属的电解加工和向工件上沉积金属的电铸、电镀加工两大类。

9.4.1 电解加工和电解磨削

1）电解加工

（1）电解加工原理

电解加工是利用金属工件在电解液中所产生的阳极溶解作用而进行加工的方法。

在工件阳极与工具阴极（材料为电解石墨、铜或其他合金钢）之间通入 15% 左右的 NaCl 水溶液，再接通直流电源，由于离子导体 NaCl 与水（H_2O）的离解，电解液中存在 Na^+、Cl^-、H^+、OH^- 四种离子，正离子向阴极移动，并在阴极上得到电子而进行还原反应，负离子向阳极移动，使阳极失去电子而进行氧化反应，氧化物沉淀被冲走，从而使工件阳极不断损耗而达到去除金属的目的。在此过程中工具阴极不变。电解加工是一种电化学加工。

电解加工如图 9-4-1 所示。加工时，工具阴极以一定的速度进给，使两极间保持不变的狭小间隙（0.1~1.0 mm），具有一定压力（0.5~2 MPa）的电解液从间隙流过，这时工件阳极的金属被逐渐电解腐蚀，电解产物被高速电能液冲走，返回电解液槽。化学反应生成的 H_2 由氢气口排出。

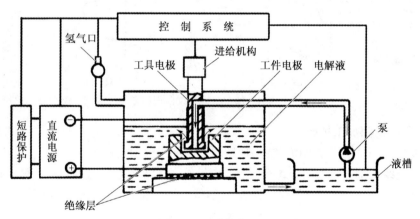

图 9-4-1 电解加工

电解加工的成形原理如图 9-4-2 所示，图中的细竖线表示通过工具阴极和工件阳极间的电流，竖线的疏密程度表示电流密度的大小。在加工开始时，两极距离较近的地方通过的电流密度较大，电解液的流速也较高，工件阳极的溶解速度也较快，如图 9-4-2（a）所示。由于工具阴极不断进给，工件阳极的表面不断被电解，直到工件表面形成与工具阴极工作面形状相同为止，如图 9-4-2（b）所示。电解加工的设备组成与电火花的设备组成基本相同。使用的是直流稳压电源，采用低电压（6~24

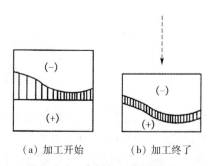

（a）加工开始　　（b）加工终了

图 9-4-2 电解加工成形原理

Ⅴ)、大电流(500 ~ 20 000 A)。电解液常用 $NaCl$、$NaNO_3$ 的水溶液等。

（2）电解加工工艺特点与应用

① 工艺特点

a. 对高硬度、高强度和高韧性的难切削金属材料均可加工，并且生产效率高于电火花加工。

b. 表面加工质量较好，表面粗糙度值 R_a 可达 0.8 ~ 0.2 μm，比电火花加工好，但尺寸精度不如电火花加工。其型孔加工尺寸精度为 0.06 ~ 0.01 mm，型腔加工尺寸精度为 0.10 ~ 0.40 mm。

c. 因电解液腐蚀性较强，所以对加工设备均需采用防腐措施，机床费用高。另外，电解物难以处理与回收，对环境污染严重。

② 电解加工的应用

电解加工主要用于深孔扩孔、型孔、型腔、套料、叶片、侧棱去毛刺及电解抛光等加工。

电解加工比电火花加工生产率高，但加工精度较低，机床费用较高，故适合大批量生产，而电火花加工则适合于单件小批量生产。

2）电解磨削

电解磨削是电解加工的一种（加工原理与电解加工基本上相同），不过它的腐蚀物（氧化膜）不是由液流冲走，而是由砂轮的磨料来刮除掉，如图 9-4-3 所示。导电砂轮接阴极，工件接阳极，并在一定的压力下与砂轮接触，加工区域送入电解液，在电解与机械磨削的双重作用下，工件很快被磨削光洁。电解磨削中，金属主要靠电化学作用腐蚀下来，砂轮起着磨去电解产物阳极钝化膜和平整工件表面的作用。

电解磨削时几乎不产生磨削力和磨削热，因而避免了裂纹、烧伤和变形等缺陷，可以高效率、高质量（表面

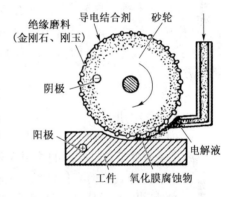

图 9-4-3　电解磨削的工作原理

粗糙度值 R_a 可达 0.025 ~ 0.012 μm，尺寸误差只有 1 ~ 2 μm）地磨削各类硬质合金、高速钢等切削工具，以及磨削各种强度高、韧性与脆性大、热敏感材料所制成的工件。但设备费用较高。

9.4.2　电铸加工

电铸加工是利用电化学阴极沉积的原理进行加工的方法。如图 9-4-4 所示，用可导电的原模作阴极，用电铸材料（如纯铜）作阳极，用电铸材料的金属盐（如硫酸铜）溶液作电铸镀液。在直流电源的作用下，阳极上的金属原子失去电子成为正金属离子进入镀液，并进一步在阴极上获得电子成为金属原子而沉积镀覆在阴极原模表面，阳极金属源源不断成为金属离子补充溶解进入电铸镀液，保持浓度基本不变，阴极原模上电铸层逐渐加厚，当达到预定厚度时即可取出，设法与

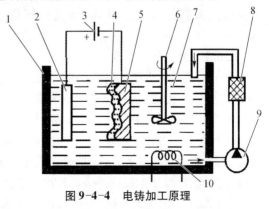

图 9-4-4　电铸加工原理

1—电镀槽；2—阳极；3—直流电源；
4—电铸层；5—原模（阴极）；6—搅拌器；7—电铸液；
8—过滤器；9—泵；10—加热器

原模分离,即可获得与原模型面凹凸相反的电铸件。

9.5　超声波加工

利用工具端面作超声频(16~25 kHz)振动,使工作液中的悬浮磨粒对工件表面撞击抛磨来实现加工,称为超声波加工,其加工原理如图9-5-1所示。超声波发生器将工频交流电能转变为有一定功率输出的超声频电振荡,通过磁致伸缩换能器或压电效应换能器将超声频电振荡转变为超声机械振动,其振幅很小,一般只有0.005~0.01 mm,再通过一个上粗下细的振幅扩大棒,使振幅增大到0.01~0.15 mm,固定在振幅扩大棒端头的工具即产生超声振动。

超声加工特别适用于加工硬脆的非金属材料,如玻璃、陶瓷、石英、硅、锗、玛瑙、宝石、玉石及金刚石等工件的切割、打孔和形面加工。工具可用较软的材料制造,如45钢、20钢、黄铜等。超声波加工机床的结构比较简单,操作维修都很方便。

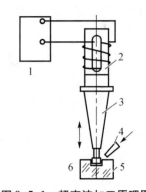

图9-5-1　超声波加工原理图

1—超声波发生器;2—换能器;
3—振幅扩大棒;4—工作液;
5—工件;6—工具

9.6　激光加工

激光是由处于激发状态的原子、离子或分子受激辐射而发出的得到增强的光。

原子因内能大小而有低能级、高能级之分,高能级的原子不稳定,总是力图回到低能级去,称为跃迁;原子从低能级到高能级的过程称为激发。在原子集团中低能级的原子占多数,而氦、氖、氩原子和二氧化碳分子等在外来能量的激发下,有可能使处于高能级的原子数大于低能级的原子数,这种状态称为粒子数的反转。此时,在外来光的刺激下,处于高能级的原子会产生受激辐射跃迁,将能量差以光的形式辐射出来,造成光放大,再通过共振腔的作用产生共振,受激辐射越来越强,光束密度不断得到放大,形成了激光。

9.6.1　激光加工原理

由于激光是以受激辐射为主的,所以它具有高亮度(高强度)、高方向性、高单色性和高相干性四大综合性能。通过光学系统聚焦后可得到极小的柱状或带状光束,获得$10^8 \sim 10^{10}$ W/cm² 的能量密度及 10^4℃以上的高温,当激光照射在工件的加工部位时,材料能在千分之几秒的时间内使各种物质熔化和汽化,随着激光能量的不断被吸收,材料凹坑内的金属蒸气迅速膨胀,压力突然增大,熔融物爆炸式地高速喷射出来,在工件内部形成方向性很强的冲击波,这样就在被加工工件的表面打出一个上大下小的孔,以达到蚀除被加工材料的目的。

激光加工原理如图9-6-1所示,当激光器发出单向平行光束,通过光学系统中的光圈、反射镜、聚焦镜将激光束聚焦到工件待加工表面,工件材料就在高温熔化和冲击波的同时作用下蚀除部分物质而进行各种加工。

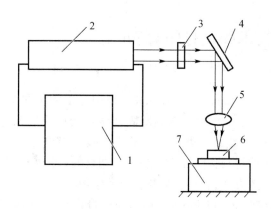

图 9-6-1　激光加工原理图

1—电源；2—激光器；3—光圈；
4—反射镜；5—聚焦镜；6—工件；7—工作台

9.6.2　激光加工的特点

① 激光加工属高能束流加工,能量密度极高,几乎可以加工任何金属材料和非金属材料;

② 激光加工无明显机械力,不存在工具损耗,加工速度快,效率高,热影响区小;

③ 激光可通过玻璃、空气等透明的介质进行加工,不需要真空;

④ 激光的光斑大小可聚焦到微米级,输出功率的大小又可以调节,因此可进行精密微细加工;

⑤ 价格较昂贵。

激光加工的主要参数为激光的功率密度、焦距与发散角、激光照在工件上的时间及工件对能量的吸收等。

激光可以进行多种类型的加工,如表面热处理、焊接、切割、打孔、雕刻及微细加工等。

9.6.3　激光加工的应用

（1）激光打孔

利用激光工艺打微型小孔,已应用于火箭发动机和柴油机的喷油嘴加工、化学纤维喷丝头打孔、钟表及仪表中宝石轴承打孔、金刚石拉丝模孔的加工等。

（2）激光切割

采用激光可以对许多材料进行高效率的切割加工。切割速度一般超过机械切割。切割厚度对金属材料可达 10 mm 以上,对非金属材料可达几十毫米。切割宽度一般为 0.1~0.5 mm。

（3）激光焊接

激光焊接通常用减少激光输出功率,将工件结合处（烧熔）粘合在一起实现焊接。焊接过程极为迅速。热影响区小,没有焊渣,甚至能透过玻璃焊接和实现金属与非金属材料之间的焊接。

值得一提的是:激光技术不仅仅用于前面所述几点,还可以用于现代医疗及军事等高尖端技术。

9.7 增材制造技术(3D 打印)简介

9.7.1 概述

增材制造技术(Additive Manufacturing,AM),是相对于传统的车、铣、刨、磨机械加工等去除材料工艺,以及铸造、锻压、注塑等材料凝固和塑性变形成形工艺而提出的通过材料逐渐增加的方式而制造实体零件的一类工艺技术的总称。2009 年美国 ASTM 委员会将增材制造定义为:一种与传统的材料去除加工方法截然相反的,通过增加材料、基于三维 CAD 模型数据,通常采用逐层制造方式,直接制造与相应数学模型完全一致的三维物理实体模型的制造方法。随着快速原型(Rapid Prototyping,PR)、自由成型制造(Free Form Fabrication,FFF)、3D 打印技术(Three Dimensional Printing,3DP)等概念的出现及其工艺技术的发展,增材制造技术的内涵不断深入,其外延不断扩展。

传统制造零件原型,需要几周或几个月的时间和昂贵的费用,不能满足市场竞争的要求。20 世纪 80 年代中末期,国际上出现一种全新的造型技术——快速成型技术(Rapid Prototyping Manufacturing,RPM),这是一种基于离散堆积成型思想的新型成型技术,是集 CAD、CAM、CNC、激光及材料科学于一体的新型高科技技术。快速原型制造使用快速成型技术直接根据产品 CAD 的三维实体模型数据,经过计算机进行数据处理后,将三维实体数据模型转化为许多二维平面模型的叠加,再通过计算机控制将这些平面模型顺次联接,从而形成复杂的三维实体零件模型。以 3D 打印技术或快速原型为主的增材制造技术,极大地促进了产品快速制造及其创新设计的进程,被预测为即将到来的第三次工业技术革命的引领者。

9.7.2 几种典型的增材制造技术

1) 立体平版印刷(Stereo Lithography Apparatus,SLA)

SLA 成型原理如图 9-7-1 所示,通过控制计算机把输入的 CAD 三维实体沿 Z 轴分层处理成一系列很薄的横截面。然后控制紫外激光束按分层横截面的形状对液槽的光敏聚合物表面进行扫描,经扫描到的光敏聚合物立即固化,生成一片与扫描横截面形状相同的切片。然后升降机构带动工作台下降一层高度,其上覆盖另一层液态树脂,以便进行第二层扫描固化,新固化的一层牢固地粘在前一层上,如此重复直到整个模型制造完毕。一般薄截面厚度为 0.07~0.4 mm。模型从树脂中取出后进行最终硬化处理,再打光、电镀、喷漆或着色即成。

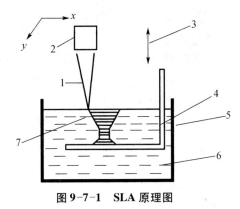

图 9-7-1 SLA 原理图

1—激光束;2—扫描镜;3—Z 轴升降;
4—工作台;5—树脂槽;6—光敏树脂;7—原型

SLA 是第一个投入商业应用的 RPM 技术。SLA 工艺的特点是精度高、表面质量好、原材料利用率近 100%,适用于制作任意形状及结构的零件,尤其能制造形状及内部结构特别复杂及特别精细的零件。可直接制造塑料件,制件为透明体。

不足之处:分层固化过程中,处于液态树脂中的固化层因漂浮易错位,须设计支撑结构与原型制件一道固化,前期软件工作量大;由于激光固化液态光敏树脂的过程中,材料发生相变,可能使聚合物产生收缩产生内部应力,从而引起制件翘曲和其他变形。

2）分层实体制造(Laminated Object Manufacturing, LOM)

分层实体制造技术是近年来发展迅速的一种快速成型技术。LOM 工艺先将单面涂有热溶胶的纸通过加热辊加压粘结在一起。此时位于其上方的激光器按照分层 CAD 模型所获得的数据,将一层纸切割成所制零件的内外轮廓,然后新的一层纸再叠加在上面,通过热压装置将其与下面的已切割层粘合在一起,激光束再次进行切割。

由于 LOM 工艺无需激光扫描整个模型截面,只要切出内外轮廓即可,所以制模的时间取决于零件的尺寸和复杂程度,成型速率在 RPM 中为最高。图 9-7-2 为分层实体制造原理图。

LOM 是 20 世纪 80 年代末才开始研究的一种 RPM 技术,其商品化设备于 1991 年问世,但一出现就体现了其生命力,LOM 发展很快是因其有以下特点:

① 设备价格及造型材料成本低廉。由于采用小功率 CO_2 激光器,不仅成本低廉,而且使用寿命也长;

② 成型材料一般为涂有热熔树脂及添加剂的纸,成型过程中不存在收缩和翘曲变形,制件强度和刚度高,几何尺寸稳定性好,可用通常木材加工的方法对表面进行抛光;

③ 采用 SLA 方法制造原型,需对整个断面扫描才能使树脂固化,而 LOM 只需切割断面内外轮廓,成型速率高,原型制作时间短。

不足之处:LOM 工艺多适用于实体的及内外结构简单的零件。

3）选择性激光烧结(Selected Laser Sintering, SLS)

SLS 采用 CO_2 激光器,使用的材料多为粉末状。先在工作台上均匀地铺上一层很薄(100 ~ 200μm)的热敏粉末,辅助加热装置将其加热到熔点以下的温度,在这个均匀的粉末面上,激光在计算机的控制下按照设计零件第一层的信息进行有选择性地烧结,被烧结部分固化在一起构成原型零件的实心部分。一层完成后再进行下一层烧结,全部烧结完后,去除多余的粉末,便得到零件。图 9-7-3 为选择性激光烧结原理图。

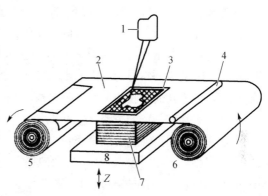

图 9-7-2　LOM 原理图

1—二维扫描激光源；2—薄片原料；3—元片层；4—热滚子；
5—收料卷；6—放料卷；7—零件块；8—平台

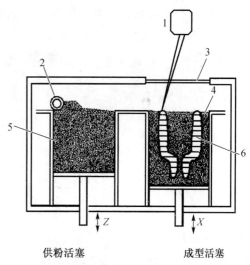

供粉活塞　　　　　　成型活塞

图 9-7-3　SLS 原理图

1—激光器；2—铺粉滚筒；3—激光窗；
4—加工平面；5—原料粉末；6—生成的零件

烧结完成的零件要采用专用的打磨、烘干等设备对成型零部件进行处理,使其达到实用水平。

4）熔融沉积制造（Fused Deposition Modeling, FDM）

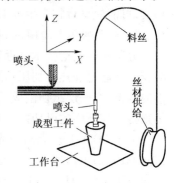

图 9-7-4　FDM 原理图

FDM 的工艺原理图如图 9-7-4 所示。材料先抽成丝状,通过送丝机构送入喷头,在喷头内加热熔化。喷头沿零件截面轮廓和填充轨迹运动,同时,将熔化的材料挤出。挤出的材料与周围的材料粘结,并迅速固化,层层堆积成型。用蜡成形的零件原型,可以直接用于熔模铸造。用 ABS 工程塑料制造的零件原型具有较高的强度,在产品设计、测试与评估等方面得到了广泛应用。

5）粉末选区激光熔化工艺（Selective Laser Melting, SLM）

粉末选区激光熔化是一种金属构件直接成型方法。该技术基于增材制造的最基本思想,用逐层添加方式根据 CAD 数据直接成型具有特定几何形状的零件,成型过程中金属粉末完全熔化,产生冶金结合。该工艺方法与选择性激光烧结（SLS）成型工艺的基本原理是一致的,与间接式粉末激光烧结不同之处是采用大功率激光器将铺层后的金属粉末直接烧熔进行金属构件的直接建造,而无需间接金属粉末烧结成型后还需要粉末冶金的烧结工序形成金属构件。该技术突破了传统加工方法去除材料成型的概念,采用添加材料的方法成型零件,不存在材料去除的浪费问题。成型过程不受零件复杂程度的限制,因而具有很大的柔性,特别适合于单件、小批量产品,尤其医学植入体的制造。SLM 技术需要高功率密度激光器,聚焦到几十微米大小的光斑。由于材料吸收问题,一般 CO_2 激光器很难满足要求,Nd:YAG 激光器由于光束模式差也很难达到要求,所以 SLM 技术需要使用光束质量较好的半导体泵浦 YAG 激光器或光纤激光器,功率 100 W 左右,可以达到 $30\sim50\ \mu m$ 的聚焦光斑,功率密度达到 $5\times10^6\ W/cm^2$ 以上。

（1）粉末选区激光熔化工艺基本原理

图 9-7-5 为金属粉末选区激光熔化系统结构的原理图。图中包括铺粉系统、激光系统、扫描系统以及前端的 CAD 系统与后端的后处理系统。其建造过程类似于 SLS 工艺。

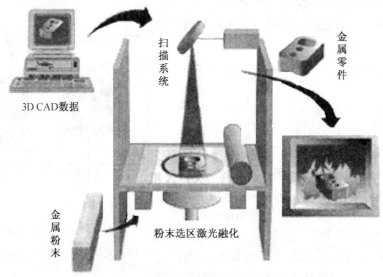

图 9-7-5　金属粉末选区激光熔化工艺原理

（2）粉末选区激光熔化技术的特点及技术指标

粉末选区激光熔化技术是在 SLS 基础上发展起来的，但又区别于选择性激光烧结技术，其特点体现在如下几个方面：

① 直接制成终端金属产品，省掉中间过渡环节；

② 可得到冶金结合的金属实体，致密度接近 100%；

③ SLM 制造的工件具有较高的拉伸强度，较低的表面粗糙度（$R_z 30 \sim 50 \mu m$），较高的尺寸精度（$<0.1mm$）；

④ 适合各种复杂形状的工件，尤其适合内部有复杂异型结构（如空腔）、用传统方法无法制造的复杂工件；

⑤ 适合单件、小批量模具和工件成型。

6）激光近净成型工艺（Laser Engineering Net Shaping，LENS）

LENS 基于一般增材成型原理，首先是在计算机中生成零件的三维 CAD 模型，然后将该模型按照一定的厚度分层"切片"，即将零件的三维数据信息转换成一系列的二维轮廓信息，再由送粉系统将金属粉喷射到基板上被激光熔化的金属熔池内，按照二维轮廓轨迹在基板上逐层堆积金属粉末材料，光斑离开后金属粉末凝固成型，最终形成致密的三维金属模件。

基板在 X – Y 平面内根据三维 CAD 模型的切片轮廓数据运动，而 Z 方向运动是由激光束及送粉机构的共同运动形成的。其中，X – Y 平面的成型精度为 $0.05mm$，Z 方向的成型精度为 $0.5mm$。图 9-7-6 给出了激光近净成型技术原理示意图。

该工艺和激光焊接相似，成型要在由氩气保护的密闭仓中进行。保护气氛系统可防止金属粉末在激光成型中发生氧化，降低沉积层的表面张力，提高层与层之间的润湿性，同时有利于提高工作环境的安全性。

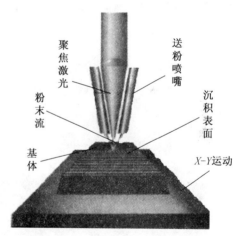

图 9-7-6 激光近净成型技术原理

9.7.3 增材制造技术的特点

传统的零件加工工艺多为切削加工方法，是一种减材制造，材料利用率较低，有些大型零件其利用率不足 10%；而增材制造技术是采用逐层累加方式制造零部件，材料利用率极高，流程短，近净成型，其特点如下：

① 自由成型制造 无需模具，可以直接制作原型，可大大缩短生产周期，并节约模具费用；成型不受形状复杂程度的限制，能够制作任意复杂形状与结构。

② 制造过程快速 从 CAD 模型到产品，一般仅需数小时或十几个小时，制造速度比传统成型加工方法快得多。从产品构思到最终增材制造也适合于远程制造服务，用户的需求可以得到最快的响应。

③ 数字化成型方式 无论哪种增材制造技术，其材料都是逐层添加、累积成型的。这也是增材制造技术区别于传统机械加工方式的显著特征。

④ 经济效益显著　增材制造无需模具,而直接在数字模型驱动下采用特定材料堆积而成,因此可以缩短产品开发周期、节省成本,也带来了显著的经济效益。

⑤ 应用领域广泛　增材制造技术特别适合于新产品的开发、单件及小批量零件制造、复杂形状零件制造、模具设计与制造、逆向工程,也适合于难加工材料的制造等。

由于上述特点,增材制造技术在包括汽车工业在内的许多工业领域得到了应用,在医学、航空航天、艺术等行业中也崭露头角,应用范围很广。

10 塑 料 成 型

10.1 概述

塑料是指以合成树脂为主要成分,适当加入填料、增塑剂及其他助剂(如着色剂、固化剂、调节剂等),在一定条件下塑制而成的材料。

塑料是材料的重要组成部分,它具有相对密度小、强度高、耐腐蚀性好、绝缘性能优良、易于成型加工、摩擦系数小、润滑性好、绝热、隔音好等许多优点。在某些方面能有效地代替金属、木材、玻璃、陶瓷等,所以在国民经济各部门得到了广泛的应用。

塑料工业的发展速度现已跃居四大工业材料(钢铁、木材、水泥和塑料)之首。无论在农业生产、商品包装、交通运输,还是在电子、电器、化工、仪表、建筑等行业乃至航空、国防等尖端科学技术领域中,塑料都是不可缺少的材料。

10.2 塑料常用成型方法

塑料制品是在一定温度和压力下,根据塑料的性质和对制品的要求,将塑料用各种不同的成型方法制成一定的形状,经过冷却、修整而获得的。

10.2.1 压制成型

压制成型是塑料成型最重要的成型方法之一。根据成型工艺特点,分为模压成型和层压成型。

1)模压成型

模压成型又称压缩模塑。模压成型法是将粉状、粒状、片状、纤维状塑料倒入加热的凹模模槽中,合上凸模加热、加压,使塑料在模具内充满模腔成型,脱模后获得与模腔形状一样的制品,如图10-2-1所示。

模压成型使用的设备和模具较简单,适合于成型形状简单的热固性塑料制品。

2)层压成型

层压成型是用层叠的涂有热固性树脂的片状底材(纸、布、材料、石棉等)或塑料片(如聚氯乙烯),干燥后裁剪成适当尺寸,加压、加热制成制品。

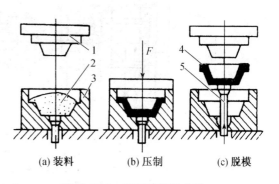

(a)装料　　(b)压制　　(c)脱模

图 10-2-1　塑料的模压成型

1—压头;2—原料;3—凹模;4—制品;5—出件顶杆

层压制品具有密度小、吸水性小、不易受潮的性能,因此许多板状、管状、棒状或形状简单的制品常采用层压成型生产。

10.2.2 挤出成型

挤出成型又称挤塑。挤出成型是在挤出机中,通过加热、加压使粉状、粒状、带状塑料以流动状态连续通过口模成型,如图 10-2-2 所示。

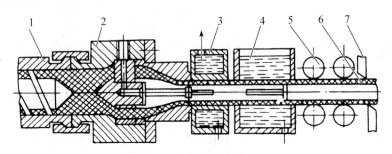

图 10-2-2 塑料的挤出成型

1—料筒;2—挤出机机头;3—定径装置;4—冷却装置;
5—牵引装置;6—塑料管;7—切割装置

挤出成型生产过程连续,生产率高,产品质量稳定,适用于生产管材、板材、异型材、塑料薄膜等塑料制品。

挤出成型是塑料成型很重要的方法,主要用于热塑性塑料制品的生产。

10.2.3 注射成型

注射成型,又称为注射模塑或注塑,是塑料的一种重要的成型方法。其主要过程是:将塑料的粒料或粉料,在注射成型机的料筒内加热熔化呈流动状态时,在柱塞或螺杆加压下,熔融塑料被压缩并向前移动,进而通过料筒前端的喷嘴以快速注入温度较低的闭合模具内,经过一定时间冷却定型后,开启模具即得制品,如图 10-2-3 所示。

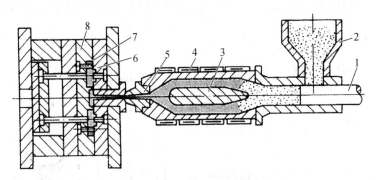

图 10-2-3 塑料的注射成型

1—柱塞;2—料斗;3—分流梭;4—加热器;
5—喷嘴;6—定模板;7—塑料制品;8—动模板

注射成型是比较先进的成型工艺,生产周期短、效率高,易于实现自动化。制品重量可以从一克到几十千克不等,还可以生产形状复杂或带嵌件的制品,而且制品尺寸精确。注射成型制品已占全部塑料制品的 20% ~ 30%。

热塑性塑料和热固性塑料的制品都能用注射成型生产。

10.2.4 压延成型

压延成型是将黏流状态的塑料通过一系列相向旋转着的水平辊筒间隙,使塑料承受挤压和延展作用而成为连续片状的制品。压延成型如图10-2-4所示。其特点是生产效率高,加工能力大,能连续生产,且产品规格多样,质量稳定;其缺点是设备庞大,投资较高,维修复杂。

压延过程可分为前后两个阶段,如图10-2-5所示。

压延成型是生产塑料薄膜和片材的主要方法。厚度小于0.25 mm的为薄膜,厚度大于0.25 mm的为片材。

将布(或纸)随同塑料一起通过压延机的最后一对辊筒,塑料会紧贴在布(或纸)上。这就是用压延成型制作人造革(或塑料贴合纸)的生产。

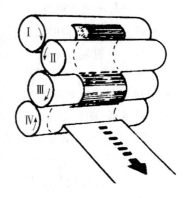

图 10-2-4 压延成型

压延成型适用于热塑性塑料。

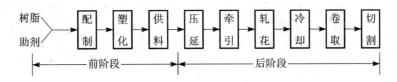

图 10-2-5 压延成型的工艺流程

10.3 塑料的注射与压延成型设备

10.3.1 注射设备

通用型注射成型机见图10-3-1。

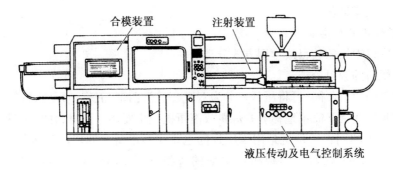

图 10-3-1 通用型注射成型机的组成

1)注射装置

注射装置是注塑机的主要部分,其作用是使塑料均匀地塑化并达到流动状态,在很高的压力和较快的速度下,通过螺杆的推挤注射入模。

注射装置系统包括:加料装置、料筒、螺杆和喷嘴等部件。

2）合模装置

注射机中的合模装置,又称为锁模装置,在注射成型中起着重要的作用。它包括保证模具有可靠的合模力和实现闭模顶出等动作。

由于注射装置系统中的阻力作用,因此合模力的大小比注射压力要小,但应大于或等于模腔内的压力才不致在注射时引起模具离缝而产生溢边现象。合模装置必须根据不同制品的要求和模具的厚度,能够方便地调节模板的间距、行程以及运动的速度,且要求开启灵活,闭锁紧密,还应避免运转中产生强烈振动。良好的合模装置,模板的运动速度在启、闭模具的各阶段的速度是不一样的,闭模时应先快后慢;开模时则应按慢-快-慢的节奏进行。

最常见的合模装置是具有曲臂的机械与液压相结合的装置,图 10-3-2 所示,简单可靠,应用广泛。

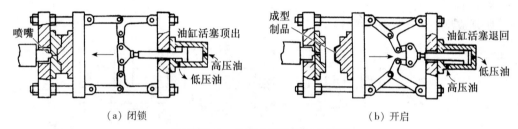

（a）闭锁　　　　　　　　　　　　　　　　　　（b）开启

图 10-3-2　曲臂合模装置工作原理

3）液压传动和电气控制系统

液压传动和电气控制系统主要作用是保证注射成型机按工艺过程预定的要求(压力、速度、温度、时间)和动作程序准确无误地进行工作。液压传动系统主要由各种液压元件和回路及其他附属装置等组成。电气控制系统主要由各种电气仪表、微机控制系统等组成。液压传动和电气系统有机地组织在一起,对注射成型机提供动力和实现控制。

10.3.2　压延设备

1）压延设备的分类

压延机常以辊筒的数目或排列方式分类。

（1）以辊筒的数目分类

根据辊筒的数目不同,可将压延机分为双辊、三辊、四辊、五辊,直至六辊等。

双辊压延机通常又简单地称为开炼机或滚压机。主要用于原材料的塑炼和压片。

三辊压延机和四辊压延机是用于压延的主要成型设备。四辊压延机与三辊压延机相比,由于压延多了一次,故而可以生产更薄的薄膜,而且厚薄均匀、表面光滑。四辊压延机的辊速可为三辊压延机(辊速 30 m/min 左右)的 2～4 倍,因此生产效率大大提高。此外,四辊压延机还可一次完成双面贴胶工艺,这也是它能逐步淘汰并取代三辊压延机的一个原因。

五辊和六辊压延机的压延效果更好,由于它们的设备更大、更复杂,目前尚未普遍使用。

（2）以辊筒的排列方式分类

辊筒的排列方式很多,根据辊筒的排列方式不同,压延机则可分为 I 型、L 型、正 Z 型和斜 Z 型等,如图 10-3-3 所示。目前,斜 Z 型的四辊压延机应用比较普遍。

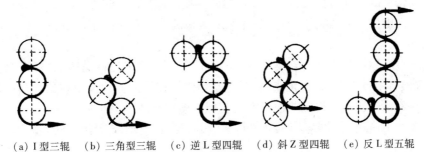

(a) I 型三辊　　(b) 三角型三辊　　(c) 逆 L 型四辊　　(d) 斜 Z 型四辊　　(e) 反 L 型五辊

图 10-3-3　常见压延机的辊筒排列方式

2) 压延机的主要构造

四辊压延的主要组成部件有:机座、机架、辊筒、辊筒轴承及辊间调节等装置。其他还有主机的加热及温度控制装置、冷却装置、引离卷取装置、输送带、刻花装置、切割装置以及金属探测器、β 射线测厚仪等。

10.4　塑料成型的其他方法和后加工

10.4.1　塑料成型的其他方法

1) 中空吹塑成型

将用挤出或注射成型的方法所得到的半熔融状态的管状或片状的型坯置于模具内,用压缩空气充入型坯之中,将其吹胀成与模腔形状相同的制品的方法,称为中空吹塑成型。

用吹塑法制造中空制品的生产过程,可见图 10-4-1。

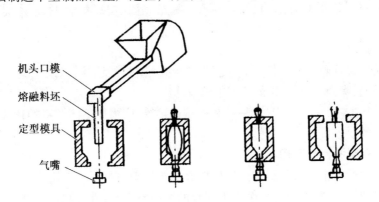

机头口模

熔融料坯

定型模具

气嘴

图 10-4-1　用吹塑法制造中空制品

用吹塑成型方法制取的薄膜,称为吹塑薄膜。它的制取方法是先将塑料挤成薄膜管,然后趁热用压缩空气将它吹胀,经冷却定型后,即得薄膜制品。

2) 泡沫成型

以树脂为基础而内部具有无数微孔性气体的塑料制品称为泡沫塑料,又称多孔性塑料。使塑料制品充满微孔,从而呈泡沫状的成型方法称为塑料的泡沫成型。

泡沫塑料,按制品的软、硬程度不同可分为软质、硬质和半硬质等泡沫塑料;按其发泡倍率的不同或密度的不同可分为低发泡、中发泡和高发泡等泡沫塑料。

泡沫塑料的发泡方法有物理发泡、化学发泡和机械发泡等三种。

3）浇铸成型

浇铸成型又称铸塑成型。它类似金属的铸造工艺。该法是将浇铸原料(液状的树脂或单体)注入模具中,加热使其塑化或固化(包括热固性树脂的固化及单体聚合后所得的固化的高聚物),经冷却脱模而得到与模具型腔相似的塑料制品。

浇铸成型中,除静态浇铸法外,还有嵌铸、离心浇铸、搪塑以及滚塑等成型方法。

4）热成型

热成型以热塑性塑料的片材作为原料,而塑料片材,先可用挤出、压延或浇铸的方法制得,所以塑料的热成型是塑料的一种“二次加工”方法。

热成型的基本方法有弯曲成型、差压成型、覆盖成型、辅助模芯成型、对模成型及双片热成型等。

10.4.2　塑料的后加工

1）塑料的机械加工

塑料的机械加工是借用金属机床对塑料进行加工的总称。塑料制品虽然一般都采用模塑等方法制造,但对制造尺寸精度要求高的制品或在生产制品数量不多的情况下,常需要用机械加工来制造。

塑料的机械加工方法有车削、铣削、钻孔、铰孔、镗孔、攻丝、车(铣)螺纹、锯切、剪切、冲切和冲孔等。

2）塑料的修饰

塑料制品的修饰是对模塑等制品进行的后加工处理,以除去制品的毛边、美化制品表面和提高制品质量。常用的方法有锉削、磨削、抛光、溶浸增亮和透明涂层、彩饰和涂覆金属等。

3）塑料的装配

塑料的装配又称塑料的连接。它包括塑料制品、型材的连接,以及塑料及其他材料(如金属、橡胶、玻璃、陶瓷、木材、皮革等)之间的连接。

塑料的连接方法,可分为焊接、粘接和机械连接等,应根据不同塑料的特性、制品或型材的形状及使用的要求等来加以选择。

10.4.3　塑料的回收利用

塑料成型时所产生的边角料和使用后抛弃的废旧塑料可回收利用。

一般的热塑性塑料,除少量从医学上回收的废旧塑料,为遵守职业道德和对人民健康负责,必须进行燃烧处理外,绝大多数都可以回收利用。因为它们具有能够反复成型的特点。常用的一些热塑性塑料制品,如聚氯乙烯、聚乙烯、聚丙烯和聚苯乙烯的回收料都能用来生产各种薄膜、中空制品以及各种生活用品。

聚氯乙烯塑料由于原料组成复杂,各种添加剂在使用过程中有不同程度的损失,因此在回收加工中,必须重新考虑各种组分的配方;而聚烯烃塑料,由于原料生产中已在树脂中加入少量抗氧剂等助剂,所以在去除一些老化发脆的废塑料后,其他的回收料在生产中只要加入少量的着色剂后就可直接成型加工生产各种制品。

废旧塑料的来源复杂,品种繁多,且杂质较多。因此在成型加工之前,先要进行挑选、分类和洗涤。

将收集的废旧塑料,在剔除各种非金属杂质、铁屑等金属杂质后,可采用目测法、燃烧鉴别法和密度测定法等加以鉴别、挑选、分类。

经过分选的塑料,应采用手工或机械等方法进行清洗,洗去灰尘、泥沙、油污和涂料等。最后用清水洗净、晾(晒)干后备用。

将已经分类、洗净的废旧塑料切碎,再按照配方要求,加入各种助剂,即可进行挤出造粒。经挤出造粒得到的颗粒料,可采用挤出、注射、压延、压制、吹塑等成型方法制成各种塑料制品。生产中可采用100%的回收粒料,也可在回收塑料中加入一定数量的新料,这要随回收料的质量、成型性能以及制品的使用要求而定。

在废旧塑料的回收利用中,一般只能把硬质制品改制为软质制品;浅颜色制品改制为深颜色制品,使用要求高的制品改制为要求低的制品。

11 数控加工

11.1 数控编程基础

11.1.1 数控编程概述

数控编程是数控加工的重要步骤。用数控机床对零件进行加工时,首先对零件进行加工工艺分析,以确定加工方法、加工工艺路线;正确地选择数控机床刀具和装夹方法。然后,按照加工工艺要求,根据所用数控机床规定的指令代码及程序格式,将刀具的运动轨迹、位移量、切削参数(主轴转速、进给量、背吃刀量等)以及辅助功能(换刀、主轴正转/反转、切削液开/关等)编写成加工程序单,传送或输入到数控装置中,从而指挥机床加工零件。

1)数控编程的内容与方法

一般来讲,程序编制包括以下几个方面的工作:

(1)加工工艺分析

编程人员首先要根据零件图,对零件的材料、形状、尺寸、精度和热处理要求等,进行加工工艺分析。合理地选择加工方案,确定加工顺序、加工路线、装夹方式、刀具及切削参数等;同时还要考虑所用数控机床的指令功能,充分发挥机床的效能;加工路线要简洁,正确地选择对刀点、换刀点,减少换刀次数。

(2)数值计算

根据零件图的几何尺寸确定工艺路线及设定坐标系,计算零件粗、精加工运动的轨迹,得到刀位数据。对于形状比较简单的零件(如直线和圆弧组成的零件)的轮廓加工,要计算出几何元素的起点、终点、圆弧的圆心、两几何元素的交点或切点的坐标值,有的还要计算刀具中心的运动轨迹坐标值。对于形状比较复杂的零件(如非圆曲线、曲面组成的零件),需要用直线段或圆弧段逼近,根据加工精度的要求计算出节点坐标值,这种数值计算一般要用计算机来完成。

(3)编写零件加工程序单

加工路线、工艺参数及刀位数据确定以后,编程人员根据数控系统规定的功能指令代码及程序段格式,逐段编写加工程序单。此外,还应附上必要的加工示意图、刀具布置图、机床调整卡、工序卡以及必要的说明。

(4)制备控制介质

把编制好的程序单上的内容记录在控制介质上,作为数控装置的输入信息。通过程序的手工输入或通信传输送入数控系统。

(5)程序校对与首件试切

编写的程序单和制备好的控制介质,必须经过校验和试切才能正式使用。校验的方法是直接将控制介质上的内容输入到数控装置中,让机床空运转,以检查机床的运动轨迹是否正确。在有 CRT 图形显示的数控机床上,用模拟刀具与工件切削过程的方法进行检验更为方便,但这些方法只能检验运动是否正确,不能检验被加工零件的加工精度。因此,要进行零件的首件试切。当发现有加工误差时,要分析误差产生的原因,找出问题所在,加以修正。

整个数控编程的内容及步骤,可用图 11-1-1 所示的框图表示。

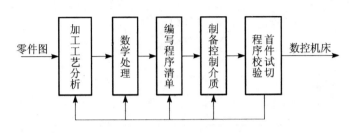

图 11-1-1 数控编程的步骤

2)数控编程的种类

数控编程一般分为手工编程和自动编程两种。

(1)手工编程

手工编程就是从分析零件图样、确定加工工艺过程、数值计算、编写零件加工程序单、制备控制介质到程序校验都是由人工完成的。对于加工形状简单、计算量小的零件,可采用手工编程较容易。对于形状复杂的零件,特别是具有非圆曲线、列表曲线及曲面组成的零件,可采用自动编程的方法编制程序。

(2)自动编程

自动编程是利用计算机专用软件编制数控加工程序的过程。编程人员只需根据零件图样的要求,使用数控语言,由计算机自动地进行数值计算及后置处理,编写出零件加工程序单。加工程序通过直接通信的方式送入数控机床,指挥机床工作。自动编程使得一些计算繁琐、手工编程困难或无法编出的程序能够顺利地完成。

3)数控编程中的有关规则及代码

为了满足设计、制造、维修和普及的需要,在输入代码、坐标系统、加工指令、辅助功能及程序格式等方面,国际上已形成了两种通用的标准,即国际标准化组织(ISO)标准和美国电子工程协会(EIA)标准。我国根据 ISO 标准制定了相应的标准。但是由于各个数控机床生产厂家所用的标准尚未完全统一,其所用的代码、指令及其含义不完全相同,因此,在数控编程时必须按所用数控机床编程手册中的规定进行。目前,数控系统中常用的代码有 ISO 代码和 EIA 代码。

4)程序结构与格式

(1)加工程序的组成结构

数控加工中零件加工程序的组成形式,随数控系统功能的强弱而略有不同。对功能较强的数控系统加工程序可分为主程序和子程序,其结构如表 11-1-1 所示。

表 11-1-1　主程序与子程序的结构形式

主程序		子程序	
O3001	子程序号	O4001	子程序号
N10 G90 G21 G40 G80	⎫	N10 G91 G83 Y12 Z-12.0　R3.0　Q3.0 F250	⎫
N20 G91 G28 X0 Y0 Z0	⎬	N20 X12 L9	⎪
N30 $ 2000 M03 T0101	⎪	N30 Y12	⎬ 程序内容
……	⎪	……	⎪
N70 M98 P4001 L3	⎬ 程序内容	N40 X-12 L9	⎭
N80 G80	⎪	N50 M99	程序结束
……	⎪		
N100　M09	⎪		
N110 G91 G20 X0 Y0 Z0	⎭		
N120 M30	程序结束		

不论是主程序还是子程序,每一个程序都是由程序号、程序内容和程序结束三部分组成。

程序的内容则由若干程序段组成。程序段是由若干字组成。每个字又由字母和数字组成。即字母和数字组成字,字组成程序段,程序段组成程序。

① 程序号。程序号为程序的开始部分,为了区别存储器中的程序,每个程序都要有程序编号。在编号前采用程序编号地址码。如在 FANUC 系统中,采用英文字母"O"作为程序编号地址,而其他系统采用的程序编号地址有"P"、"%"以及":"等。

② 程序内容。程序内容是整个程序的核心,由许多程序段组成。每个程序段由一个或多个指令组成,表示数控机床要完成的全部动作。

③ 程序结束。以程序结束指令 N02 或 M30 作为整个程序结束的符号,来结束整个程序。

（2）程序段格式

零件的加工程序是由程序段组成。程序段格式是指一个程序段中字、字符、数据的书写规则。通常有字-地址程序段格式、分隔符的程序段格式和固定程序段格式,最常用的为字-地址程序段格式。

字-地址程序段格式由语句号字、数据字和程序段结束组成。该格式的优点是程序简短、直观以及容易检查和修改。因此,该格式目前广泛使用。数控加工程序内容、字-地址程序段格式的编排顺序如下:

N＿G＿X＿Y＿Z＿I＿J＿K＿P＿Q＿R＿A＿B＿C＿F＿S＿T＿M＿LF

注意:上述程序段中包括的各种指令并非在加工程序的每个程序段中都必须有,而是根据各程序段的具体功能来编入相应的指令。

例如:N20 G01 X35 Y-46 F80;

（3）程序段内各字的说明

① 语句号字。用以识别程序段的编号,由地址码 N 和后面的若干位数字组成。例如:N20 表示该语句的句号为 20。表示地址的英文字母的含义如表 11-1-2 所示。

表 11-1-2 地址码中英文字母的含义表

地址	功能	含义	地址	功能	含义
A	坐标字	绕 X 轴旋转	N	顺序号	程序段顺序号
B	坐标字	绕 Y 轴旋转	O	程序号	程序号、子程序号的指定
C	坐标字	绕 Z 轴旋转	P		暂停时间或程序中某功能的开始使用的顺序号
D	补偿号	刀具半径补偿指令	Q		固定循环终止段号或固定循环中的定距
E		第二进给功能	R	坐标字	固定循环中定距离或圆弧半径的指定
F	进给速度	进给速度的指令	S	主轴功能	主轴转速的指令
G	准备功能	指令动作方式	T	刀具功能	刀具编号的指令
H	补偿号	补偿号的指定	U	坐标字	与 X 轴平行的附加轴的增量坐标值
I	坐标字	圆弧中心 X 轴向坐标	V	坐标字	与 Y 轴平行的附加轴的增量坐标值
J	坐标字	圆弧中心 Y 轴向坐标	W	坐标字	与 Z 轴平行的附加轴的增量坐标值
K	坐标字	圆弧中心 Z 轴向坐标	X	坐标字	X 轴的绝对坐标值或暂停时间
L	重复次数	固定循环及子程序的重复次数	Y	坐标字	Y 轴的绝对坐标
M	辅助功能	机床开、关指令	Z	坐标字	Z 轴的绝对坐标

② 准备功能字 G。G 功能是使数控机床作好某种操作准备的指令,用地址 G 和两位数字表示。国际标准化组织(ISO)提供了从 G00~G99 100 种代码,其中一部分规定了相应功能,其余代码由各数控系统开发者自行赋予其功能,这也是各数控系统准备功能字的含义不完全相同的原因,对于功能强的数控系统已用到 G00~G99 之外的数字。

③ 尺寸字。尺寸字由地址码、+、−符号及绝对(或增量)数值构成。

尺寸字的地址码有 X、Y、Z、U、V、W、P、Q、R、A、B、C、I、J、K、D、H 等,例如 X20 Y-40。尺寸字的"+"号可省略。

④ 进给功能字 F。表示刀具中心运动时的进给速度,由地址码 F 和后面数字构成。

⑤ 主轴转速功能字 S。由地址码 S 和在其后面的数字组成。

⑥ 刀具功能字 T。由地址功能码 T 和其后面的数字组成。刀具功能的数字是指定的刀号,数字的位数由所用的系统决定。

⑦ 辅助功能字。辅助功能也叫 M 功能或 M 代码,它是控制机床或系统的开关功能的一种命令。由地址码 M 和后面的两位数字组成,从 M00~M99 共 100 种。各种机床的 M 代码规定有差异,必须根据说明书的规定进行编程。

⑧ 程序段结束。写在每一程序段之后,表示程序结束。当用"ISO"标准代码时为"NL"或"LF";用"EIA"标准代码时,结束符为"CR";有的用符号":"或"＊"表示;有的直接回车即可。

数控系统是数控机床的核心。数控机床根据功能和性能要求,配置不同的数控系统。系统不同,其指令代码也有差别,因此,编程时应按所使用数控系统代码的编程规则进行编程。

FANUC（日本）、SIEMENS（德国）、FAGOR（西班牙）、HEIDENHAIN（德国）、MITSUB-ISHI（日本）等公司的数控系统及相关产品,在数控机床行业占据主导地位;我国数控产品以华中数控、航天数控为代表,也已将高性能数控系统产业化。

11.1.2　常用指令的编程要点

1) 数控机床的坐标系统及其编程指令

(1) 机床坐标系与运动方向

国际标准化组织对数控机床坐标轴及运动方向已有相应的标准,我国也颁布了《数字控制机床坐标和运动方向的命名》(JB/T3051—1999)的标准。

① 坐标和运动方向命名的原则

机床在加工零件时有刀具移向工件的,也有工件移向刀具的。为了根据图样确定机床的加工过程,特规定:永远假定刀具相对于工件运动。工件相对不动。

② 坐标系的规定

为了确定机床的运动方向、移动的距离,要在机床上建立一个坐标系,这个坐标系就是标准坐标系,也叫机床坐标系。在编制程序时,以该坐标系来规定运动的方向和距离。

数控机床上的坐标系是采用右手直角笛卡儿坐标系。在图中,大拇指的方向为 X 轴的正方向,食指为 Y 轴的正方向,中指为 Z 轴正方向,如图 11-1-2 所示。图 11-1-3、图 11-1-4 分别给出了卧式车床和立式铣床的标准坐标系。

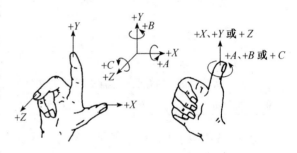

图 11-1-2　右手笛卡儿坐标系统

③ 运动方向的确定

JB/T3051—1999 中规定:机床某一部件运动的正方向是增大工件和刀具之间距离的方向。

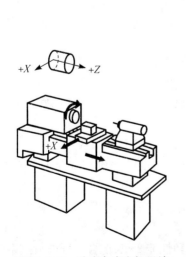

图 11-1-3　卧式车床坐标系统

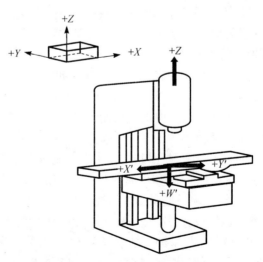

图 11-1-4　立式升降台铣床坐标系统

① Z坐标的运动。Z坐标的运动由传递切削力的主轴决定,与主轴轴线平行的坐标轴即为Z坐标。对于车床、磨床等主轴带动零件旋转;对于铣床、钻床、镗床等主轴带动刀具旋转,与主轴平行的坐标即为Z坐标,如果没有主轴(如牛头刨床),Z轴垂直于工件装夹面。

Z坐标的正方向为增大工件与刀具之间距离的方向。如在钻床加工中,钻入工件的方向为Z坐标的负方向,退出方向为正方向。

② X坐标的运动。X坐标为水平的且平行于工件的装夹面。对于工件旋转的机床(如车床、磨床等),X坐标的方向是在工件的径向上,且平行于横滑座。刀具离开工件的方向为X轴正方向,如图11-1-3所示。对于刀具旋转的机床(如铣床、镗床、钻床等),X运动的正方向指向右,如图11-1-4所示。

③ Y坐标的运动。Y坐标轴垂直于X、Z坐标轴,Y运动的正方向根据X和Z坐标的正方向,按右手直角坐标系来判断。

④ 旋转运动A、B和C。A、B和C相应地表示其轴线平行于X、Y和Z坐标的旋转运动。A、B和C的正方向,相应地表示在X、Y和Z坐标正方向上按照右手螺旋前进的方向。

(2)与坐标系相关的编程指令

① 工件坐标系设定指令G92/G50

G92指令是规定工件坐标系原点的指令,工件坐标系原点又称编程零点。当用绝对尺寸编程时,必须先建立一坐标系,用来确定刀具起始点在坐标系中的坐标值。

编程格式:

G92X__Y__Z__(数控铣床、加工中心)

G50X__ Z__(数控车床)

坐标值X、Y、Z为刀位点在工件坐标系中的初始位置。执行G92指令时,刀具不动,但CRT显示器上的坐标值发生了变化,其实质是以刀具当前的位置为基准,以G92、G50设定的坐标值的负值确定工件坐标系的原点。

注意:有些数控机床没用工件坐标系指令,而直接采用零点偏置指令(G54~G57)代替,如SIEMENS 802S/C系统。

② 坐标平面选择指令(G17、G18、G19)

平面选择指令G17、G18、G19分别用来指定程序段中刀具的圆弧插补平面和刀具半径补偿平面。在直角坐标系中,三个互相垂直的轴X、Y、Z分别构成三个平面,如图11-1-5所示。G17表示选择在XY平面内加工,G18表示选择在ZX平面内加工,G19表示选择在YZ平面内加工。立式数控铣床大都在XY平面内加工,故G17可以省略。

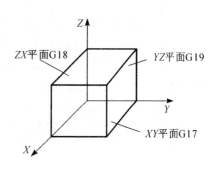

图11-1-5 加工平面的选定

(3)尺寸系统的编程方法

① 绝对和增量尺寸编程(G90/G91)

G90和G91指令分别对应着绝对位置数据输入和

增量位置数据输入,为模态指令。

G90 表示程序段中的尺寸字为绝对坐标值,即刀位点在当前坐标系中的坐标值。系统上电后,机床处在 G90 状态。当 G90 编入程序生效后,一直有效,直到在后面的程序段中由 G91 替代为止。

G91 表示程序段中的尺寸字为增量坐标值,即刀位点在当前坐标系中相对上一刀位点的坐标值。G91 设定以后一直有效,直到在后面的程序段中由 G90 替代为止。

图 11-1-6 所示零件,孔 A、B、C 的相互位置采用相对尺寸标注,在编程时采用 G91 方式比较方便;而图 11-1-7 相对尺寸标注及坐标计算所示的零件采用绝对尺寸标注,宜采用 G90 方式编程。

注意:有些数控系统没有绝对和增量尺寸指令,当采用绝对尺寸编程时,尺寸字用 X、Y、Z 表示;采用增量尺寸编程时,尺寸字用 U、V、W 表示。

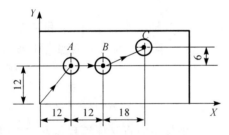

刀具位置	坐标	
	ΔX	ΔY
A	12	12
B	12	0
C	18	6

图 11-1-6 相对尺寸标注及坐标计算

刀具位置	坐标	
	ΔX	ΔY
A	12	12
B	24	12
C	42	18

图 11-1-7 绝对尺寸标注及坐标计算

② 公制尺寸/英制尺寸(G21/G20)

工程图纸中的尺寸标注有公制和英制两种形式,如图 11-1-8 相对尺寸标注及坐标计算所示。数控系统可根据所设定的状态,利用 G21/G20 代码把所有的几何值转换为公制尺寸或英制尺寸(刀具补偿值和可设定零点偏置值也作为几何尺寸),同样进给速度 F 的单位也对应为 mm/min 或 in/min。系统上电后,机床处在 G21 状态,G21、G20 均为续效指令。

公制与英制单位的换算关系为:

$$1 \text{ mm} \approx 0.039\,4 \text{ in} \qquad 1 \text{ in} \approx 25.4 \text{ mm}$$

注意:有些系统的公制尺寸/英制尺寸不采用 G21/G20 编程,如:SIEMENS 和 FAGOR 系统采用 G71/G70 代码。

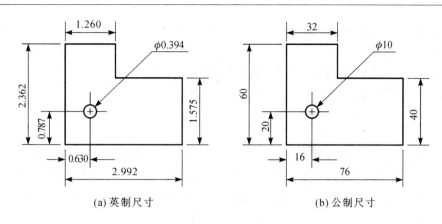

(a) 英制尺寸　　　　　　　　　(b) 公制尺寸

图 11-1-8　公制/英制尺寸标注

③ 半径/直径数据尺寸(G22/G23)

G22 和 G23 指令定义为半径/直径数据尺寸编程。在数控车床中,可把 X 轴方向的终点坐标作为半径数据尺寸,也可作为直径数据尺寸,通常把 X 轴的位置数据用直径数据编程更为方便。

注意:华中数控的世纪星 HNC-21/22T 系统的直径/半径编程采用 G36/G37 代码。

④ 绝对零点偏置(G54～G57)

可设定的零点偏置给出工件零点在机床坐标系中的位置(工件零点以机床零点为基准的偏移量)。工件装夹到机床上后,通过对刀求出偏移量,并通过操作面板输入到规定的数据区,程序可以通过选择相应的功能 G54～G57 激活此值。图11-1-9 所示是工件坐标系与机床坐标系之间的关系,假设编程人员使用 G54 工件坐标系编程,并要求刀具运动到工件坐标系中 X100.0 Y50.0 Z200. 0 的位置,程序可以写成:

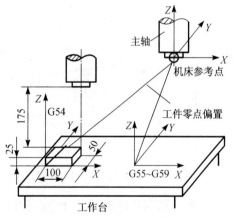

图 11-1-9　工件坐标系与机床坐标系之间的关系

G90 G54 G00 X100.0 Y50.0 Z200.0

2) 刀具功能 T、进给功能 F 和主轴转速功能 S

(1) 选择刀具与刀具偏置

选择刀具和确定刀参数是数控编程的重要步骤,其编程格式因数控系统不同而异,主要格式有以下几种。

① 采用"T"指令编程

由地址功能码 T 和其后面的若干位数字组成。刀具功能的数字是指定的刀号,数字的位数由所用的系统决定。例如:

T0303 表示选择第 3 号刀,3 号偏置量。

T0300 表示选择第 3 号刀,刀具偏置取消。

② 采用"T、D"指令编程

利用"T"功能可以选择刀具,利用"D"功能可以选择相关的刀偏。

在定义这两个参数时,其编程的顺序为 T、D。"T"和"D"可以编写在一起,也可以单独编写,例如:

T5 D18——选择 5 号刀,采用刀具偏置表 18 号的偏置尺寸;

D22——仍用 5 号刀,采用刀具偏置表 22 号的偏置尺寸;

T3——选择 3 号刀,采用刀具与该刀相关的刀具偏置尺寸。

③ 换刀指令 M06

加工中心具有自动换刀装置。不同的数控系统,其换刀程序是不同的。通常选刀和换刀分开进行。换刀动作必须在主轴停转条件下进行。换刀完毕启动主轴后,方可执行下面程序段的加工动作;选刀动作可与机床的加工动作重合起来,即利用切削时间选刀。

(2)进给功能 F

进给功能 F 表示刀具中心运动时的进给速度。由地址码 F 和后面若干位数字构成。这个数字的单位取决于每个系统所采用的进给速度的指定方法。具体内容见所用机床编程说明书。

注意:

① 进给速度的单位是直线进给速度 mm/min(或 in/min),还是旋转进给速度 mm/r(或 in/r),取决于每个系统所采用的进给速度的指定方法。如图 11-1-10 所示,对大多数数控系统而言,当工作在 G94 方式时为直线进给速度;工作在 G95 方式时为旋转进给速度。

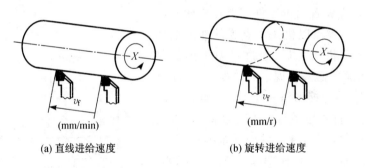

| (a) 直线进给速度 | (b) 旋转进给速度 |

图 11-1-10　直线进给速度与旋转进给速度

② 当编写程序时,第一次遇到直线(G01)或圆弧(G02/G03)插补指令时,必须编写进给速度 F,如果没有编写 F 功能,CNC 采用 F0。当工作在快速定位(G00)方式时,机床将以通过机床轴参数设定的快速进给速度移动,与编写的 F 指令无关。

③ F 功能为模态指令,实际进给速度可以通过 CNC 操作面板上的进给倍率,在 0 ~ 120% 之间控制。

(3)主轴转速功能 S

由地址码 S 和若干数字组成,转速单位为 r/min。例如:S260 表示主轴转速为 260 r/min。

注意:有些数控机床没有伺服主轴,即采用机械变速装置,编程时可以不编写 S 功能。

3)常用的辅助功能

辅助功能也叫 M 功能或 M 代码。它是控制机床或系统开关的一种命令。常用的辅助功能编程代码见表 11-1-3。

注意:各种机床的 M 代码规定有差异,编程时必须根据说明书的规定进行。

表 11-1-3 常用的辅助功能的 M 代码、含义及用途

功能	含 义	用 途
M00	程序停止	执行有 M00 指令的程序段后,主轴的转动、进给、切削液都将停止。它与单程序段停止相同,模态信息全部被保存,以便进行某一手动操作,如换刀、测量工件的尺寸等。重新启动机床后,继续执行后面的程序
M01	选择停止	与 M00 的功能基本相似,只有在按下"选择停止"后,M01 才有效,否则机床继续执行后面的程序段;按"启动"键,继续执行后面的程序
M02	程序结束	该指令编在程序的最后一条,表示执行完程序内所有指令后,主轴停止转动、进给停止、切削液关闭,机床处于复位状态
M03	主轴正转	用于主轴顺时针方向转动
M04	主轴反转	用于主轴逆时针方向转动
M05	主轴停止转动	用于主轴停止转动
M06	换刀	用于加工中心的自动换刀动作
M08	切削液开	用于切削液开
M09	切削液关	用于切削液关
M30	程序结束	使用 M30 时,除表示执行 M02 的内容之外,还返回到程序的第一条语句,准备下一个工件的加工
M98	子程序调用	用于调用子程序
M99	子程序返回	用于子程序结束及返回

4) 运动路径控制指令的编程方法

(1) 快速线性移动指令 G00

G00 用于快速定位刀具,不对工件进行加工,可在几个轴上同时执行快速移动。

① 编程格式

G00 X__Y__Z__

② 注意事项

a. 使用 G00 指令时,刀具的运动路线并不一定是直线,而是一条折线。因此,要注意刀具是否与工件和夹具发生干涉,对不适合联动的场合,每轴可单动。

b. 使用 G00 指令时,机床的进给速度由机床参数指定,G00 指令是模态代码。

(2) 直线性插补指令 G01

直线插补指令是直线运动指令。它命令刀具在坐标轴间以插补联动方式按指定的进给速度作任意斜率的直线运动,该指令是模态(续效)指令。

① G01 的编程格式

G01 X__Y__Z__F__

② 说明

a. G01 指令后的坐标值尺寸由 G90/G91 决定。用 X、Y、Z 指定直线的终点坐标。

b. 进给速度由 F 指令决定,为模态指令,F 的单位由直线进给速度或旋转进给速度指令确定。

5) 圆弧插补指令 G02/G03

圆弧插补指令命令刀具在指定平面内按给定的进给速度 F 作圆弧运动,切削出圆弧轮廓。

(1) 圆弧顺逆的判断

圆弧插补指令分为顺时针圆弧插补指令(G02)和逆时针圆弧插补指令(G03)。圆弧插补的顺逆可按图 11-1-11 给出的方向判断:沿圆弧所在平面(如 XZ 平面)的垂直坐标轴的负方向(-Y)看去,顺时针方向为 G02,逆时针方向为 G03。

(2) G02/G03 的编程格式

在零件上加工圆弧时,不仅要用 G02/G03 指出圆弧的顺逆时针方向,用 X、Y、Z 指定圆弧的终点坐标,而且还要指定圆弧的中心位置。常用指定圆心位置的方式有两种,因而 G02/G03 的指令格式有两种。

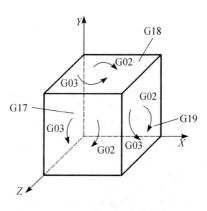

图 11-1-11　圆弧顺逆的判断

① I、J、K 指定圆心位置:

$$\begin{matrix} G17 \\ G18 \\ G19 \end{matrix} \left\{ \begin{matrix} G02 \\ G03 \end{matrix} \right\} X\_Y\_Z\_I\_J\_K\_F\_$$

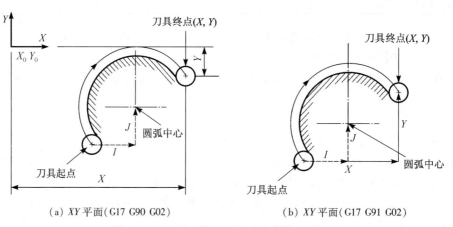

(a) XY 平面(G17 G90 G02)　　　(b) XY 平面(G17 G91 G02)

图 11-1-12　顺弧加工圆心坐标的表示方法

② 用圆弧半径 R 指定圆心位置:

$$\begin{matrix} G17 \\ G18 \\ G19 \end{matrix} \left\{ \begin{matrix} G02 \\ G03 \end{matrix} \right\} X\_Y\_Z\_R\_F\_$$

（3）说明

① 采用绝对值编程时，圆弧终点坐标为圆弧终点在工件坐标系中的坐标值，用 X、Y、Z 表示；当采用增量值编程时，圆弧终点坐标为圆弧终点相对于圆弧起点的增量值。

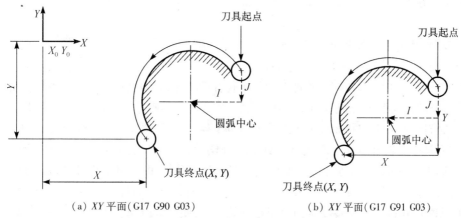

（a）XY 平面（G17 G90 G03）　　　　（b）XY 平面（G17 G91 G03）

图 11-1-13　逆弧加工圆心坐标的表示方法

② 圆心坐标 I、J、K 为圆弧起点到圆弧中心所作矢量分别在 X、Y、Z 坐标轴方向上的分矢量（矢量方向指向圆心）。I、J、K 为增量值，并带有"±"号，当分矢量的方向与坐标轴的方向不一致时取"−"号，如图 11-1-12、图 11-1-13 所示。

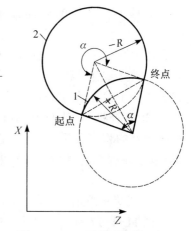

③ 当用半径指定圆心位置时，由于在同一半径尺的情况下，从圆弧的起点到终点有两个圆弧的可能性，为区别二者，规定圆心角 $\alpha \leqslant 180°$ 时，用"$+R$"表示，如图 11-1-14 中的圆弧 1；$\alpha > 180°$ 时，用"$-R$"表示，如图中的圆弧 2。

④ 用半径 R 指定圆心位置时，不能描述整圆。

6）暂停指令 G04

G04 指令可使刀具作短暂的无进给光整加工。一般用于镗平面、锪孔等场合。

图 11-1-14　圆弧插补时 R 与 $-R$ 的区别

（1）编程格式

G04 X(P)__

（2）说明

地址码 X 或 P 为暂停时间。其中：X 后面可用带小数点的数，单位为 s，如 G04 X5.5 表示前面的程序执行完后，要经过 5.5 s 的暂停，下面的程序段才执行；地址 P 后面不允许用小数点，单位为 ms。如 G04. P1000 表示暂停 1 s。

（3）编程举例

图 11-1-15 所示为锪孔加工，对孔底有表面粗糙度要求。程序如下：

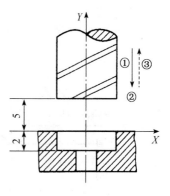

图11-1-15　用 G04 的编程锪孔加工

……
N30 G91 G01 Z-7 F60；
N40 G04　X5；(刀具在孔底停留 5 s)
N50 G00 Z7；
……

7）刀具补偿指令及其编程

（1）刀具半径补偿(G41、G42、G40)

在实际加工中，一般数控装置都有刀具半径补偿功能，为编制程序提供了方便。有刀具半径补偿功能的数控系统，编程时不需要计算刀具中心的运动轨迹，只按零件轮廓编程。使用刀具半径补偿指令，并在控制面板上手工输入刀具半径，数控装置便能自动地计算出刀具中心轨迹，并按刀具中心轨迹运动。即执行刀具半径补偿后，刀具自动偏离工件轮廓一个刀具半径值，从而加工出所要求的工件轮廓。G41 为刀具半径左补偿，即刀具沿工件左侧运动方向时的半径补偿，如图 11-1-16(a)所示；G42 为刀具半径右补偿，即刀具沿工件右侧运动时的半径补偿，如图 11-1-16(b)所示；G40 为刀具半径补偿取消，使用该指令后，G41、G42 指令无效。G40 必须和 G41 或 G42 成对使用。

刀具半径补偿的过程分为三步：

① 刀补的建立，刀具中心从与编程轨迹重合过渡到与编程轨迹偏离一个偏置量的过程；

② 刀补进行，执行有 G41、G42 指令的程序段后，刀具中心始终与编程轨迹相距一个偏置量；

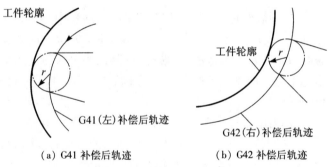

（a）G41 补偿后轨迹　　　（b）G42 补偿后轨迹

图 11-1-16　刀具半径补偿

③ 刀补的取消，刀具离开工件，刀具中心轨迹要过渡到与编程重合的过程。

图 11-1-17 所示为刀补的建立与取消过程。

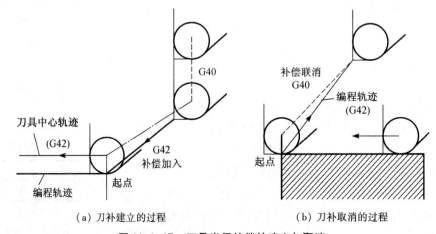

（a）刀补建立的过程　　　（b）刀补取消的过程

图 11-1-17　刀具半径补偿的建立与取消

编程时应注意：G41、G42 不能重复使用，即在程序中前面有了 G41 或 G42 指令之后，不能再直接使用 G41 或 G42 指令。若想使用，则必须先用 G40 指令解除原补偿状态后，再使用 G41 或 G42，否则补偿就不正常了。

（2）刀具长度补偿指令（G43、G44、G49）

当使用不同类型及规格的刀具或刀具磨损时，可在程序重新用刀具长度补偿指令补偿刀具尺寸的变化，而不必重新调整刀具或重新对刀。图 11-1-18 所示表示不同刀具长度方向的偏移量。

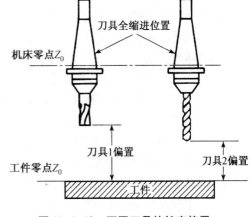

图 11-1-18　不同刀具的长度偏置

① 编程格式　$\left.\begin{matrix} G43 \\ G44 \end{matrix}\right\}Z\_\_H\_\_$

② 说明

G43 为刀具长度正补偿；G44 为刀具长度负补偿；G49 为撤销刀具长度补偿指令。Z 值为刀具长度补偿值，补偿量存入由 H 代码指定的存储器中。偏置量与偏置号相对应，由 CRT/MDI 操作面板预先设在偏置存储器中。

使用 G43、G44 指令时，无论用绝对尺寸还是用增量尺寸编程，程序中指定的 Z 轴移动的终点坐标值，都要与 H（或 D）所指定寄存器中的偏移量进行运算，G43 时相加，G44 时相减，然后把运算结果作为终点坐标值进行加工。G43、G44 均为模态代码。

11.2　数控车削加工编程

11.2.1　数控车削编程概述

1）数控车床的编程特点

数控车床的编程具有如下特点：

① 在一个程序段中，根据图样上标注的尺寸，可以采用绝对值编程或增量值编程，也可以采用混合编程。一般情况下，利用自动编程软件编程时，通常采用绝对值编程。

② 被加工零件的径向尺寸在图样上和测量时，一般用直径值表示。用直径尺寸编程更为方便。

③ 由于车削加工常用棒料或锻件作为毛坯，加工余量较大，为简化编程，数控系统常具有不同形式的固定循环，可进行多次重复循环切削。

④ 编程时，认为车刀刀尖是一个点，而实际上为了提高刀具寿命和工件表面质量，车刀刀尖常磨成一个半径不大的圆弧，为提高工件的加工精度，编制圆头刀程序时，需要对刀具半径进行补偿。大多数数控车床都具有刀具半径自动补偿功能（G41、G42），这类数控车床可直接按工件轮廓尺寸编程。

2）数控车床编程中的坐标系

数控车床坐标系统分为机床坐标系和工件坐标系（编程坐标系）。

（1）机床坐标系

以机床原点为坐标系原点建立起来的 X、Z 轴直角坐标系，称为机床坐标系。车床的机床原点为主轴旋转中心与卡盘后端面之交点。机床坐标系是制造和调整机床的基础，也是设置工件坐标系的基础，一般不允许随意变动，如图 11-2-1 所示。

（2）参考点

参考点是机床上的一个固定点。该点是刀具退离到一个固定不变的极限点（图中点 O' 即为参考点），其位置由机械挡块或行程开关确定。以参考点为原点，坐标方向与机床坐标方向相同建立的坐标系叫做参考坐标系。

（3）工件坐标系（编程坐标系）

数控编程时应该首先确定工件坐标系和工件原点。零件在设计中有设计基准，在加工过程中有工艺基准，同时应尽量将工艺基准与设计基准统一。该基准点通常称为工件原点。以工件原点为坐标原点建立起来的 X、Z 轴直角坐标系为工件坐标系。在车床上工件原点可以选择在工件的左或右端面上，即工件坐标系是将参考坐标系通过对刀平移得到的，如图 11-2-2 所示。

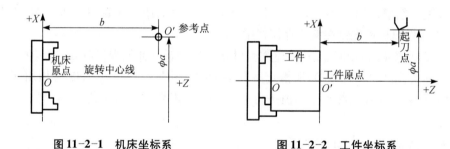

图 11-2-1　机床坐标系　　　　　　　　图 11-2-2　工件坐标系

3）车床数控系统功能

数控车床常用的功能指令有准备功能 G、辅助功能 M、刀具功能 T、主轴转速功能 S 和进给功能 F，其中 M、T、S 和 F 功能，在前面均已作过介绍。由于车床种类不同，系统配置也各不相同，现重点介绍几种典型数控车削系统的 G 功能。表 11-2-1 为 SIEMENS 802S/C 数控车床系统的常用功能；表 11-2-2 为 FANUC 0i-T 系统常用 G 功能；表 11-2-3 为华中世纪星 HNC-21/22 T 系统的 G 代码。

表 11-2-1　SIEMENS 802S/C 系统常用指令表

路径数据		可设定零点偏置	G54 ~ G57, G50, G53
绝对/增量尺寸	G90, G91	轴运动	
公制/英制尺寸	G71, G70	快速直线运动	G0
半径/直径尺寸	G22, G23	进给直线插补	G1
可编程零点偏置	G158	进给圆弧插补	G2/G3

中间点的圆弧插补	G5	主轴速度限制	G25，G26
定螺距螺纹加工	G33	主轴定位	SPOS
接近固定点	G75	特殊车床功能	
回参考点	G74	恒速切削	G96/G97
进给率	F	圆弧倒角/直线倒角	CHF/RND
准确停/连续路径加工	G9，G60，G64	刀具及刀具偏置	
在准确停时的段转换	G601/G602	刀具	T
暂停时间	G4	刀具偏置	D
程序结束	M02	刀具半径补偿选择	G41，G42
主轴运动		转角处加工	G450，G451
主轴速度	S	取消刀具半径补偿	G40
旋转方向	M03/M04	辅助功能	M

表 11-2-2　FANUC 0i-T 系统常用 G 指令表

G 代码	组	功能	G 代码	组	功能
G00		快速定位	G40		取消刀尖半径补偿
G01	01	直线插补（切削进给）	G41	07	刀尖半径左补偿
G02		圆弧插补（顺时针）	G42		刀尖半径右补偿
G03		圆弧插补（逆时针）	G50		工件坐标系设定或主轴最大速度设定
G04		暂停		00	
G10	00	可编程数据输入	G52		局部坐标系设定
G11		可编程数据输入方式取消	G53		机床坐标系设定
G20	06	英制输入	G54～G59	14	选择工件坐标系 1～6
G21		米制输入	G65	00	调用宏指令
G27	00	返回参考点检查	G70		精加工循环
G28		返回参考位置	G71		外圆粗车循环
G32	01	螺纹切削	G72	00	端面粗车循环
G34		变螺距螺纹切削	G73		多重车削循环
G36	00	自动刀具补偿 X	G74		排屑钻端面孔
G37		自动刀具补偿 Z	G75		切槽、外径/内径钻孔循环

续表 11-2-2

G 代码	组	功能	G 代码	组	功能
G76	00	多头螺纹循环	G89	10	侧镗循环
G80		固定钻循环取消	G90	03	绝对值编程
G83		钻孔循环	G91		增量值编程
G84	10	攻丝循环	G96	02	横表面切削速度控制
G85		正面镗循环	G97		横表面切削速度控制取消
G87		侧钻循环	G98	05	每分钟进给
G88		侧攻丝循环	G99		每转进给

表 11-2-3 华中世纪星 HNC-21/22T 系统的 G 代码

代码	组别	功能	代码	组别	功能
G00		快速定位	G57		坐标系选择 4
G01	01	直线插补	G58	11	坐标系选择 5
G02		圆弧插补(顺时针)	G59		坐标系选择 6
G03		圆弧插补(逆时针)	G65		调用宏指令
G04	00	暂停	G71		外径/内径车削复合循环
G20	08	英制输入	G72		端面车削复合循环
G21		米制输入	G73		闭环车削复合循环
G28	00	参考点返回检查	G76	06	螺纹车削复合循环
G29		参考点返回	G80		外径/内径车削固定循环
G32	01	螺纹切削	G81		端面车削固定循环
G36	17	直径编程	G82		螺纹车削固定循环
G37		半径编程	G90	13	绝对编程
G40		取消刀尖半径补偿	G91		相对编程
G41	09	刀尖半径左补偿	G92	00	工件坐标系设定
G42		刀尖半径右补偿	G94	14	每分钟进给
G54		坐标系选择 1	G95		每转进给
G55	11	坐标系选择 2	G96	16	恒线速度切削
G56		坐标系选择 3	G97		恒主轴转速

11.2.2 车削加工的编程要点

1）基本指令的编程方法

数控编程中的常用功能(G、M、T、S、F 功能)的编程规则和方法已在 11.1 中作了介绍。

G00、G01 和 G04 等常用指令的编程规则和方法同 11.1,除此之外,介绍数控车削编程中需要注意的一些基本指令。

（1）坐标系设定指令

数控车削加工的刀具运动通常在 X、Z 平面内运动,工件坐标系的设定,根据数控系统的不同,有下列 3 种编程格式。

G50 X(α) Z(β)；

或：G92   X(α) Z(β)；

或：G54～G59 中任一代码。

式中：α、β 分别为刀尖的起始点距工件原点在 X 向和 Z 向的尺寸。

（2）圆弧插补指令 G02/G03

① 编程格式

G02/G03 X(U)__Z(W)__I __K __F __

或 G02/G03 X(U)__Z(W)__R__F __

② 说明

a. 数控车床的刀架位置有 2 种形式,即刀架在操作者一侧或在操作者外侧,因此,应根据刀架的位置判别圆弧插补时的顺逆,如图 11-2-3 所示。

b. 数控车床的圆心坐标为 I、K,表示圆弧起点到圆弧中心所作矢量分别在 X、Z 坐标轴方向上的分矢量(矢量方向指向圆心)。图 11-2-4 分别给出了在绝对坐标系中,顺弧与逆弧加工时的圆心坐标 I、K 的关系。

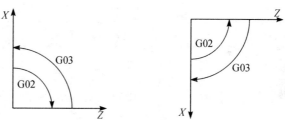

（a）刀架在外侧时 G02,G03 方向　　（b）刀架在内侧时 G02,G03 方向

图 11-2-3　圆弧的顺逆方向与刀架位置的关系

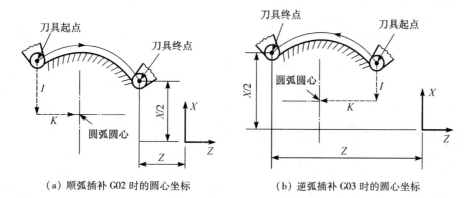

（a）顺弧插补 G02 时的圆心坐标　　　（b）逆弧插补 G03 时的圆心坐标

图 11-2-4　绝对坐标系中的圆心坐标

2）螺纹车削加工指令

螺纹加工的类型包括：内（外）圆柱螺纹和圆锥螺纹、单头螺纹和多头螺纹、恒螺距与变螺距螺纹，数控系统提供的螺纹加工指令包括：单一螺纹指令和螺纹固定循环指令。前提条件是主轴上有位移测量系统。恒螺距螺纹的形式如图 11-2-5 所示。数控系统的不同，螺纹加工指令也有差异，实际应用中按所使用机床的要求编程。

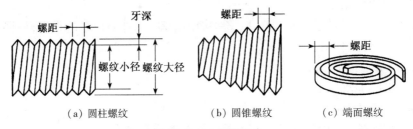

（a）圆柱螺纹　　　　（b）圆锥螺纹　　　　（c）端面螺纹

图 11-2-5　螺纹形式

单行程螺纹切削指令（G32/G33）可以执行单行程螺纹切削，车刀进给运动严格根据输入的螺纹导程进行。但是，车刀的切入、切出、返回均需编入程序。

（1）几种典型数控系统的单行程螺纹加工的编程格式

单行程螺纹加工的编程格式见表 11-2-4。

表 11-2-4　典型数控系统单行程螺纹编程指令

数控系统	编程格式	说明
FANUC	G32 X(U)__Z(W)__F__	F 采用旋转进给速度，表示螺距
SIEMENS	圆柱螺纹：G33 Z__K__SF__ 锥螺纹：G33 Z__X__K__ G33 Z__X__I__ 端面螺纹：G33 X__I__SF__	K 为螺距，SF 为起始点偏移量 锥度小于 45°，螺距 K 锥度大于 45°，螺距 I
HNC-21T	G32 X(U)__Z(W)__R__E__P__F__	R、E 为螺纹切削的退刀量，F 为螺纹导程， P 为切削起始点的主轴转角

（2）注意事项

① 进行螺纹加工时，其进给速度 v_f 的单位为 mm/r（或 in/r）。

② 为避免在加减速过程中进行螺纹切削，要设引入距离 δ_1 和超越距离 δ_2，即升速进刀段和减速退刀段，如图 11-2-6 所示。一般 δ_1 为 2～5 mm，对于大螺距和高精度的螺纹取大值；δ_2 一般取 δ_1 的 1/4 左右，若螺纹的收尾处没有退刀槽时，一般按 45°退刀收尾。

③ 螺纹起点与螺纹终点径向尺寸的确定。螺纹加工中的编程大径应根据螺纹尺寸标注和公差要求进行计算，并由外圆车削来保证。如果螺

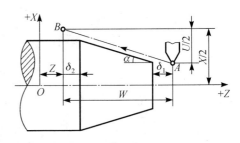

图 11-2-6　切削螺纹时的引入距离

牙型较深、螺距较大,可采用分层切削,如图 11-2-7 所示。常用螺纹切削的走刀次数与背吃刀量可参考表 11-2-5。

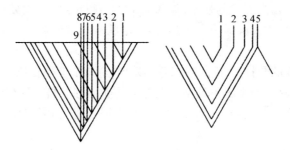

图 11-2-7 螺纹进刀切削方法

表 11-2-5 常用螺纹切削的走刀次数与背吃刀量/mm

公制螺纹							
螺距	1.0	1.5	2.0	2.5	3.0	3.5	4.0
牙深(半径值)	0.649	0.974	1.299	1.624	1.949	2.273	2.598
走刀次数及背吃刀量(直径值)	1 次	0.7	0.8	0.9	1.0	1.2	1.5	1.5
	2 次	0.4	0.6	0.6	0.7	0.7	0.7	0.8
	3 次	0.2	0.4	0.6	0.6	0.6	0.6	0.6
	4 次		0.16	0.4	0.4	0.4	0.6	0.6
	5 次			0.1	0.4	0.4	0.4	0.4
	6 次				0.15	0.4	0.4	0.4
	7 次					0.2	0.2	0.4
	8 次						0.15	0.3
	9 次							0.2

英制螺纹							
牙/in	24	18	16	14	12	10	8
牙深(半径值)	0.698	0.904	1.016	1.162	1.355	1.626	2.033
走刀次数及背吃刀量(直径值)	1 次	0.8	0.8	0.8	0.8	0.9	1.0	1.2
	2 次	0.4	0.6	0.6	0.6	0.6	0.7	0.7
	3 次	0.16	0.3	0.5	0.5	0.6	0.6	0.6
	4 次		0.11	0.14	0.3	0.4	0.4	0.5
	5 次				0.13	0.21	0.4	0.5
	6 次						0.16	0.4
	7 次							0.17

3）刀具半径补偿

（1）不具备刀具半径补偿功能时的编程

数控加工中，为了提高刀尖的强度，降低加工表面粗糙度，刀尖处成圆弧过渡刃。在车削内孔、外圆或端面时，刀尖圆弧不影响其尺寸、形状；在切削锥面或圆弧时，就会造成过切或少切现象。

目前，在功能较强的数控车床系统中，都具有刀尖圆弧半径补偿功能，使编程和补偿都十分方便。但有些简易数控系统不具备半径补偿功能，因此，当零件精度要求较高且又有圆锥或圆弧表面时，要么按刀尖圆弧中心编程，要么在局部进行补偿计算，来消除刀尖半径引起的误差。

① 按假想刀尖编程

数控车床总是按"假想刀尖"点来对刀，使刀尖位置与程序中的起刀点（或换刀点）重合。圆头刀假想刀尖是图 11-2-8 中的 P 点，相当于（a）图中尖头刀的刀尖点。如果按假想刀尖加工图 11-2-9 中的轮廓 AB，则产生欠切的区域 $ABCD$，在 X 方向和 Z 方向分别产生误差 ΔX 和 ΔZ，其中：$\Delta X = \dfrac{2r}{1 + \cot \dfrac{\theta}{2}}$；$\Delta Z = \dfrac{2r}{1 + \tan \dfrac{\theta}{2}}$

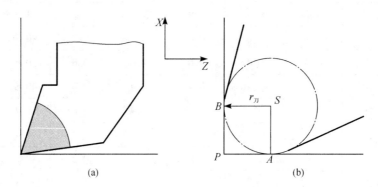

图 11-2-8　圆头刀假想刀尖

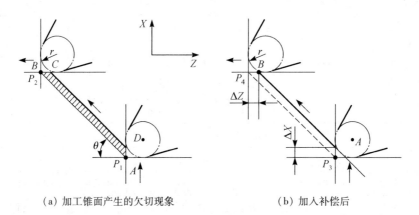

（a）加工锥面产生的欠切现象　　　　（b）加入补偿后

图 11-2-9　圆头刀加工锥面

因此,可直接按假想刀尖轨迹 P_3P_4 编程,在 X 方向和 Z 方向予以补偿 ΔX 和 ΔZ 即可。如图 11-2-9(b)所示。如果按假想刀尖编程加工半径为 R 的凸凹圆弧 AB 时,图 11-2-10 中的粗实线轮廓应按图中虚实线参数进行编程,但要求在加工前通过刀补开关给 X 方向和 Z 方向一个补偿量 r。

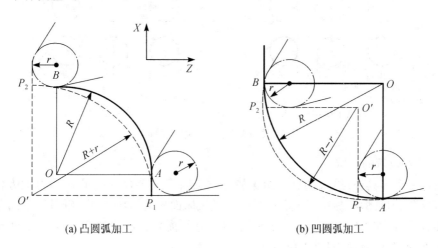

(a) 凸圆弧加工　　　　　(b) 凹圆弧加工

图 11-2-10　圆头刀加工凸凹圆

② 按刀心轨迹编程

不具备刀具半径补偿功能的数控系统,除按假想刀尖轨迹数据编程外,还可以按刀心轨迹编程。图 11-2-11 所示的手柄零件由 3 段圆弧组成,可按轮廓轨迹的等距线,即按图中的刀心轨迹编程。

用假想刀尖轨迹和刀心轨迹编程方法的共同缺点是当刀具磨损或重磨后,需要重新计算编程参数,否则会产生加工误差。

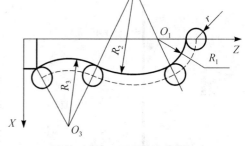

图 11-2-11　刀心轨迹编程

(2) 具备刀具半径补偿功能时的刀具半径补偿

一般数控装置都有刀具半径补偿功能,为编制程序提供了方便。有刀具半径补偿功能的数控系统,编程时不需要计算刀具中心的运动轨迹,只按零件轮廓编程。使用刀具半径补偿指令(G41/G42, G40),并在控制面板上手工输入刀具半径,数控装置便能自动地计算出刀具中心轨迹,并按刀具中心轨迹运动。

① 假定刀尖位置方向

具备刀具半径补偿功能的数控系统,除利用刀具半径补偿指令外,还应根据刀具在切削时所摆的位置,选择假想刀尖的方位。按假想刀尖的方位,确定补偿量。假想刀尖的方位有 8 种位置可以选择(图 11-2-12)。箭头表示刀尖方向,如果按刀尖圆弧中心编程,则选用 0 或 9。

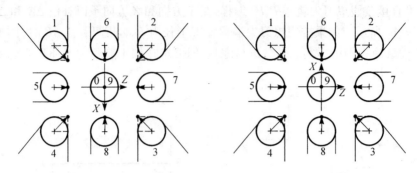

●代表刀具刀位点 A，+代表刀尖圆弧圆心　　　　●代表刀具刀位点 A，+代表刀尖圆弧圆心
（a）刀架在操作者内侧　　　　　　　　（b）刀架在操作者外侧

图 11-2-12　假想刀尖的位置

② 刀具补偿量的确定

对应每一个刀具补偿号，都有一组偏置量 X、Z，刀尖半径补偿量 R 和刀尖方位号 T。根据装刀位置、刀具形状确定刀尖方位号。通过机床面板上的功能键 OFFSET 分别设定、修改这些参数，数控加工中，根据相应的指令进行调用，提高零件的加工精度。表 11-2-6 为控制面板上的刀具偏置与刀具方位表。

表 11-2-6　机床中的刀具参数偏置量设置表

OFFSET 01 0000				
N0040	l			
NO.	X	Z	R	T
01	025.036	002.006	000.400	1
02	024.052	003.500	000.800	2
03	015.036	004.082	001.000	0
04	010.030	−002.006	000.602	4
05	002.030	002.400	000.350	3
06	012.450	000.220	001.008	5
07	004.000	000.506	000.300	6
ACTUAL		POSITION(RELATIVE)		
U	22.400	W	−10.000	

11.2.3　数控车削编程典型实例

例 11-2-1　镗孔加工。在数控车床上车削内表面时，车刀刀杆与被车削工件的轴线平行，车削时刀具轨迹数控程序的编写与外圆车削时类似。如图 11-2-13 所示的工件，其端面和从工件原点到 $Z=41$ 的一段内孔需要加工，车削分粗加工和精加工，精车余量单边为 0.4 mm，加工程序见表 11-2-7。

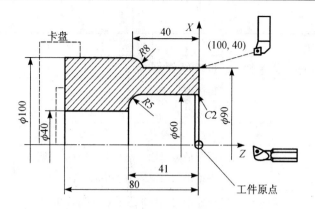

图 11-2-13 孔加工零件图

表 11-2-7 孔加工零件精加工程序

程 序	注 释
O0018	程序编号 O0018
N10 G50 X100.0 Z40.0;	设置工件原点右端面中心
N12 G30 U0 W0;	直接回第二参考点
N14 G50 S1500 T0101 M08;	限制最高主轴转速为 1 500 r/min,调 01 号端面车刀
N16 G96 S200 M03;	指定恒切削速度为 200 m/min
N18 G00 X93.0 Z5.0;	快速走刀到端面粗车始点(93.0, 5.0)
N20 G01 X92.0 Z0.5 F0.3;	接近工件
N22 X58.0;	端面粗车
N24 G00 Z3.0;	快速退刀
N26 G30 U0 W0;	返回第二参考点
N28 G50 S1500 T0202	限制最高主轴转速为 1 500 r/min,调 02 号端面粗车刀
N30 G96 S250;	指定恒切削速度为 250 m/min
N32 G00 X92.0 Z0.0;	快速走刀到端面精车起始点
N34 G41 G01 X90.0;	刀具左偏
N36 G01 X58.0 F0.15 ;	端面精车
N38 G40 G00 Z3.0;	取消刀补
N40 G30 U0 W0;	返回第二参考点
N42 G50 S1500 T0303 ;	限制最高主轴转速为 1 500 r/min,调 03 号镗刀,粗镗
N44 G96 S200;	指定恒切削速度为 200 m/min
N46 G00 X63.72 Z0.14;	快速走到镗孔始点(63.72, 0.14)
N48 G01 X59.72 Z-1.86 F0.3;	粗车 C2 处内孔倒角
N50 Z-35.0;	粗镗 $\phi60$ 内孔

程　序	注　释
N52 G03 X48.0 Z-40.86 I0 J-5.86;	粗镗 $R5$ 圆角
N54 G01 X29.0;	粗镗内孔底面
N56 G00 Z3.0;	快速退刀
N58 G30 U0 W0	返回第二参考点
N60 G50 S1500 T0404;	限制最高主轴转速为 1 500 r/min,调 04 号镗刀,精镗
N62 G96 S250;	指定恒切削速度为 250 m/min
N64 G00 X64.0 Z0.2;	快速走刀到精镗孔始点(64.0, 0.2)
N66 G41 G01 Z0.0 F0.15;	刀具左偏
N68 G01 X60.0 Z-2;	精车 $C2$ 处内孔倒角
N70 Z-35.0;	精镗 $\phi 60$ 内孔
N72 G03 X48.0 Z-41.0 I0 J-6.0;	精镗 $R5$ 圆角
N74 G01 X39.0;	精镗内孔底面
N76 G00 Z3.0;	快速退刀
N78 G30 U0 W0 M05;	返回第二参考点
N80 M30;	程序结束

注:该程序是按 FANUC 0-TC 系统的指令代码编写,当使用其他数控系统时,个别指令需更换,请按照自己所采用的系统进行程序修改。

例 11-2-2　车削外轮廓。图 11-2-14 为车削外轮廓加工的典型工件,包括普通外三角螺纹、圆锥体、凸凹圆弧面、圆柱面和退刀槽等工序。零件坯料为 $\phi 45$ 的 45 钢棒料。加工该零件时,一般先在棒料上加工零件的外形轮廓,切断后调头加工零件总长。零件零点设置在零件图右端 SR12 圆心处。程序名为 ABC. MPF 刀具及其切削用量见表 11-2-8,加工程序见表 11-2-9。

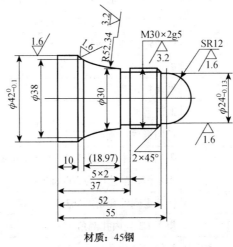

材质:45钢

图 11-2-14　典型外轮廓加工零件

表 11-2-8   刀具及其切削用量

切削用量 刀具及加工表面	主轴转速 $n/(\text{r/min})$	进给速度 $v_{\text{f}}/(\text{mm/r})$
T03 93°强力外圆车刀	630	0.15
T05 3 mm 切槽刀	315	0.16
T07 60°螺纹车刀	200	2

表 11-2-9   加工程序

程序	注释
ABC. MPF	
N05 G90 G95 G00 X80 Z100 T1D1 M03 S1000	
N10 G00 X48 Z0 M08	换刀点、端面车刀
N15 G01 X − 0.5 F0.1	
N20 G01 Z5 M09	
N25 G00 X80 Z100 M05	
N30 M00	程序暂停
N35 T2D1 M03 S800 M08	外圆粗车刀
− CNAME = "L01" R105 = 1 R106 = 0.25 R108 = 1.5	设置坯料切削循环参数
R109 = 7 R110 = 2 R111 = 0.3 R112 = 0.8	
N40 LCYC95	调用坯料切削循环粗加工
N45 G00 X80 Z100 M09	
N50 M00	程序暂停
N55 T3D1 M03 S1300 M08	外圆精车刀
N60 R105 = 5	设置坯料切削循环参数
N65 LCYC95	调用坯料切削循环精加工
N70 G00 X80 Z100 M05 M09	
N75 M00	程序暂停
N80 T4D1 M03 S500 M08	切槽车刀 宽 4 mm
N85 G00 X32 Z − 23	
N90 G01 X26 F0.1	
N95 G01 X32	
N100 G01 Z − 22	
N105 G01 X25.8	
N110 G01 Z − 23	
N115 G01 X32	
N120 G00 X80 Z100 M05 M09	
N125 M00	程序暂停
N130 T5D1 M03 S500 M08	三角形螺纹车刀60°
R100 = 29.8 R101 = − 3 R102 = 29.8 R103 = − 18	设置螺纹车削循环参数
R104 = 2 R105 = 1 R106 = 0.1 R109 = 5 R110 = 2	
R111 = 1.24 R112 = 0 R113 = 4 R114 = 1	
N135 LCYC97	调用螺纹车削循环
N140 G00 X80 Z100 M05 M09	
N145 M00	程序暂停
N150 T6D1 M03 S500 M08	切断车刀 宽 4 mm
N155 G00 X45 Z − 60	

程序	注释
N160　G01 X0 F0.1	
N165　G00 X80 Z100 M05 M09	
N170　M02	程序结束
L01.SPF	子程序
N05　G01 X0 Z12	
N10　G03 X24 Z0 CR=12	
N15　G01 Z−3	
N20　G01 X25.8	
N25　G01 X29.8 Z−5	
N30　G01 Z−23	
N35　G01 X30	
N40　G02 X38 Z−41.974 CR=17	
N45　G01 X42 Z−45	
N50　G01 Z−60	
N55　G01 X45	
N60　RET	子程序结束

零件加工步骤如下：

① 检查零件毛坯尺寸(直径 45 mm,长度大于工件尺寸要求并可装夹)；

② 装夹零件毛坯,伸出卡盘长度 90 mm；

③ 车端面；

④ 粗、精加工零件外形轮廓至尺寸要求；

⑤ 切槽 5×2 至尺寸要求；

⑥ 粗、精加工螺纹至尺寸要求；

⑦ 切断零件,总长留 0.5 mm 余量；

⑧ 零件掉头,夹 ϕ42 大外圆(校正)；

⑨ 加工零件总长至尺寸要求；

⑩ 回换刀点,程序结束。

注意事项：

① 螺纹车刀的刀尖圆角半径不能太大,否则影响螺纹的牙型；

② 安装螺纹车刀时,必须要使用对刀样板；

③ 硬质合金螺纹车刀纵向前角为 0°,采用直进法加工；

④ 对刀时,要注意编程零点和对刀零点的位置。

11.3　数控铣削加工编程

11.3.1　数控铣削编程概述

数控镗铣削加工包括平面的铣削加工、二维轮廓的铣削加工、平面型腔的铣削加工、钻孔加工、镗孔加工、螺纹加工、箱体类零件的加工以及三维复杂型面的铣削加工。这些加工一般在数控镗铣床和镗铣加工中心上进行,其中具有复杂曲线轮廓的外形铣削、复杂型腔铣削和三维复杂型面的铣削加工必须采用计算机辅助数控编程,其他加工可以采用手工编程。

数控镗铣加工编程前的工艺处理如下：

1）工件坐标系的确定及程序原点的设置

数控镗铣床是通过两轴联动加工零件的平面轮廓，通过两轴半控制、三轴或多轴联动来加工空间曲面零件，如图 11-3-1、图 11-3-2、图 11-3-3 所示。

为了确定零件加工时在机床中的位置，必须建立工件坐标系（图 11-3-4）。工件坐标系采用与机床运动坐标系一致的坐标方向，工件坐标系的原点（即程序原点）要选择便于测量或对刀的基准位置，同时要便于编程计算。选择工件零点的位置时应注意：

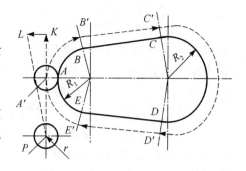

图 11-3-1　二轴联动的平面加工

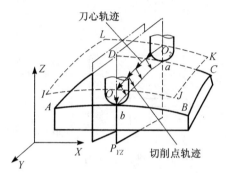

图 11-3-2　二轴半联动的曲面加工

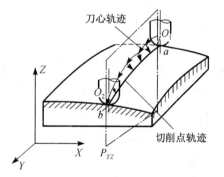

图 11-3-3　三坐标联动的曲面加工

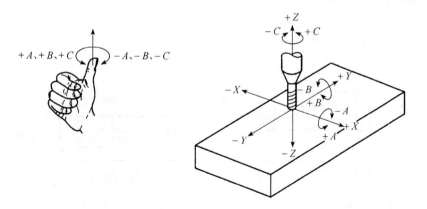

图 11-3-4　工件坐标系

① 工件零点应选在零件图的尺寸基准上，这样便于坐标值的计算，减少错误。

② 工件零点尽量选在精度较高的加工表面，以提高被加工零件的加工精度。

③ 对于对称的零件，工件零点应设在对称中心上。

④ 对于一般零件，通常设在工件外廓的某一角上。

⑤ Z 轴方向上的零件，一般设在工件表面。

2）安全高度的确定

对于铣削加工,起刀点和退刀点必须离开加工零件上表面一个安全高度,保证刀具在停止状态时,不与加工零件和夹具发生碰撞。在安全高度位置时刀具中心(或刀尖)所在的平面也称为安全平面,如图11-3-5所示。

3）进刀/退刀方式的确定

对于铣削加工,刀具切入工件的方式,不仅影响加工质量,同时直接关系到加工的安全。对于二维轮廓加工,一般要求从侧向进刀或沿切线方向进刀,尽量避免垂直进刀,如图11-3-6所示。退刀方式也应从侧向或切向退刀。刀具从安全平面下降到切削高度时,应离开工件毛坯一个距离,不能直接贴着加工零件理论轮廓直接下刀,以免发生危险。下刀运动过程不能用快速运动指令G00,要用直线插补运动指令G01,如图11-3-7所示。

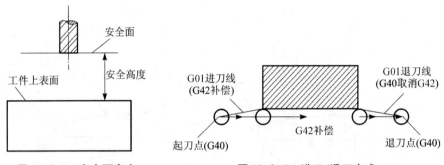

图11-3-5 安全面高度　　　　　图11-3-6 进刀/退刀方式

对于型腔的粗铣加工,一般应先钻一个工艺孔至型腔底面(留一定的精加工余量),并扩孔,以便所使用的立铣刀能从工艺孔进刀,进行型腔加工,如图11-3-8所示。

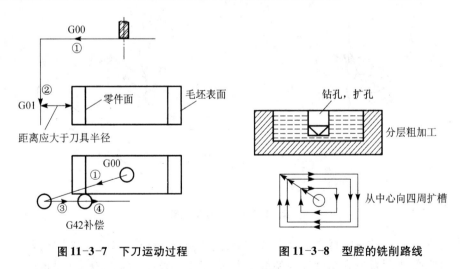

图11-3-7 下刀运动过程　　　　　图11-3-8 型腔的铣削路线

4）刀具半径的确定与刀具半径补偿的建立

对于铣削加工,精加工刀具半径选择的主要依据是零件加工轮廓和加工轮廓凹处的最小曲率半径或圆弧半径,刀具半径应小于该最小曲率半径值。另外,还要考虑刀具尺寸与零件尺寸的协调问题,即不要用一把很大的刀具加工一个很小的零件。

5）切削用量的选择

切削用量是加工过程中重要的组成部分,合理地选择切削用量,不但可以提高切削效率,还可以提高零件的表面精度,影响切削用量的因素有:机床的刚度、刀具的材质、工件的材料和切削液等。具体切削用量的选择,应参阅《金属切削手册》等有关资料,或根据实际经验确定。

11.3.2 常用指令的编程要点

1）西门子数控铣削系统

将 SIEMENS 802S/802C 铣削数控系统的基本功能和常用指令的编程格式,归纳成表11-3-1。

表 11-3-1　SIEMENS 802S/802C 常用指令

地址	含义及赋值	说明	编程格式
T	刀具号 1～32000 整数,不带符号	可以用 T 指令直接更换刀具,也可由 M6 进行,由机床数据设定	T__
D	刀具刀补号 0～9 整数,不带符号	用于某个刀具 T __ 的补偿参数:D0 表示补偿值 =0,一个刀具最多有 9 个 D 号	D__
S	主轴转速,在 G4 中表示暂停时间	主轴转速单位是 r/min,在 G4 中作为暂停时间	S__
F	进给速度(与 G4 一起可以编程停留时间)	刀具/工件的进给速度,对应 G94 或 G95,单位为 mm/min 或 mm/r	F__
M	辅助功能 0～99 整数,无符号	用于进行开关操作,一个程序段中最多有 5 个 M 功能	M__
G	G 功能(准备功能字)已事先规定	按 G 功能组划分,一个程序段中只能有一个 G 功能组中一个 G 功能指令	G__
G0	快速移动	1:运动指令(插补方式),模态有效	G0 X__Y__Z__
G1*	直线插补		G1 X__Y__Z__F__
G2	顺时针圆弧插补		圆心和终点:G2 X__Y__Z__I__K__ 半径和终点:G2 X__Y__CR = __F__; 张角和圆心:G2 AR = __I__J__F__; 张角和终点: G2 AR = __X__Y__F__;
G3	逆时针圆弧插补		G3__;其他同 G2
G5	中间点圆弧插补		G5 X__ Y__Z__IX = __JY = __KZ = __F__

地址	含义及赋值	说明	编程格式
G33	恒螺距的螺纹切削	1：运动指令（插补方式），模态有效	S__M__；主轴转速，方向 G33Z__K__在 Z 轴方向上带补偿夹具攻丝
G4	暂停时间	2：特殊运行，程度段方式有效	G4 F__或 G4 S__；自身程序段有效
G63	带补偿夹具切削内螺纹		G63 Z__F__S__M__
G74	回参考点		G74X__Y__Z__；自身程序段有效
G75	回固定点		G75X__Y__Z__自身程序段有效
G158	可编程的偏置	3：写存储器，程序段方式有效	G158X__Y__Z__；自身程序段有效
G258	可编程的坐标旋转		G258 RPL = __；在 G17 到 G19 平面中旋转，自身程序段有效
G259	附加可编程坐标旋转		G259 RPL = __；在 G17 到 G19 平面中附加旋转，自身程序段有效
G25	主轴转速下限		G25 S__；自身程序段有效
G26	主轴转速上限		G26 S__；自身程序段有效
G17*	X/Y 平面	6：平面选择，模态有效	G17__所在平面的垂直轴为刀具长度补偿轴
G18	Z/X 平面		
G19	Y/Z 平面		
G40*	刀尖半径补偿方式的取消	7：刀尖半径补偿，模态有效	
G41	调用刀尖半径补偿，刀具在轮廓左侧移动		
G42	调用刀尖半径补偿，刀具在轮廓右侧移动		
G500	取消可设定零点偏置	8：可设定零点偏置，模态有效	
G54 ~ G57	第一至第四可设定零点偏置		
G53	按程序段方式取消可设定零点偏置	9：取消可设定零点偏置	
G60*	准确定位	10：定位性能，模态有效	
G64	连续路径方式		
G70	英制尺寸	13：英制/公制尺寸，模态有效	
G71*	公制尺寸		
G90*	绝对尺寸	14：绝对/增量尺寸，模态有效	
G91	增量尺寸		
G94*	进给速度 mm/min	15：进给/主轴，模态有效	
G95	主轴进给速度 mm/r		

带 * 的功能在程序启动时生效（如果没有编程新的内容，指用于"铣削"时的系统变量）

2）FANUC 数控铣削系统

将 FANUC 0i-M 铣削数控系统的基本功能和常用指令的编程格式，归纳成表 11-3-2。

表 11-3-2 FANUC 0i-M 系统的常用指令

功能及代码	说明	编程格式
定位(G00)		G00 P__;
直线插补(G01)		G01 P__ F__;
圆弧插补(G02，G03)		$G17\begin{Bmatrix}G02\\G03\end{Bmatrix}X\_\_Y\_\_\begin{Bmatrix}R\_\_\\I\_\_J\_\_\end{Bmatrix}F\_\_;$ $G18\begin{Bmatrix}G02\\G03\end{Bmatrix}X\_\_Z\_\_\begin{Bmatrix}R\_\_\\I\_\_K\_\_\end{Bmatrix}F\_\_;$ $G19\begin{Bmatrix}G02\\G03\end{Bmatrix}Y\_\_Z\_\_\begin{Bmatrix}R\_\_\\J\_\_K\_\_\end{Bmatrix}F\_\_;$
螺旋插补(G02，G03)		$G17\begin{Bmatrix}G02\\G03\end{Bmatrix}X\_\_Y\_\_\begin{Bmatrix}R\_\_\\I\_\_J\_\_\end{Bmatrix}\alpha\_\_F\_\_;$ $G18\begin{Bmatrix}G02\\G03\end{Bmatrix}X\_\_Z\_\_\begin{Bmatrix}R\_\_\\I\_\_K\_\_\end{Bmatrix}\alpha\_\_F\_\_;$ $G19\begin{Bmatrix}G02\\G03\end{Bmatrix}Y\_\_Z\_\_\begin{Bmatrix}R\_\_\\J\_\_K\_\_\end{Bmatrix}\alpha\_\_F\_\_;$ α:任何圆弧插补轴以外的轴地址
暂停(G04)		$G04\begin{Bmatrix}X-1\\P-1\end{Bmatrix};$
准确停止(G09)		$G09\begin{Bmatrix}G01\\G02\\G03\end{Bmatrix}P\_\_;$
极坐标指令(G15，G16)		G17 G16 Xp__Yp__…; G18 G16 Zp__ Xp__…; G19 G16 Yp__Zp__…; G15;取消极坐标指令
平面选择(G17，G18，G19)		G17; G18; G19;
英制/公制转换(G20，G21)		G20;英制输入 G21;公制输入

功能及代码	说明	编程格式
返回参考点检测(G27)	起始点 —→ IP	G27 IP__;
返回参考点(G28) 返回第二参考点(G30)	参考点(G28) 中间点 IP 第二参考点(G30) 起始点	G28 IP__; G30 IP__;
从参考点返回到起始点 (G29)	参考点 中间点 IP	G29 IP__;
跳转功能(G31)	IP 跳转信号 起始点	G31 IP__F__;
螺纹切削(G33)	v_f	G33 IP__F__; IF:导程
刀具半径补偿 C (G40~G42)	G41 G40 刀具 G42	$\begin{Bmatrix}G17\\G18\\G19\end{Bmatrix}\begin{Bmatrix}G41\\G42\end{Bmatrix}$; D:刀具偏置号 G40:取消
刀具长度补偿 B (G43,G44,G49)		$\begin{Bmatrix}G17\\G18\\G19\end{Bmatrix}\begin{Bmatrix}G43\\G44\end{Bmatrix}\begin{Bmatrix}Z\_\_\\Y\_\_\\X\_\_\end{Bmatrix}H\_\_$; $\begin{Bmatrix}G17\\G18\\G19\end{Bmatrix}\begin{Bmatrix}G43\\G44\end{Bmatrix}H\_\_$; H:刀具偏置号 G49:取消
刀具长度补偿 C (G43,G44,G49)		$\begin{Bmatrix}G43\\G44\end{Bmatrix}\alpha\_\_H\_\_$ α:单轴地址 H:刀具偏置号 G49:取消

功能及代码	说明	编程格式
刀具偏置(G45~G48)	G45 增加 G46 IP减小 G47 扩大两倍 G48 IP缩小为 $\frac{1}{1}$ 补偿量	$\begin{cases}G45\\G46\\G47\\G48\end{cases}IP\_\_D\_\_;$ D:刀具偏置号
比例缩放(G50,G51)	P_4 P_3 P_4' P_3' IP P_1' P_2' P_1 P_2	$G51X\_\_Y\_\_Z\_\_\begin{cases}P\_\_\\I\_\_J\_\_K\_\_\end{cases};$ P,I,J,K:比例缩放倍率 X,Y,Z:比例缩放中心坐标 G50 取消
可编程镜像(G50.1,G51.1)	镜像 IP	G51.1 IP__; G50.1;……取消
局部坐标系设定(G52)	x 局部坐标系 IP y 工件坐标系	G52 IP__;
机床坐标系选择(G53)		G53 IP__;
工件坐标系选择 (G54~G59)	IP 工件原点偏置量 工件坐标系 机床坐标系	$\begin{cases}G54\\\cdots\\G59\end{cases}IP\_\_$
坐标系旋转 (G68,G69)	Y α (x,y) (X-Y平面) X	$G68\begin{cases}G17X\_\_Y\_\_\\G18Z\_\_X\_\_\\G19Y\_\_Z\_\_\end{cases}R\alpha;$ G69;取消
孔加工固定循环(G73, G74,G76,G80~G89)	"简化编程功能"	使用格式见表 11-3-3 G80;取消
绝对/增量指 令编程(G90/G91)		G90__;绝对指令 G91__;增量指令 G90__G91__;并用
工件坐标系变更(G92)	IP	G92 IP__;
工件坐标系预置(G92.1)		G92.1 IP0;

功能及代码	说明	编程格式
每分、每转进给 （G94，G95）		G94 F__； G95 F__；
恒定端面切削速度控制 （G96，G97）		G96 S__； G97 S__；
返回起始点/返回 R 点 （G98，G99）		G98__； G99__；

注：IP_：绝对值指令时，是终点的坐标值；增量值指令时，是刀具移动的距离。

3）铣削加工的刀具补偿及应用

（1）刀具半径补偿

具有刀具半径补偿功能的数控系统，按被加工工件轮廓曲线编程，在程序中利用刀具半径补偿指令，就可以加工出零件的实际轮廓。操作时还可以用同一个加工程序，通过改变刀具半径的偏移量，对零件轮廓进行粗、精加工。

如图 11-3-9 所示，当用半径为 R 的圆柱铣刀加工工件轮廓 I 时，如果机床不具备刀具半径补偿功能，编程人员要按照距轮廓的距离为 R（R 为刀具半径）的刀具中心轨迹 II 的数据来编程。不仅运算有时很复杂，且当刀具磨损后，刀具半径减小，应按新的刀具中心轨迹编程，否则，加工出来的零件将增加一个余量（即刀具的磨损量），影响加工精度。

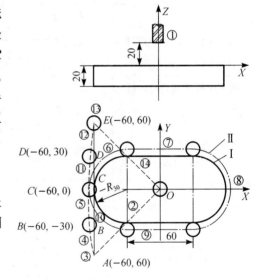

图 11-3-9　刀具半径补偿

（2）刀具长度补偿指令

当刀具长度磨损时，可在程序中利用刀具长度补偿指令补偿刀具尺寸的变化，而不必重新调整刀具或重新对刀。

① 编程格式

$\begin{matrix} G42 \\ G43 \end{matrix}$ H__

② 说明

G43 为刀具长度正补偿；G44 为刀具长度负补偿；G49 为撤销刀具长度补偿指令。Z 值为刀具长度补偿值，补偿量存入由 H 代码指定的存储器中。偏置量与偏置号相对应，由 CRT/MDI 操作面板预先设在偏置存储器中。

使用 G43、G44 指令时，无论用绝对尺寸还是用增量尺寸编程，程序中指定的 Z 轴移动的终点坐标值，都要与 H 所指定寄存器中的偏移量进行运算，G43 时相加，G44 时相减，然后把运算结果作为终点坐标值进行加工。G43、G44 均为模态代码。

执行 G43 时:

$$Z_{实际值} = Z_{指令值} + (H \times \times)$$

执行 G44 时:

$$Z_{实际值} = Z_{指令值} - (H \times \times)$$

式中:$H \times \times$ 是指编号为 $\times \times$ 寄存器中的刀具长度补偿量。

采用取消刀具半径补偿指令 G49 或用 G43 H00 和 G44。H00 可以撤销刀具长度补偿。

图 11-3-10 为钻孔时的刀具长度补偿实例。

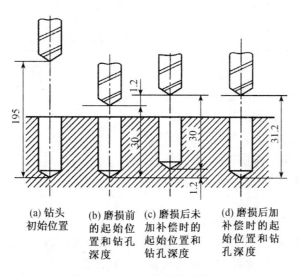

(a)钻头　　(b)磨损前　(c)磨损后未　(d)磨损后加
初始位置　的起始位　加补偿时的　补偿时的起
　　　　　置和钻孔　起始位置和　始位置和钻
　　　　　深度　　　钻孔深度　　孔深度

图 11-3-10　刀具长度补偿示例

4）固定循环与子程序

（1）固定循环

数控铣床配备的固定循环功能,主要用于孔加工,包括钻孔、镗孔、攻螺纹等。使用一个程序段就可以完成一个孔加工的全部动作。如果孔加工的动作无需变更,则程序中所有模态的数据可以不写,因此可以大大简化编程。FANUC 铣削系统的固定循环功能如表 11-3-3 所示。

表 11-3-3　FANUC 固定循环功能

G 代码	钻孔操作(-Z 方向)	在孔底位置的操作	退刀操作(+Z 方向)	用途
G73	间歇进给	—	快速进给	高速深孔钻循环
G74	切削进给	暂停→主轴正转	切削进给	反攻丝
G76	切削进给	主轴准确停止	快速进给	精镗
G80	—	—	—	取消固定循环
G81	切削进给	—	快速进给	钻孔、锪孔

G 代码	钻孔操作（-Z 方向）	在孔底位置的操作	退刀操作（+Z 方向）	用途
G82	切削进给	暂停	快速进给	钻孔、阶梯镗孔
G83	间歇进给	—	快速进给	深孔钻循环
G84	切削进给	暂停→主轴反转	切削进给	攻丝
G85	切削进给	—	切削进给	镗削
G86	切削进给	主轴停转	快速进给	镗削
G87	切削进给	主轴正转	快速进给	镗削
G88	切削进给	暂停→主轴停止	手动	镗削
G89	切削进给	暂停	切削进给	镗削

固定循环通常由 6 个动作组成，如图 11-3-11 所示。

动作 1：X 轴和 Y 轴的快速定位。

动作 2：刀具快速从初始点进给到 R 点。

动作 3：以切削进给的方式执行孔加工的动作。

动作 4：在孔底相应的动作（停留或直接返回）。

动作 5：返回到 R 点。

动作 6：快速返回到初始点。

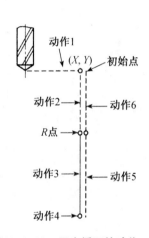

初始平面是为了安全下刀而规定的一个平面；R 点平面表示刀具下刀时，自快进转为工进的高度平面。对于立式数控铣床，孔加工都是在 XY 平面定位并在 Z 轴方向进行移动。固定循环的编程格式如下：

图 11-3-11　固定循环的动作

注意，Q、P、K 不是每条指令都必须有的参数。

指令编程格式中的内容见表 11-3-4。

表 11-3-4　FANUC 系统铣削固定循环指令编程说明

指令内容	地址	说明
孔加工方式	G	G 功能见表 11-3-3
孔加工数据	X、Y	用增量值或绝对值指定孔位置，轨迹及进给速度与 G00 的定位相同
	Z	用增量值指定从 R 点到孔底的距离，用绝对值指定孔底的位置，进给速度在动作 3 时由 F 指定，动作 5 时根据加工方式变为快速进给或由 F 指定
	R	用增量值指定从初始平面到 R 平面的距离，或用绝对值指定 R 点的位置，进给速度在动作 2 和动作 6 均变为快速进给
	Q	指定 G73、G83 中每次的切入量或 G76、G87 中的偏移量（常为增量）
	P	指定孔底的停留时间，其指定数值与 G04 相同
	F	指定切削进给速度
重复次数	K	决定动作的重复次数，未指定时为 1 次

（2）子程序

某些被加工的零件中,常会出现几何形状完全相同的加工轨迹,在编程中,将有固定顺序和重复模式的程序段,作为子程序存放,可使程序简单化。主程序执行过程中如果需要某一个子程序,可以通过一定格式的子程序调用指令来调用该子程序,执行完后返回到主程序,继续执行后面的程序段。

① 程序的编程格式。子程序的格式与基本主程序相同,在子程序的开头后面编制子程序号,在子程序的结尾用 M99 指令(有些系统用 RET)返回。

O×××(或:×××、P×
××、%×××)

……

M99;

② 程序的调用格式。常用的子程序调用格式有以下几种:

M98 P×××× L××××

P 后面的 4 位为子程序号;L 后面的 4 位为重复调用次数,省略时为调用一次。

CALL×××

子程序的格式为:

（SUB）

……

（RET）

③ 子程序的嵌套。为了进一步简化程序,可以让子程序调用另一个子程序,称为子程序的嵌套。子程序的嵌套不是无限次的,子程序结束时,如果用 P 指定顺序号,不返回到上一级子程序调出的下一个程序段,而返回到用 P 指定的顺序号 n 程序段,但这种情况只用于存储器工作方式,图 11-3-12 是子程序的嵌套及执行顺序。

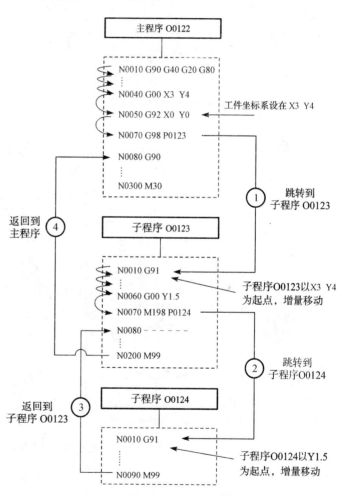

图 11-3-12　子程序的执行过程

11.3.3　铣削编程综合实例

例 11-3-1　加工图 11-3-13 所示零件,工件材料为 45 号钢,毛坯尺寸为 175 mm × 130 mm × 6.35 mm。工件坐标系原点(X_0,Y_0)定在距毛坯左边和底边均 65 mm 处,其 Z_0 定在毛坯上,采用 $\phi10$ mm 端铣刀,主轴转速 $n=1\,250$ r/min,进给速度 $v_f=150$ mm/min。轮廓加工轨迹如图 11-3-14 所示,编写零件的加工程序见表 11-3-5。

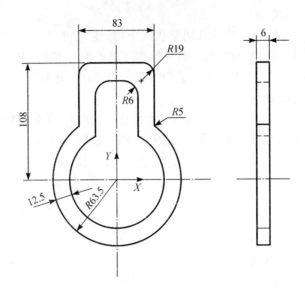

图 11-3-13　典型加工零件

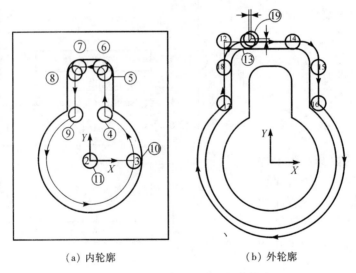

（a）内轮廓　　　　　　　（b）外轮廓

图 11-3-14　轮廓加工的刀位点轨迹

表 11-3-5　加工的程序单

程　　　序	注　　　释
O1111	主程序号
N0010 G90 G21 G40 G80	用绝对尺寸指令，米制，注销刀具半径补偿和固定循环功能
N0020 G91 G28 X0 Y0 ZO	刀具 移至参考点
N0030 G92 X-200 Y200 Z0	设定工件坐标系原点坐标
N0040 G00 G90 X0 Y0 ZO S1250 M03	刀具快速移至点 2，主轴以 1 250 r/min 正转

程　　　序	注　　　释
N0050 G43 Z50 H01	刀具沿 Z 轴快速定位至 50 mm 处
N0060 M08	开切削液
N0070 G01 Z−10 F150	刀具沿 Z 轴以 150 mm/min 直线插补至 −10 mm 处
N0080 G41 D01 X5!	刀具半径补偿有效,补偿号 D01,直线插补至点 3
N0090 G03 X29 Y42 I−51 J0	逆时针圆弧插补至点 4
N0100 G01 Y89.5	直线插补至点 5
N0110 G03 X23 Y95.5 I−6 J0	逆时针圆弧插补至点 6
N0120 G01 X−23	直线插补至点 7
N0130 G03 X−29 Y89.5 I0 J−6	逆时针圆弧插补至点 8
N0140 G01 Y42	直线插补至点 9
N0150 G03 X51 Y0 I29 J−42	逆时针圆弧插补至点 10
N0160 G01 X0	直线插补至点 11
N0170 C00 Z5	沿 Z 轴快速定位至 5 mm 处
N0180 X−41.5 Y108	快速定位至点 12
N0190 G01 Z−10	沿 Z 轴直线插补至 −10 mm 处
N0200 X22.5	直线插补至点 14
N0210 G02 X41.5 Y89 I0 J−19	顺时针圆弧插补至点 15
N0220 G01 Y48	直线插补至点 16
N0230 G02 X−41.5 Y48 I−41.5 J−48	顺时针圆弧插补至点 17
N0240 G01 Y89	直线插补至点 18
N0250 G02 X−22.5 Y108 I19 J0	顺时针圆弧插补至点 13
N0260 X−20 Y110.5	直线插补至点 19
N0270 G00 G90 Z20;M05	刀具沿 Z 轴快速定位至 20 mm 处,主轴停转
N0280 M09	关切削液
N0290 G91 G28 X0 Y0 Z0	返回参考点
N0300 M06	换刀
N0310 M30	程序结束

例 11-3-2 图 11-3-15 所示零件,坯料厚度为 12 mm,利用固定循环与子程序,编写孔加工程序,见表 11-3-6。(该程序用 FANUC 0i-M 系统的指令编写)

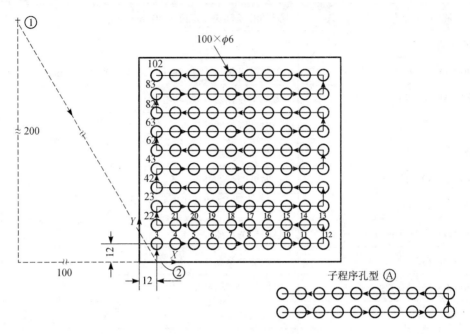

图 11-3-15 孔加工典型零件

表 11-3-6 加工程序单

主程序	注释
O0002	主程序号
N10 G90 G21 G40 G80	绝对、公制尺寸、取消刀具半径补偿和固定循环
N20 G91 G28 X0 Y0 Z0	返回 XYZ 参考点
N30 G92 X-100 Y200 Z0	工件坐标系设定
N40 G00 G90 X12 Y0 Z0 S2000 M03 T1	快速移动到②,主轴以 2 000 r/min 正转,刀具 1 准备
N50 G43 Z3 H01	刀具 1 快速移动到工件上面 3 mm 位置
N60 M08	切削液开
N70 M98 P0004 L5	调用子程序 5 次
N80 G80	固定循环取消
N90 G00 G90 Z25 M05	绝对模式迅速抬刀,主轴停止
N100 M09	切削液关
N110 G91 G20 X0 Y0 Z0	返回到 XYZ 参考点
N120 M30	程序结束,存储器复位
O0004	子程序号

主程序	注释
N10 G91 G83 Y12 Z-12.0 R3.0 Q3.0 F250	调用快速深孔钻 G83 固定循环指令
N20 X12 L9	在(4)~(12)位置钻孔
N30 Y12	在(13)位置钻孔
N40 X-12 L9	在(14)~(22)位置钻孔
N50 M99	返回主程序 N060 程序段

11.4　加工中心

11.4.1　加工中心的特点

加工中心是典型的集高新技术于一体的机械加工设备,它的发展代表了一个国家设计和制造业的水平,在国内外企业界都受到高度重视。加工中心已成为现代机床发展的主流方向,与普通数控机床相比,它具有以下几个突出特点:

① 具有刀库和自动换刀装置,能够通过程序或手动控制自动更换刀具,在一次装夹中完成铣、镗、钻、扩、铰、攻丝等加工,工序高度集中。

② 加工中心通常具有多个进给轴(三轴以上),甚至多个主轴。联动的轴数也较多,例如三轴联动、五轴联动、七轴联动。因此能够自动完成多个平面和多个角度位置的加工,实现复杂零件的高精度定位和精确加工。

③ 加工中心上如果带有自动交换工作台,一个工件在加工的同时,另一个工作台可以实现工件的装夹,从而大大缩短辅助时间,提高加工效率。

11.4.2　加工中心的分类

从结构上加工中心可分为以下几类:

1) 立式加工中心

立式加工中心指主轴轴心线为垂直状态设置的加工中心,如图 11-4-1 所示。其结构形式多为固定立柱式,工作台为长方形,无分度回转功能,适合加工盘、套、板类零件。一般具有三个直线运动坐标,并可在工作台上安装一个水平轴的数控回转台,用以加工螺旋线类零件。对于五轴联动的立式加工中心,可以加工汽轮机叶片、模具等复杂零件。

立式加工中心装夹工件方便,便于操作,易于观察加工情况,调试程序容易,应用广泛。但受立柱高度及换刀装置的限制,不能加工太高的零件。在加工型腔或下凹的型面时切屑不易排除,严重时会损坏刀具,破坏已加工件表面,影响加工的顺利进行。

立式加工中心的结构简单,占地面积小,价格相对较低。

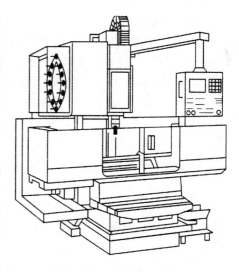

图 11-4-1　立式加工中心

2）卧式加工中心

卧式加工中心指主轴轴心线为水平线状态设置的加工中心,如图11-4-2所示。通常都带有可进行分度回转运动的正方形工作台。卧式加工中心一般都具有3个至5个运动坐标,常见的是三个直线运动坐标加一个回转运动坐标,它能够使工件在一次装夹后完成除安装面和顶面以外的其余四个面的加工,最适合加工箱体类零件。

卧式加工中心调试程序及试切时不易观察,加工时不易监视,零件装夹和测量不方便。但加工时排屑容易,对加工有利。

与立式加工中心相比较,卧式加工中心的结构复杂,占地面积大,价格也较高。

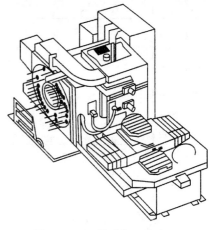

图 11-4-2　卧式加工中心

3）龙门式加工中心

如图11-4-3所示,龙门式加工中心的形状与龙门铣床相似,主轴多为垂直设置,除自动换刀装置以外,还带有可更换的主轴头附件,数控装置的功能也较齐全,能够一机多用,尤其适用于大型或形状复杂的工件,如飞机上的梁、框板等。

11.4.3　加工中心的主要加工对象

加工中心适用于复杂、工序多、精度要求高、需用多种类型普通机床和繁多刀具、工装,经过多次装夹和调整才能完成加工的零件。其主要加工对象有:

1）箱体类零件

箱体类零件是指具有一个以上孔系,内部有一定型腔,在长、宽、高方向有一定比例的零件。这类零件在机械、汽车、飞机等行业较多,如汽车的发动机缸体、变速箱体,机床的床头箱、主轴箱,柴油机缸体,齿轮泵壳体等,图11-4-4所示为热电机车主轴箱体。

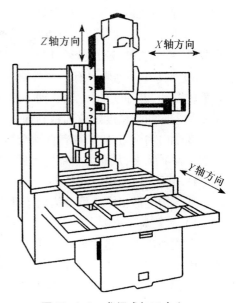

图 11-4-3　龙门式加工中心

箱体类零件一般都需要进行多工位孔系及平面加工,形位公差要求较为严格,通常要经过钻、扩、铰、锪、镗、攻丝、铣等工序,不仅需要的刀具多,而且需多次装夹和找正,手工测量次数多,因此,导致工艺复杂、加工周期长、成本高,更重要的是精度难以保证。这类零件在加工中心上加工,一次装夹可以完成普通机床60%～95%的工序内容,零件各项精度一致性好,质量稳定,同时可缩短生产周期,降低成本。

对于加工工位较多,工作台需多次旋转角度才能

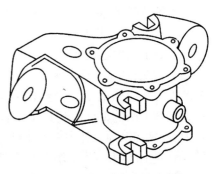

图 11-4-4　热电机车主轴箱体

完成的零件,一般选用卧式加工中心;当加工的工位较少,且跨距不大时,可选立式加工中心,从一端进行加工。

2)复杂曲面

在航空航天、汽车、船舶、国防等领域的产品中,复杂曲面类占有较大的比重。如叶轮、螺旋桨、各种曲面成型模具等,复杂曲面采用普通机械加工方法是难以胜任甚至是无法完成的,此类零件适宜利用加工中心加工,如图11-4-5所示。

 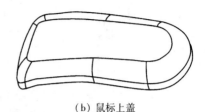

(a)轴向压缩机涡轮　　　　　　　　(b)鼠标上盖

图11-4-5　复杂曲面组成的零件

就加工的可能性而言,在不出现加工干涉区或加工盲区时,复杂曲面一般可以采用球头铣刀进行三坐标联动加工。加工精度较高,但效率较低。如果工件存在加工干涉区或加工盲区,就必须考虑采用四坐标或五坐标联动的机床。

仅仅加工复杂曲面时并不能发挥加工中心自动换刀的优势,因为复杂曲面的加工一般经过粗铣—(半)精铣—清根等步骤,所用的刀具较少,特别是像模具这样的单件加工。

3)特殊加工

在熟练掌握了加工中心的功能之后,配合一定的工装和专用的工具,利用加工中心可完成一些特殊的工艺内容,例如在金属表面上刻字、刻线、刻图案等。在加工中心的主轴上装上高频电火花电源,可对金属表面进行线扫描,表面淬火;在加工中心上装上高速磨头,可进行各种曲线、曲面的磨削等。

11.4.4　加工中心的自动换刀装置

自动换刀装置结构比较复杂,它由刀库、机械手组成(有时还有中间传递装置)。

1)主轴准停装置

机床的切削扭矩由主轴上的端面键来传递,每次机械手自动装取刀具时,必须保证刀柄上的键槽对准主轴的端面键,这就要求主轴具有准确定位的功能。完成这一功能的机构是主轴准停(或称为主轴定向)装置,主轴定向装置有气动式、电气式等形式。

2)刀库的功能和结构形式

刀库的功能是存储加工工序所需的各种刀具,并按程序指令,把将要用的刀具迅速准确地送到换刀位置,并接受从主轴送来的已用刀具。刀库的存储容量一般在8~64把范围内,多的可达100~200把。

常见的刀库结构形式有转塔式刀库、圆盘式刀库、链式刀库、格子式刀库等,如图11-4-6所示。转塔式刀库主要用于小型车削加工中心,用伺服电动机转位或机械方式转位。圆盘式刀库在卧式、立式加工中心上均可采用,侧挂型一般是挂在立式加工中心的立柱侧面,有刀库平面平行水平面或垂直水平面两种形式,前者靠刀库和轴的移动换刀,后者采用机械手换刀;圆盘式顶端型则把刀库设在立柱顶上。圆盘式刀库具有控制方便、结构刚性好的特点,通常用在刀具数量不多的加工中心上。链式刀库可以安装几十把甚至上百把刀具,占用空间较大,选刀时间较长,一般用在多通道控制的加工中心,通常加工过程和选刀过程可以同时进行。格子式刀库容量大,适用于作为加工单元使用的加工中心。

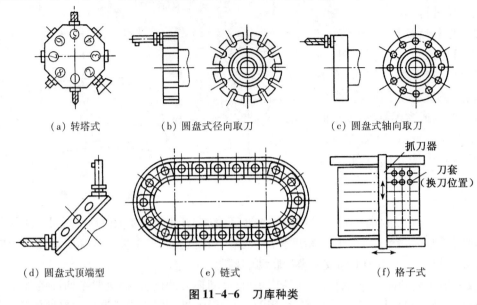

（a）转塔式   （b）圆盘式径向取刀   （c）圆盘式轴向取刀

（d）圆盘式顶端型   （e）链式   （f）格子式

图 11-4-6　刀库种类

3）机械手及换刀过程

机械手是自动换刀装置的重要机构。它的功能是把用过的刀具送回刀库,并从刀库上取出新刀送入主轴。加工中心的换刀可分为有机械手换刀方式和无机械手换刀方式两大类。大多数加工中心都采用有机械手换刀方式。无机械手换刀方式只适用于 40 号刀柄以下的小型加工中心。

机械手的种类繁多,每个厂家都生产有自己独特的换刀机械手。图 11-4-7、图 11-4-8为机械手的典型形式。

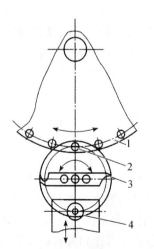

图 11-4-7　回转式单臂单爪机械手

1—刀库;2—换刀位置刀座;

3—机械手;4—机床主轴

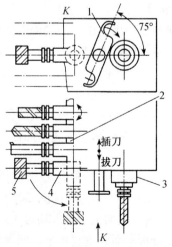

图 11-4-8　回转式单臂双爪机械手

1—机械手;2—刀库;3—主轴;

4—刀套;5—刀具

11.4.5　加工中心的编程

1）加工中心数控编程的分类

加工中心数控编程一般分手工编程和自动编程两种。

（1）手工编程

手工编程就是从分析零件图样、确定加工工艺过程、数值计算、编写零件加工程序单、制备控制介质到程序校验都是由人工完成。对于几何形状不太复杂的零件，所需要的加工程序不长，计算也比较简单，出错的机会较少，这时手工编程既经济又及时，具有较大的灵活性，因而手工编程仍被广泛地应用于形状简单的点位加工及平面轮廓加工中。对于形状复杂的零件，特别是具有非圆曲线、列表曲线及曲面组成的零件，用手工编程就有一定困难，出错的概率增大，有时甚至无法编出程序，必须用自动编程的方法编制程序。

（2）自动编程

自动编程是借助 CAD/CAM 软件以待加工零件 CAD 模型为基础的一种集加工工艺规划及数控编程为一体的自动编程方法。编程人员只需根据零件图样的要求，在软件中进行刀具的定义或选择、刀具相对于零件表面的运动方式的定义、切削加工参数的确定、走刀轨迹的生成、加工过程的动态图形仿真显示、程序验证直到后置处理，最后生成加工程序。

数控自动编程（CAM）技术，是以 CAD 技术基础，以解决各种 CNC 数控机床设备的数控指令准备为目的的一项专门技术。对于复杂、精密产品及模具的生产，对于现代 CNC 数控设备的高效应用具有决定性的意义。

2）自动编程的基本流程

（1）建立 CAD 模型或读入 CAD 模型

自动编程系统根据 CAD 模型作为所要加工零件最终目标，所以第一步就是要读入或建立 CAD 模型。

（2）工艺准备

在数控程序编制之前，必须要根据产品的几何形状及毛坯、材料、刀具及设备等生产准备条件，确定合理的、切实可行的工艺方案。包括毛坯类型与尺寸、刀具类型与大小，加工参数设定（下刀速度及走刀速度 F，主轴速度 S，下刀方式，切入切出方式等），确定加工方式与切削量参数等（粗加工、精加工、清角加工、残余量加工等），设定加工精度参数等。只有合理的工艺方案才能保证数控加工的顺利进行，否则就有可能发生断刀、表面质量差等问题，甚至根本无法进行加工。

（3）自动生成加工刀路

自动编程系统根据所选定的加工策略、工艺参数等，自动生成加工刀路，并通过图形方式显示在屏幕上。现阶段实际上得到的只是刀具与工件间的相对运动关系，按照这样的方式走刀，就能够加工出需要的产品。数控机床就是要根据所生成的特定 NC 指令，实现所要求的相对运动。无论在什么设备上加工，只要机床具有要求的运动功能，刀具与工件间的相对运动关系都是相同的。

（4）校验与编辑

自动编程所生成的加工刀路，是否满足要求，需要作充分的验证才能进行实际加工。一般编程系统都提供方便的校验功能，通过校验，如果刀路不能满足加工要求，可以重新设定加工方式、加工参数,重新生成新的刀路,或对已经产生的刀路进行编辑修改,直到符合加工要求。

(5) 后置处理

经过校验后的刀具轨迹,只是反映刀具与所加工工件之间的相对运动关系,通过自动编程系统的后处理,生成特定数控机床设备的加工指令文件。满足数控机床的代码格式要求,数控机床的控制系统能够识别该代码文件,并正确执行,走出加工所希望的运动轨迹。

3) 加工中心编程指令的常用功能

加工中心编程指令的常用功能与数控车床、数控铣床编程指令的常用功能类似,也包括准备功能(也称为 G 功能或 G 代码)、辅助功能(也称 M 功能)、刀具功能 T、进给功能 F 和主轴转速功能 S。

加工中心的手工编程方法、常用指令及循环功能与数控铣床基本相同,加工坐标系的设置方法也一样。

11.4.6　加工中心的基本操作

以 FANUC 系统为例介绍手动操作。如果是实际操作机床,则一定要根据机床制造厂商提供的说明书,按照其中所述步骤进行操作。

1) 开机

① 首先合上机床总电源开关;

② 开稳压器、气源等辅助设备电源开关;

③ 开加工中心控制柜总电源;

④ 将紧急停止按钮右旋弹出,开操作面板电源,直到机床准备不足报警消失,则开机完成。

通电后,检查位置屏幕是否显示,风扇电机是否旋转。如果通电后出现报警,就会显示报警信息,可能是出现了系统错误,应及时对其作出处理。

2) 机床回原点

开机后首先应回机床原点,将模式选择开关选到回原点上,再选择快速移动倍率开关到合适倍率上,选择各轴依次回原点。当刀具回到参考点后,参考点返回完毕指示灯亮。

应注意以下事项:

① 在开机之前要先检查机床状况有无异常,润滑油是否足够等,如一切正常,方可开机;

② 回原点前要确保各轴在运动时不与工作台上的夹具或工件发生干涉;

③ 回原点时一定要注意各轴运动的先后顺序。

3) 工件安装

根据不同的工件要选用不同的夹具,加工中心夹具的选用原则:

① 在保证加工精度和生产效率的前提下,优先选用通用夹具;

② 批量加工可考虑采用简单专用夹具;

③ 大批量加工可考虑采用多工位夹具和高效的气压、液压等专用夹具;

④ 采用成组工艺时应使用成组夹具。

安装夹具前,一定要先将工作台和夹具清理干净。夹具装在工作台上,要先将夹具通过量表找正找平后,再用螺钉或压板将夹具压紧在工作台上。安装工件时,也要通过量表找正找平工件。

在工件装夹时需注意以下问题:

① 安装工件时,应保证工件在本次定位装夹中所有需要完成的待加工面充分暴露在外,以方便加工,同时考虑机床主轴与工作台面之间的最小距离和刀具的装夹长度,确保在主轴的行程范围内能使工件的加工内容全部完成;

② 夹具在机床工作台上的安装位置必须给刀具运动轨迹留有空间,不能和各工步刀具轨迹发生干涉;

③ 夹点数量及位置不能影响刚性。

4)刀具装入刀库

当加工所需要的刀具比较多时,要将全部刀具在加工之前根据工艺设计放置到刀库中,并给每一把刀具设定刀具号码,然后由程序调用。

将刀具装入刀库中应注意以下问题:

① 装入刀库的刀具必须与程序中的刀具号一一对应,否则会损伤机床和加工零件;

② 只有主轴回到机床零点,才能将主轴上的刀具装入刀库,或者将刀库中的刀具调到主轴上;

③ 交换刀具时,主轴上的刀具不能与刀库中的刀具号重号。比如主轴上已是"1"号刀具,则不能再从刀库中调"1"号刀具。

5)对刀与刀具补偿

(1)对刀

对刀的目的是通过刀具或对刀工具确定工件坐标系与机床坐标系之间的空间位置关系,并将对刀数据输入到相应的存储位置。它是数控加工中最重要的操作内容,其准确性将直接影响零件的加工精度。

(2)刀具长度补偿设置

加工中心上使用的刀具很多,每把刀具的长度和到 Z 坐标零点的距离都不相同,这些距离的差值就是刀具的长度补偿值,在加工时要分别进行设置,并记录在刀具明细表中,以供机床操作人员使用。

(3)刀具半径补偿设置

进入刀具补偿值的设定页面,移动光标至输入值的位置,根据编程指定的刀具,键入刀具半径补偿值,按 INPUT 键完成刀具半径补偿值的设定。

6)程序输入、调试及运行

① 程序的输入有多种形式,可通过手动数据输入方式(MDI)或通信接口将加工程序输入。

② 程序的调试可利用机床的程序预演功能或以抬刀运行程序方式进行,依次对每个子程序进行单独调试。在程序调试过程中,可根据实际情况修调进给倍率开关。

③ 在程序正式运行之前,要先检查加工前的准备工作是否完全就绪。确认无误后,选择自动加工模式,按下数控启动键运行程序,对工件进行自动加工。在自动运行程序加工过程中,如果出现危险情况时,应迅速按下紧急停止开关或复位键,终止运行程序。

7）零件检测

将加工好的零件从机床上卸下,根据零件不同尺寸精度、粗糙度、位置度的要求选用不同的检测工具进行检测。

8）关机

零件加工完成后,清理现场,手动操纵机床,使工作台和主轴箱停在中间适当位置,先按下操作面板上的紧急停止按钮,再依次关掉操作面板电源、机床总电源、外部电源。

参 考 文 献

[1] 郑晓,陈仪先. 金属工艺学实习教材[M]. 北京:北京航空航天大学出版社,2005

[2] 黄如林,樊曙天. 金工实习[M]. 南京:东南大学出版社,2006

[3] 张超英,罗学科. 数控机床加工工艺、编程及操作实训[M]. 北京:高等教育出版社,2003

[4] 邓文英,郭晓鹏. 金属工艺学[M]. 5 版. 北京:高等教育出版社,2008

[5] 何红媛,周一丹. 材料成形技术基础[M]. 南京:东南大学出版社,2015

[6] 张学政,李家枢. 金属工艺学实习教材[M]. 4 版. 北京:高等教育出版社,2011

[7] (日)千千岩健儿. 机械制造概论[M]. 吴桓文,等,译. 重庆:重庆大学出版社,1992

[8] 孙以安,陈茂贞. 金工实习教学指导[M]. 上海:上海交通大学出版社,1998

[9] 林艳华. 机械制造技术基础[M]. 北京:化学工业出版社,2010

[10] 卢秉恒. 机械制造技术基础[M]. 北京:机械工业出版社,2008

[11] 孙伟伟. 数控车工实习与考级[M]. 北京:高等教育出版社,2004

金工实习报告

铸造实习报告

学院＿＿＿＿＿＿ 班级＿＿＿＿＿＿ 学号＿＿＿＿＿＿＿＿＿ 姓名＿＿＿＿＿＿＿

1. 取一滴过饱和氯化钠(食盐)溶液滴在干净的玻璃上,仔细观察氯化钠(食盐)的结晶过程,并画出四幅示意图表示这一过程,记住:金属的结晶过程与它相似。

2. 下图所示铸件均采用手工造型方法生产,请为各铸件选择恰当的造型方法并指出该造型方法的特点和适用范围。

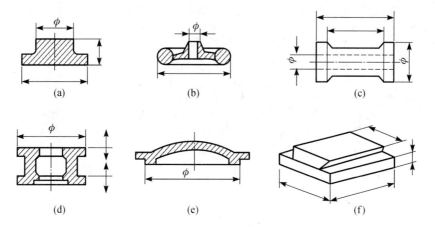

3. 型砂为什么要有面砂和背砂之分？可以不加区分吗？为什么舂砂需要松紧适当？

4. 试为皮带轮设计两种浇注系统方案，并比较其优缺点，指出它们分别适用于什么场合。

5. 金属型铸造、熔模铸造、压力铸造、低压铸造、离心铸造与砂型铸造的最大区别分别是什么？

锻压实习报告

学院＿＿＿＿＿＿＿班级＿＿＿＿＿＿ 学号＿＿＿＿＿＿＿＿＿姓名＿＿＿＿＿＿

1. 有哪些能源可以用来加热锻件坯料？试比较它们的优缺点。

2. 锻件坯料在加热过程中会产生哪些缺陷？试对它们进行简单分析。

3. 用不同的压下量和送进量进行拔长，比较拔长效率和拔长质量。从中可以得到什么结论？

4. 锻造长筒件和圆环件的基本工序有什么不同？为什么有的锻件需要反复镦粗和拔长？

5. 自由锻锤和模锻锤有什么不同?

6. 在大致相同的条件下,分别锻打铸铁、低碳钢、高碳钢,你有什么发现? 可锻铸铁真的可以锻造吗?

7. 取一段低碳钢丝和保险丝,分别将它们反复折弯若干次,仔细体会它们的变化。然后,将它们放置在一边,等会儿再次折弯它们。你有什么发现?

8. 在砂轮机上磨削铸铁、低碳钢、高碳钢、高速钢,比较它们的火花。

焊接实习报告

学院_____ 班级_____ 学号_____ 姓名_____

1. 用手工电弧焊施焊时,把焊条药皮敲掉一部分,观察用有药皮部分和无药皮部分的焊条焊接时有什么不同?

2. 分别用不同的焊接电流和焊接速度施焊,你发现了什么?

3. 下图为一个应力框,先将应力框中的裂缝焊补好,再将焊缝锯开,仔细测量并比较锯开焊缝前后应力框的长度,你有何发现? 试对此加以解释。

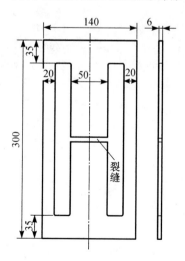

4. 用氧–乙炔火焰分别切割黄铜、不锈钢、铸铁、铝合金和低碳钢,你看到了什么现象? 试对此加以解释。

5. 先用手工电弧焊分别焊接厚度为 1 mm、5 mm 的低碳钢钢板,再用氧–乙炔气焊厚度为 1 mm、5 mm 的低碳钢钢板。结果能说明什么问题?

6. 不锈钢锅、铝合金锅、铸铁锅、搪瓷锅的锅把子是怎样与锅体相连的? 理由何在?

7. 焊接应力与变形能不能减小? 能不能避免?

车工实习报告

学院＿＿＿＿＿＿＿　班级＿＿＿＿＿＿　学号＿＿＿＿＿＿＿＿＿＿　姓名＿＿＿＿＿＿＿

1. 常用的机械传动方式有:带传动、链传动、齿轮传动、齿轮齿条传动、丝杠螺母传动,你在车床上能看到它们的身影吗?

2. 你在车床上找到了哪几种机械变速装置?

3. 车床主要加工各种回转表面,你相信它也能加工六面体吗? 人们为什么不这样做呢?

4. 分别用正前角和负前角的车刀、正刃倾角和负刃倾角的车刀、主偏角为 45°和 90°的车刀加工一段外圆。记录你所观察到的现象。

5. 选取与下表中的数据大体相当的切削用量车削外圆表面,根据你观察到的零件表面质量,在下表空格中填写"较好"或"较差"。

	切削速度 1(m/s)	切削速度 2(m/s)	进给量 0.1(mm/r)	进给量 0.02(mm/r)	背吃刀量 1(mm)	背吃刀量 2(mm)
切削速度 1.5 m/s 进给量 0.02 mm/r						
进给量 0.2 mm/r 背吃刀量 2 mm						
切削速度 1.5 m/s 背吃刀量 2 mm						

6. 怎样区分焊接式车刀上硬质合金刀头的牌号?

7. 切削液起什么作用? 用硬质合金车刀车削时,为什么可以不用切削液? 车削铸铁件时,为什么一般不用切削液?

铣工、刨工、磨工实习报告

学院＿＿＿＿＿＿＿班级＿＿＿＿＿＿ 学号＿＿＿＿＿＿＿＿＿姓名＿＿＿＿＿＿

1. 怎样区分麻花钻、扩孔钻、立铣刀、键槽铣刀？

2. 怎样区分机用丝锥和手用丝锥、手用丝锥中的头攻丝锥和二攻丝锥、手用铰刀和机用铰刀、粗铰刀和精铰刀？

3. 卧式铣床加上立铣头可以当立式铣床使用,为什么它不能完全代替立式铣床？

4. 外圆磨床和万能外圆磨床有什么不同？

5. 平面磨床有立轴圆台、立轴矩台、卧轴圆台、卧轴矩台等几类。它们当中哪一类生产率最高(低)？哪一类加工质量最好(差)？

6. 刨削加工为什么会有冲击？怎样减小冲击？铣削加工为什么易产生振动？如何减少振动？

7. 砂轮为什么要经常修整？

8. 怎样在铣床上加工回转表面？

9. 常用的铣床附件是哪些？它们的用途分别是什么？

热处理及表面处理实习报告

学院_____班级_____学号_____姓名_____

1. 分别将碳素钢、不锈钢、紫铜、铝合金烧红后水冷,它们的硬度会有什么变化?

2. 你在实习车间里看到的车床床身、齿轮、皮带轮、螺栓、螺母、游标卡尺、车刀的刀柄、车刀的刀头、车床铭牌分别是用什么材料制造的?

3. 热处理工序一般安排在零件加工过程中的哪些位置? 它们的目的分别是什么?

4. 写出下列牌号的含义:45、Q235、T8、HT200、40Cr、W18Cr4V、YG3、YT15。

5. 怎样理解:淬火操作的关键是控制冷却速度和回火操作的关键是控制加热温度?

6. 为什么说机械零件的失效或破坏基本上都是从表面开始的? 常用的表面处理技术有哪些?

7. 你在实习车间里看到了哪些表面处理技术的应用?

8. 你在日常生活中看到了哪些表面处理技术的应用?

钳工实习报告

学院＿＿＿＿＿＿＿班级＿＿＿＿＿＿＿学号＿＿＿＿＿＿＿＿＿＿姓名＿＿＿＿＿＿＿

1. 为什么划线可以使某些加工余量不均匀的毛坯免于报废？

2. 试分析锯削时锯条崩齿和折断的原因。

3. 为什么锉削的平面经常产生中凸的缺陷？应如何克服？

4. 为什么钻头在斜面上钻孔不容易？可以采取哪些措施来应对？试做一个实验加以验证。

特种加工实习报告

学院＿＿＿＿＿＿ 班级＿＿＿＿＿ 学号＿＿＿＿＿＿＿＿＿ 姓名＿＿＿＿＿＿

1. 通过实验请总结一下,快速成型技术是由哪些技术集成的?

2. 超声波为什么可以加工硬脆的金属和非金属材料?

3. 激光切割和激光打孔分别受到哪些限制?

4. 自行设计一个卡通图案,并编制数控电火花线切割加工程序。

数控加工实习报告

学院_____ 班级_____ 学号_____ 姓名_____

1. 数控铣床的加工程序(G 代码)有几种方式可以得到？分别是什么？

2. 数控铣床的机床坐标系怎样确定？工件坐标系怎样确定？它们之间的关系是怎样的？

3. 下图所示零件应该如何加工？请制订加工工艺并编制加工程序。

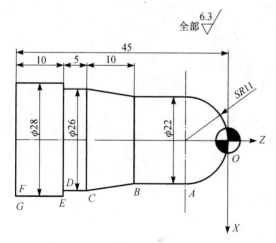

4. 编制雕刻本校校徽或校训的数控加工程序。

金工实习报告综合作业

学院_____ 班级_____ 学号_____ 姓名_____

1. 有一批形状、尺寸相同的铸件、锻件(自由锻件与模锻件)、焊接件,上面落满了灰尘。已知它们的材料有铸钢、铸铁和黄铜。你有什么最简单直观的方法可以把它们区分开来?

2. 下图为车削加工的组合零件。该组合零件具有内、外螺纹相互配合,内、外球面相互配合形成活动关节等特点,在零件(a)的端面处可以利用数控铣床进行刻字,刻写学生姓名供考核之用,或者刻写学校的校名、校训或校徽,形成一个艺术作品。

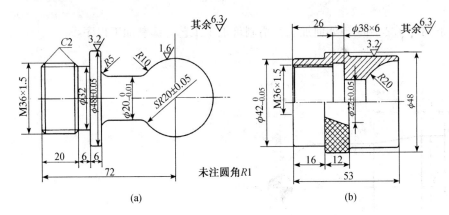

(a)   (b)